中老年人

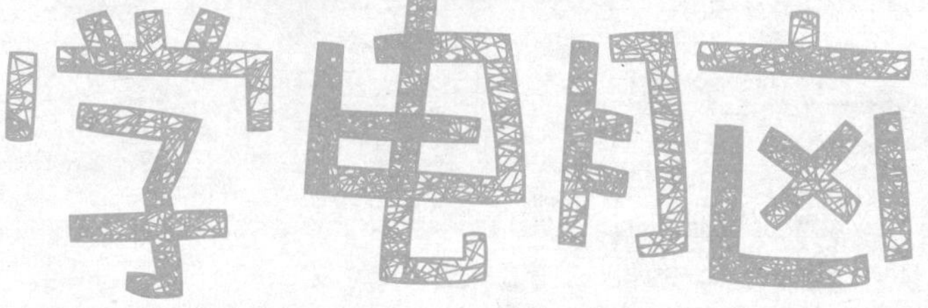

前沿文化/编著

从新手到高手

科学出版社

内 容 简 介

《中老年人学电脑从新手到高手》一书针对初学者的需求，内容上全面详细地讲解了电脑基础操作、电脑打字、电脑上网、电脑维护的知识与技巧；讲解上图文并茂，重视实践操作能力的培养，在图片上清晰地标注出了要进行操作的位置与操作内容，并对于重点、难点操作均配有视频教程，以求您能高效、完整地掌握本书内容。

全书共分为13章，包括初步了解电脑，学会用鼠标和键盘，学会用Windows操作系统，电脑打字入门，拼音打字与五笔打字方法，如何管理电脑中的文件资源，电脑娱乐与Windows附件的使用，软件的安装、删除与常用工具的使用，进入精彩的互联网世界，与亲朋好友在网上通信交流，在网上享受娱乐与网络生活，电脑安全的维护与保护方法等内容。

本书适用于需要使用电脑的中老年朋友，同时也可以作为中老年电脑培训班的培训教材或学习辅导书。

图书在版编目（CIP）数据

中老年人学电脑从新手到高手 / 前沿文化编著. —北京：科学出版社，2011.6

ISBN 978-7-03-031130-6

Ⅰ. ①中… Ⅱ. ①前… Ⅲ. ①电子计算机－基本知识 Ⅳ. ①TP3

中国版本图书馆CIP数据核字（2011）第092525号

责任编辑：胡子平 吴俊华 / 责任校对：杨慧芳
责任印刷：新世纪书局 / 封面设计：彭琳君

科学出版社 出版

北京东黄城根北街16号

邮政编码：100717

http://www.sciencep.com

中国科学出版集团新世纪书局策划

北京市艺辉印刷有限公司印刷

中国科学出版集团新世纪书局发行 各地新华书店经销

*

2011年7月 第 一 版 开本：16开
2011年7月第一次印刷 印张：22.25
印数：1—5 000 字数：487 000

定价：45.00元（含1CD价格）

（如有印装质量问题，我社负责调换）

PREFACE

当今社会中老年朋友接触电脑的机会越来越多，了解电脑知识并掌握其应用能为生活增加不少乐趣。对于中老年朋友来说，也许会对代表高科技的电脑有一种畏惧感和陌生感。为了帮助读者消除这种感觉，能够在较短的时间内轻松掌握电脑的基本操作和相关知识，于是策划并编写了本书。

本书讲解浅显易懂，没有深奥难懂的理论，有的只是实用的操作和丰富的图示说明，从而使中老年朋友在学习时可以快速上手。在这种编写思路下，全书采用图片配合文字说明的方式对知识点进行讲解，步骤清晰、完备，保证您轻松、顺利得学会。在介绍操作方法时，尽量选用最符合实际生活的案例，以便于您应用于实践。

本书共分为13章，包括初步了解电脑，学会用鼠标和键盘，学会用Windows操作系统，电脑打字入门，拼音打字与五笔打字方法，如何管理电脑中的文件资源，电脑娱乐与Windows附件的使用，软件的安装、删除与常用工具的使用，进入精彩的互联网世界，与亲朋好友在网上通信交流，在网上享受娱乐与网络生活，电脑安全的维护与保护方法等内容。

本书配1张多媒体教学CD光盘，包含了书中部分素材文件和最终效果文件，以及112个重点操作实例的视频教学录像，播放时间长达3小时30分钟。光盘具体使用方法请阅读下页的“多媒体光盘使用说明”。

本书由前沿文化与中国科学出版集团新世纪书局联合策划。参与本书编创的人员都具有丰富的实战经验和一线教学经验，在此，向所有参与本书编创的人员表示感谢！

最后，真诚感谢读者购买本书。您的支持是我们最大的动力，我们将不断努力，为您奉献更多、更优秀的计算机图书！由于计算机技术发展非常迅速，加上编者水平有限、时间仓促，错误之处在所难免，敬请广大读者和同行批评指正。

编 者

2011年5月

光盘使用说明

多媒体光盘的内容

本书配套的多媒体教学光盘内容包括书中部分素材文件和最终效果文件，以及112个视频教程，视频教程对应书中各章节的内容安排，为各章节内容的操作步骤配音视频演示录像，播放时间长达3小时30分钟。读者可以先阅读图书再浏览光盘，也可以直接通过光盘学习如何操作。

光盘使用方法

将本书的配套光盘放入光驱后会自动运行多媒体程序，并进入光盘的主界面，如图1所示。如果光盘没有自动运行，只需在“我的电脑”中双击CD光驱的盘符进入配套光盘，然后双击start.exe文件即可。

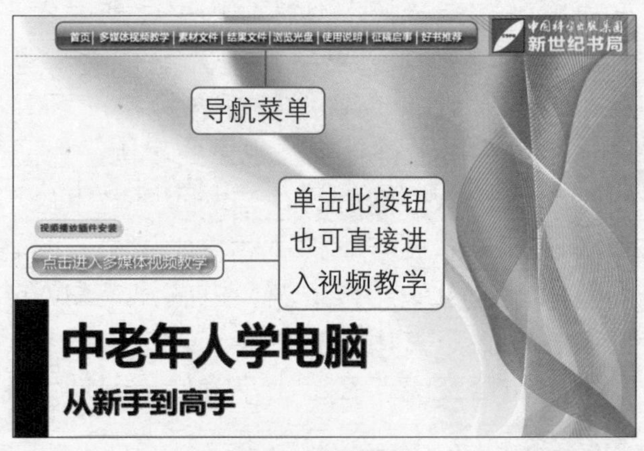

图1　光盘主界面

光盘主界面上方的导航菜单中包括“多媒体视频教学”、“浏览光盘”和“使用说明”等项目，如图1所示。单击“多媒体视频教学”按钮，可显示“目录浏览区”和“视频播放区”，如图2所示。“目录浏览区”是书中所有视频教程的目录，“视频播放区”是播放视频文件的窗口。在“目录浏览区”的左侧有以章序号顺序排列的按钮，单击按钮，将在下方显示以节

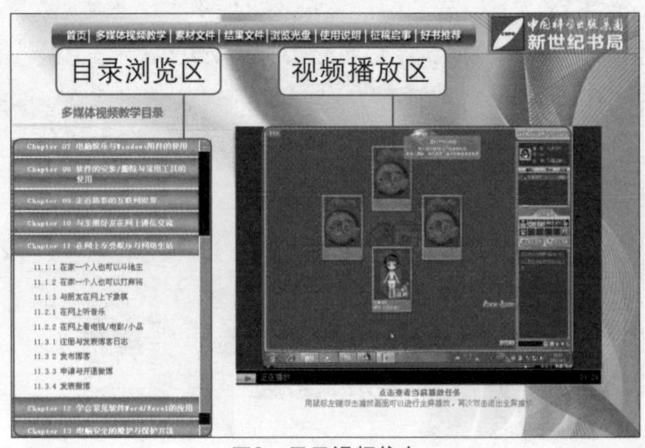

图2　显示视频信息

标题和实例名称命名的该章所有视频文件的链接。单击链接，对应的视频文件将在“视频播放区”中播放。

在多媒体视频教学目录中，当将鼠标移到链接时，有个别标题的链接名称以红色文字显示，表示单击这些链接会通过浏览器对视频进行播放。

单击“视频播放区”中控制条上的按钮可以控制视频的播放，如暂停、快进。双击播放画面可以全屏幕播放视频，如图3所示；再次双击全屏幕播放的视频可以回到如图2所示的播放模式。

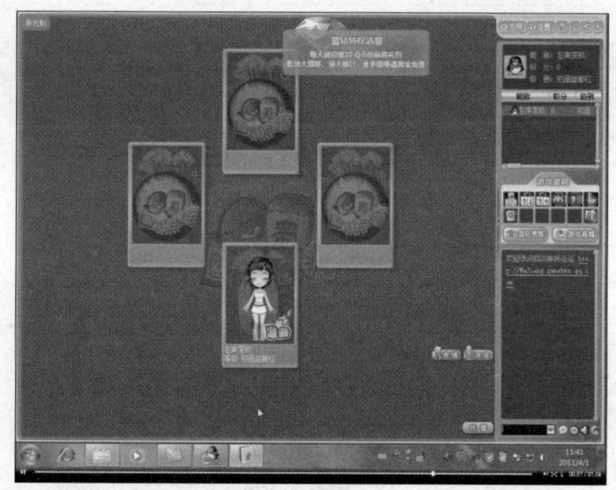

图3　全屏显示

通过单击导航菜单（见图1）中不同的项目按钮，可以浏览光盘中的其他内容。

单击“使用说明”按钮，可以查看使用光盘的设备要求及使用方法。

单击“征稿启事”按钮，有合作意向的作者可与我社取得联系。

单击“好书推荐”按钮，可以看到本社近期出版的畅销书目录，如图4所示。

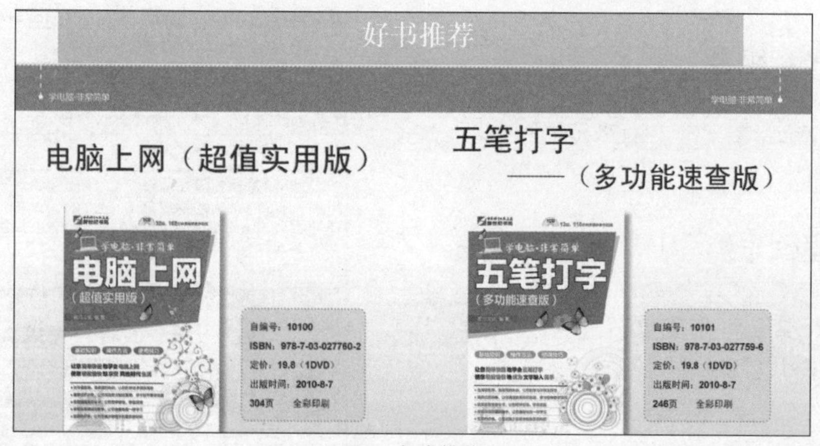

图4　好书推荐

阅读帮助

什么是品牌电脑与兼容电脑

知识加油站

台式电脑又分为品牌电脑和兼容电脑。品牌电脑是品牌厂商批量采购硬件并批量组装出的电脑。品牌电脑优点是外观漂亮、售后服务完善，而且会赠送一些非常实用的软件；缺点是比相同配置的组装电脑价格要贵很多。目前电脑品牌主要有联想、方正、长城、惠普、宏碁等。

兼容机是按自己需要的配置来单独购买各种电脑硬件，再组装成完整的电脑。兼容机的优点是可以根据实际工作需要来灵活决定电脑的配置并且费用低；缺点在于外观不如品牌电脑好看，售后服务也相对不如品牌电脑完善。

知识加油站

提高性的知识和技巧，帮助您解决更多的问题

2 笔记本电脑

笔记本电脑也称为手提电脑。与台式电脑相比，它具有携带方便的优点。但一般相同配置下，笔记本电脑的价格要比台式电脑贵一些。

笔记本电脑的功能与台式电脑完全相同，不过笔记本电脑将所有设备都整合到了一起，携带更加方便。随着笔记本电脑的价格越来越低廉，它逐渐被更多人使用。笔记本电脑的外观如右图所示。

疑难解答

主要对用户经常会出现的疑问进行解释

疑难解答

问：笔记本电脑一般有哪些品牌，中老年朋友如何合理选购呢？

答：目前笔记本电脑的尺寸主要有12寸、14寸、15寸以及10寸的上网本。对于中老年朋友来说，应当尽量选择尺寸较大、但重量较轻的笔记本电脑。笔记本电脑品牌众多，主要有联想、惠普、东芝、戴尔、三星等，不同配置价位也不同，中老年朋友在购买时，可以结合自己的需要和资金预算来选择。

13.2 使用杀毒软件查杀病毒

当电脑感染病毒后，需要立即使用杀毒软件进行杀毒。杀毒软件的种类很多，如“金山毒霸”、“瑞星杀毒”、“江民杀毒”、“360杀毒”软件等。下面以“金山毒霸”杀毒软件为例，介绍杀毒软件的安装及使用方法。

13.2.1 “金山毒霸”杀毒软件的安装

通过购买安装盘或网络下载的方式，可以获取金山毒霸软件的安装文件，然后在电脑中运行安装文件进行安装。

光盘同步文件

同步视频文件：光盘\同步教学文件\第13章\13-2-1.avi

光盘路径

实例配套视频、素材、源文件在光盘中的路径

安装“金山毒霸”的具体操作方法如下。

① 执行“下一步”命令

运行“金山毒霸”增强版安装程序。在“欢迎使用金山毒霸增强版”界面中单击“下一步”按钮，操作如下图所示。

② 选择接受安装协议

在打开的“许可协议”界面中单击“我接受”按钮，操作如下图所示。

操作步骤

按照①、②、……的顺序逐步操作，关键操作图上均有标注

CONTENTS

Chapter 01 电脑其实并不难学……001

Chapter 02 学会用鼠标和键盘操控电脑…031

Chapter 13 电脑安全的维护与保护方法····312

Chapter 01

电脑其实并不难学

本章导读

在21世纪的今天，“电脑”已经不再是高科技的代名词，而是我们生活和学习中不可缺少的工具。随着电脑在生活与工作中的普及，很多中老年朋友都拥有了自己的电脑。但对于刚接触电脑的中老年朋友来说，面对电脑又往往不知道如何下手。其实，电脑的学习与使用是非常简单的，本章就来带领大家一起了解与认识电脑。

知识技能要求

通过本章内容的学习，主要让初次接触电脑的中老年朋友，对电脑的组成、功能作用有所认识，并掌握电脑的基本操作等。学完后需要掌握的相关技能知识如下：

- ❖了解电脑的功能作用
- ❖熟悉电脑硬件、软件的组成
- ❖掌握电脑的基本操作
- ❖掌握电脑外部设备的连接讲法

1.1 从零开始学电脑

如今，电脑已经逐渐融入了人们的生活与工作中。对于中老年朋友来说，不论是家庭娱乐还是工作需要，都离不开电脑。广大在职或者赋闲的中老年朋友，都可以利用空闲时间学习一下电脑的使用，以满足工作需要并丰富自己的业余生活。

1.1.1 什么是电脑

“电脑”，也称为电子计算机或计算机，是一种不需要人工直接干预，就能够自动、精确、高速地进行大量复杂的数据计算和信息处理的电子设备。一般电脑的组成外观如下图所示。

1.1.2 中老年朋友学电脑能做什么

电脑的用途是非常广泛的，已经与我们的生活、工作息息相关。对于广大中老年朋友来说，电脑的用途主要可以概括为学习、生活以及工作3个方面，而我们学习电脑的目的也不外乎从这3个方面出发。下面就看看电脑在日常生活中到底能给我们带来什么便利。

1 用电脑进行办公

在日常的办公应用中，电脑发挥了极大的作用，它已成为当前每个工作岗位必需的工具。例如，可以使用电脑来代替传统手工方式编排办公文档、计算与统计管理各类数据，以及各平面/三维、静态/动态广告设计等。

（1）编辑办公文档

在日常工作中，用电脑来编辑办公文档已是常见的工作方式。

与传统手写方式相比，使用电脑编辑办公文档资料具有诸多优点：一是编写速度快；二是修改、编辑方便；三是文件既安全，又方便。

例如，我们可以使用Word软件来编辑一份用工合同，效果如右图所示。

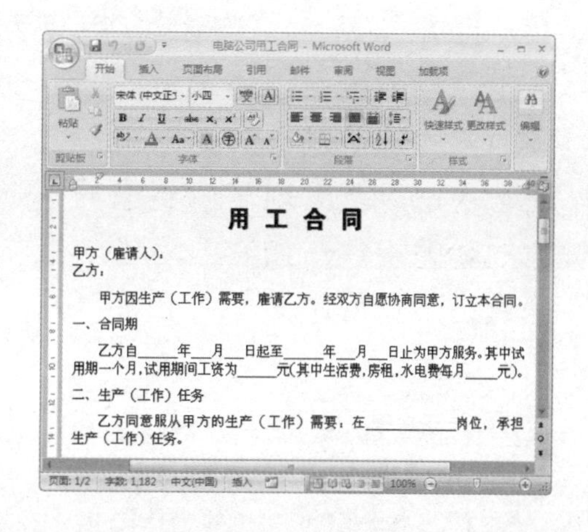
用 工 合 同

甲方（雇请人）：
乙方：

甲方因生产（工作）需要，雇请乙方。经双方自愿协商同意，订立本合同。

一、合同期

乙方自____年__月__日起至____年__月__日止为甲方服务。其中试用期一个月，试用期间工资为____元(其中生活费，房租，水电费每月____元)。

二、生产（工作）任务

乙方同意服从甲方的生产（工作）需要，在__________岗位，承担生产（工作）任务。

（2）管理数据

电脑具有强大的数据管理和处理功能，可以对人们在处理事务过程中产生的大量信息数据进行预测、分析、归纳和总结。

例如，可以使用一些数据处理软件编辑与管理企业工资、人事档案、产品销售等数据表格。如右图所示，即是使用Excel软件编辑的一份员工工资表。

华蒙集团员工工资表（9月份）

姓名	应发			应扣			实发工资	签字
	基本工资	绩效提成	奖金	事假	病假	迟到		
刘海东	¥2,000.00	¥600.00	¥300.00	¥100.00		¥50.00	¥ 2,750.00	
黄梅	¥2,000.00	¥800.00	¥100.00				¥ 2,900.00	
张勇	¥2,000.00	¥750.00	¥200.00		¥50.00	¥25.00	¥ 2,875.00	
王惠	¥2,000.00	¥260.00	¥0.00				¥ 2,260.00	
王萍	¥1,800.00	¥380.00	¥250.00	¥200.00			¥ 2,230.00	
张永强	¥1,800.00	¥820.00	¥0.00				¥ 2,620.00	
刘军	¥1,800.00	¥660.00	¥300.00		¥100.00		¥ 2,660.00	
赵国利	¥1,900.00	¥500.00	¥0.00				¥ 2,400.00	
李丽	¥1,900.00	¥450.00	¥100.00			¥150.00	¥ 2,300.00	
许大为	¥1,900.00	¥320.00	¥100.00				¥ 2,320.00	
李东海	¥1,900.00	¥350.00	¥0.00	¥100.00			¥ 2,150.00	
王静	¥1,900.00	¥650.00	¥0.00				¥ 2,550.00	
王志飞	¥1,600.00	¥750.00	¥100.00		¥200.00		¥ 2,250.00	
陈义	¥1,600.00	¥770.00	¥100.00	¥50.00			¥ 2,420.00	
王梅	¥1,600.00	¥400.00	¥0.00			¥75.00	¥ 1,925.00	
						平均工资	¥ 2,440.67	
						总计	¥ 36,610.00	

2 用电脑查找和下载需要的资料、信息

如今，“足不出户尽知天下事”已经变为现实，只要将电脑连接到Internet上，就可以非常方便地利用网络查找到自己需要的信息。例如，随时可以通过电脑了解到相关时事新闻、天气情况、财经信息，可以在网上将要查找到的资料或软件下载到自己的电脑中，以方便日后使用。

（1）在网上读书，看新闻

“电子图书”已逐渐成为信息传播的一种新方式。借助该方式，我们可以在网上读到内容丰富的小说、散文等。

另外，网上看新闻也是网络用户每天最常用的了解新闻时事的方式。通过电脑上网可以方便、快速、及时地了解到世界各地的新闻事件。如右图所示，就是通过门户网站——“新浪”网站查看到新闻。

（2）搜索与查看生活健康信息

在互联网上，有很多与我们生活相关的信息资源，如天气预报、生活健康知识、旅游信息等，都可以通过使用电脑在互联网上轻松获得。例如，右图就是“中华医药”健康信息网站，里面包含了与广大中老年朋友息息相关的健康信息。

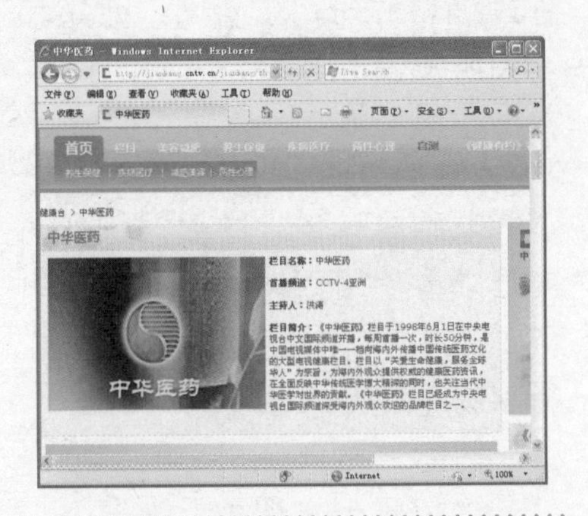

（3）下载资料

在网上还有很多免费的资源，如电影、图片、音乐、游戏、软件等。当我们需要时，可以将这些资源下载到自己的电脑中，以方便随时使用。很多网站都提供了资源下载频道，如右图所示，就是专业资源下载网站“天空软件”网站的界面。

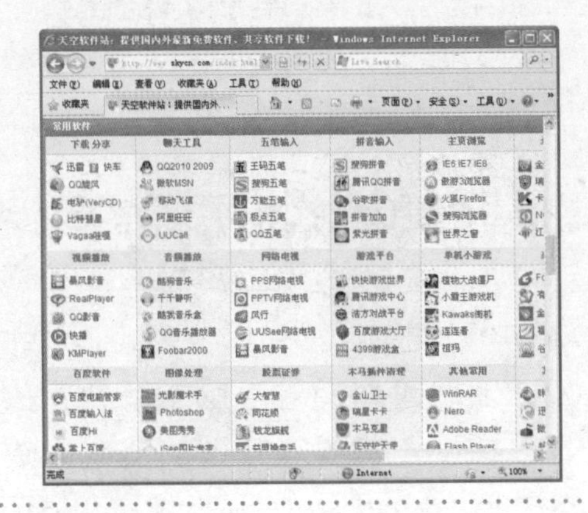

3 用电脑进行休闲娱乐

广大中老年朋友在工作休闲之余，可以使用电脑来进行娱乐，以便放松心情、愉悦心身。例如，使用电脑来听音乐、看电影、玩游戏已成为常见的娱乐方式。

（1）听音乐

在工作或学习之余听听音乐可以放松心情，例如使用相关的音乐播放软件，在电脑中播放音乐。如右图所示，就是使用QQ音乐软件在线播放音乐的界面。

（2）看电影

除了可以听音乐外，还可以使用电脑观看电影或电视。用户既可以在电脑中播放影视碟片，也可以直接在网上观看电影。如右图所示，就是使用一款视频播放软件在电脑中播放的电影。

（3）玩游戏

“电脑游戏”是目前广大电脑用户最喜欢的一种娱乐休闲方式。广大中老年朋友可以使用电脑在网上与来自五湖四海的朋友打麻将、斗地主、下象棋等。

如右图所示，即为通过QQ游戏与网友进行打麻将的游戏界面。

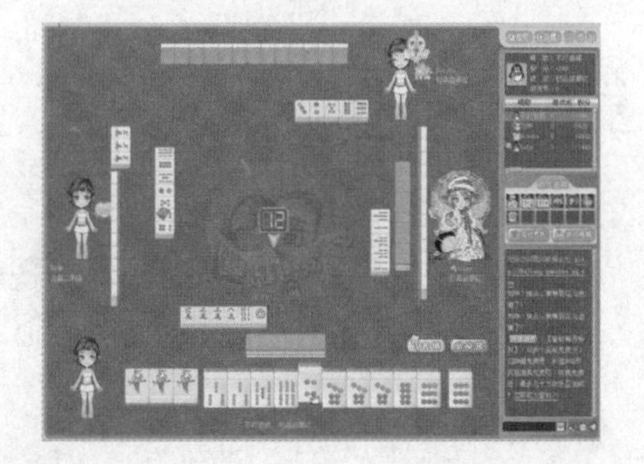

4 用电脑与亲朋好友进行在线交流

电脑不但是我们的工作与娱乐工具，也是一种常用的通信与交流工具。只要电脑与互联网相连，就可以非常方便地与远在他乡的亲友

进行联络。例如，使用电脑给朋友发送电子邮件、与亲人进行在线即时交流等。

（1）收发邮件

使用电子邮件在网上与亲朋好友进行通信联络，是当前网络通信中的一种常用方式。通过电子邮件，可以给对方发送文字、图像、声音和视频等信息。如右图所示，就是使用电子邮箱给对方朋友发送邮件的操作界面。

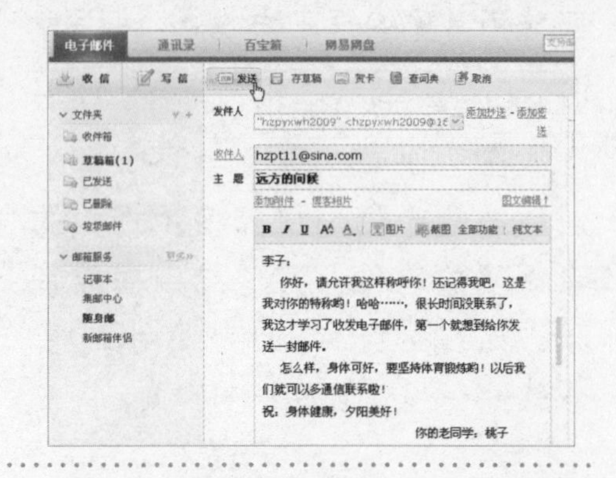

（2）网上在线即时通话交流

我们可以在电脑中安装相关的即时通信软件，如腾讯QQ、MSN等，然后在网上与好友进行文字聊天、语音视频交流等。如右图就是通过QQ与好友在线进行语音视频交流的界面。

问：在网上进行通信交流需要支付昂贵的费用吗？

疑难解答

答：使用电脑进行通信交流，已逐渐成为当前主流的通信方式。与传统通信方式（如电话、信件、手机等方式）相比，用电脑进行网络通信具有内容丰富、交流及时、成本低廉、方便快捷的优点。例如，在网上通过QQ进行文字、语音与视频交流，我们只需支付低廉的网费与电费。

5 用电脑上网炒股

随着网络技术的发展，越来越多的人选择在网上买卖股票。网上炒股有很多优点，不用去挤证券交易大厅，在家只要有一台能上网的电脑，就可以随心所欲地进行网上交易，从而节省时间和精力。如下图就是利用电脑炒股软件查看股票行情的界面。

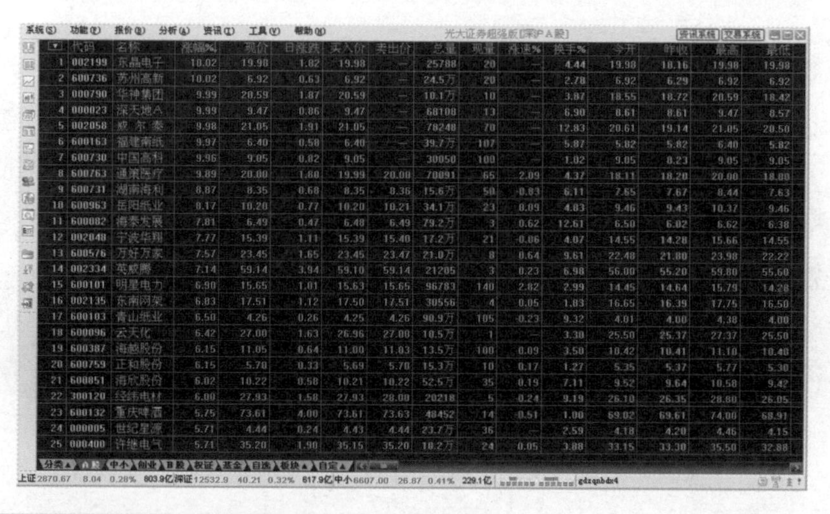

	代码	名称	涨幅%	现价	日涨跌	买入价	卖出价	总量	现量	涨速%	换手%	今开	昨收	最高	最低
1	002199	东晶电子	10.02	19.98	1.82	19.98	—	25788	20	—	4.44	19.98	18.16	19.98	19.98
2	600736	苏州高新	10.02	6.92	0.63	6.92	—	24.5万	20	—	2.78	6.92	6.29	6.92	6.92
3	000790	华神集团	9.99	20.59	1.87	20.59	—	10.1万	10	—	3.87	18.55	18.72	20.59	18.42
4	000023	深天地A	9.99	9.47	0.86	9.47	—	68108	13	—	6.90	8.61	8.61	9.47	8.57
5	002058	威 尔 泰	9.98	21.05	1.91	21.05	—	78248	70	—	12.83	20.61	19.14	21.05	20.50
6	600163	福建南纸	9.97	6.40	0.58	6.40	—	39.7万	107	—	5.87	5.82	5.82	6.40	5.82
7	600730	中国高科	9.96	9.05	0.82	9.05	—	30050	100	—	1.02	9.05	8.23	9.05	9.05
8	600763	通策医疗	9.89	20.00	1.80	19.99	20.00	70091	65	2.09	4.37	18.11	18.20	20.00	18.00
9	600731	湖南海利	8.87	8.35	0.68	8.35	8.36	15.6万	50	-0.83	6.11	7.65	7.67	8.44	7.63
10	600963	岳阳纸业	8.17	10.20	0.77	10.20	10.21	34.1万	23	0.09	4.83	9.46	9.43	10.37	9.46
11	600082	海泰发展	7.81	6.49	0.47	6.48	6.49	79.2万	3	0.62	12.61	6.50	6.02	6.62	6.38
12	002048	宁波华翔	7.77	15.39	1.11	15.39	15.40	17.2万	21	-0.06	4.07	14.55	14.28	15.66	14.55
13	600576	万好万家	7.57	23.45	1.65	23.45	23.47	21.0万	8	0.64	9.61	22.48	21.80	23.98	22.22
14	002334	英威腾	7.14	59.14	3.94	59.10	59.14	21205	3	0.23	6.98	56.00	55.20	59.80	55.60
15	600101	明星电力	6.90	15.65	1.01	15.63	15.65	96783	140	2.82	2.99	14.45	14.64	15.79	14.28
16	002135	东南网架	6.83	17.51	1.12	17.50	17.51	30556	4	0.05	1.83	16.65	16.39	17.75	16.50
17	600103	青山纸业	6.50	4.26	0.26	4.25	4.26	90.9万	105	-0.23	9.32	4.01	4.00	4.38	4.00
18	600096	云天化	6.42	27.00	1.63	26.96	27.00	10.5万	1	—	3.30	25.50	25.37	27.37	25.50
19	600387	海越股份	6.15	11.05	0.64	11.00	11.03	13.5万	100	0.09	3.50	10.42	10.41	11.10	10.40
20	600759	正和股份	6.15	5.70	0.33	5.69	5.70	15.3万	10	0.17	1.27	5.35	5.37	5.77	5.30
21	600851	海欣股份	6.02	10.22	0.58	10.21	10.22	52.5万	35	0.19	7.11	9.52	9.64	10.58	9.42
22	300120	经纬电材	6.00	27.93	1.58	27.93	28.00	20218	5	0.24	9.19	26.10	26.35	28.80	26.05
23	600132	重庆啤酒	5.75	73.61	4.00	73.61	73.63	48452	14	-0.51	1.00	69.02	69.61	74.00	68.91
24	000005	世纪星源	5.71	4.44	0.24	4.43	4.44	23.7万	36	—	2.59	4.18	4.20	4.46	4.15
25	000400	许继电气	5.71	35.20	1.90	35.15	35.20	10.2万	24	0.05	3.88	33.15	33.30	35.50	32.88

6 用电脑处理数码照片

用电脑处理照片，是目前家庭、照相馆以及职业摄影中最常见的方式。我们可以将数码相机拍摄的照片传送到电脑中，然后根据自己的实际需求对数码照片进行任意合成、修复、上色等处理，以及艺术创作。例如，下图就是用电脑应用软件Photoshop进行照片处理前后的效果。

电脑的其他应用

以上介绍的只是其中的一部分，电脑的用途还有很多，例如在网上建立博客空间、注册论坛、网上购物或网上就医等。

1.1.3 中老年朋友学好电脑的几点建议

电脑为我们的生活与工作带来了便利性，但由此引发的健康问题也不容忽视。特别是作为中老年朋友，无论是精力方面还是健康方面，都无法与年轻人相比，因此更应当注意如何正确使用电脑。

1 采用正确的姿势

现在电脑已经和普通家用电器一样普及，但人们对正确的电脑使用姿势也越来越不在意了。对于电脑使用者来说，如果经常使用电脑而不注意使用姿势，可能就会对自己的健康状况造成一定影响，如对肌肉、关节的影响等。尤其是中老年朋友，更应当从开始使用电脑就采用正确的姿势。

正确的电脑使用姿势是坐姿要端正，上臂自然放直，前臂与上臂垂直或略向上10° ~20° ，腕部与前臂保持同一水平，大腿应与椅面呈水平角度，小腿与大腿呈90° 。操作电脑时，应将电脑屏幕中心位置安装在与操作者胸部同一水平线上，眼睛与屏幕的距离应在40~50cm，最好使用可以调节高低的椅子。

2 不宜长时间使用电脑

有些中老年朋友出于工作原因，上班时间经常都在使用电脑；有些中老年朋友则比较清闲，将大部分空闲时间都用到了电脑娱乐上。我们已经知道长时间使用电脑会引发一系列健康问题，如眼睛疲劳、肩酸、腰痛、头痛和食欲不振等，因此中老年朋友应当尽量控制好自己使用电脑的时间，如使用一定时间后，就应当眨眨眼睛、站起来活动下手臂和腰，或者外出活动一下。

如同青少年沉溺网游一样，中老年人在接触电脑后，可能也会被电脑的神奇所吸引，甚至花大量的时间在电脑娱乐上。相对年轻人来说，中老年朋友应当更注重健康问题，因此除了必要的情况外，不宜长时间使用电脑。

3 降低电脑辐射

电脑产生的辐射是引发健康问题的一个主要因素。我们只要接触并使用电脑，就不可避免会受到辐射的影响。因此，在使用电脑过程中，应当采取一些措施来防止与降低电脑辐射。下面给出几条建议。

- 为显示器安装一块防辐射屏，在一定程度上降低显示器对面部的辐射。
- 在电脑周围摆放几盆可以吸收辐射的植物，如仙人掌。
- 养成用完电脑就用热水洗脸的习惯，增加脸部血循环。
- 平时多吃一些胡萝卜、豆芽、瘦肉、动物肝等富含维生素A或蛋白质的食物，经常吃些绿色蔬菜，有益于电脑操作者的健康。

1.2 熟悉电脑组成结构有利于电脑学习

开始学习电脑的操作之前，作为初学电脑的中老年朋友来说，有必要对电脑的组成结构有些认识和了解。本节主要给中老年朋友介绍电脑的常见种类，以及电脑硬件与软件的组成。

1.2.1 电脑的种类有哪些

一般按其外观样式不同，电脑可以分为台式电脑、笔记本电脑和一体机电脑3种。

1 台式电脑

台式电脑就是我们日常所见的适合在固定场所使用的电脑，例如在办公环境或者家庭中，一般都是以台式电脑为主。台式电脑不但使用方便、舒适，而且经济实惠、性价比高。

从外观上来看，台式电脑主要由电脑主机、显示器、键盘、鼠标等设备组成。我们还可以根据实际需要，在电脑中增加音箱、摄像头、打印机、扫描仪等其他外部设备。台式电脑的外观如右图所示。

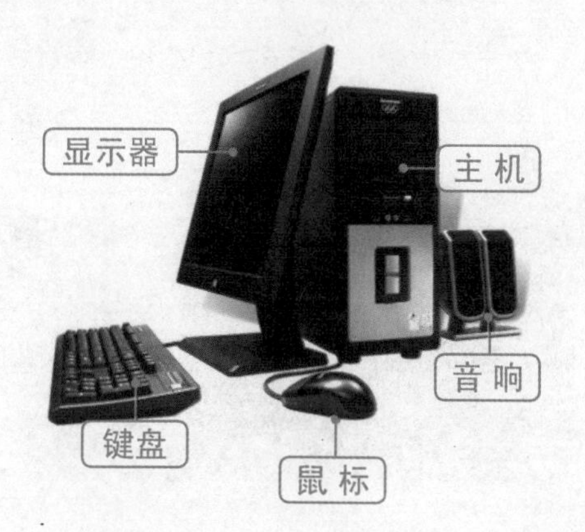

Chapter 01
Chapter 02
Chapter 03
Chapter 04
Chapter 05
Chapter 06
Chapter 07
Chapter 08

什么是品牌电脑与兼容电脑

知识加油站

台式电脑又分为品牌电脑和兼容电脑。品牌电脑是品牌厂商批量采购硬件并批量组装出的电脑。品牌电脑优点是外观漂亮、售后服务完善，而且会赠送一些非常实用的软件；缺点是比相同配置的组装电脑价格要贵很多。目前电脑品牌主要有联想、方正、长城、惠普、宏碁等。

兼容机是按自己需要的配置来单独购买各种电脑硬件，再组装成完整的电脑。兼容机的优点是可以根据实际工作需要来灵活决定电脑的配置并且费用低；缺点在于外观不如品牌电脑好看，售后服务也相对不如品牌电脑完善。

2 笔记本电脑

笔记本电脑也称为手提电脑。与台式电脑相比，它具有携带方便的优点。但一般相同配置下，笔记本电脑的价格要比台式电脑贵一些。

笔记本电脑的功能与台式电脑完全相同，不过笔记本电脑将所有设备都整合到了一起，携带更加方便。随着笔记本电脑的价格越来越低廉，它逐渐被更多人使用。笔记本电脑的外观如右图所示。

问：笔记本电脑一般有哪些品牌，中老年朋友如何合理选购呢？

疑难解答

答：目前笔记本电脑的尺寸主要有12寸、14寸、15寸以及10寸的上网本，对于中老年朋友来说，应当尽量选择尺寸较大、但重量较轻的笔记本电脑。笔记本电脑品牌众多，主要有联想、惠普、东芝、戴尔、三星等，不同配置价位也不同，中老年朋友在购买时，可以结合自己的需要和资金预算来选择。

3 一体式电脑

一体式电脑是最近新推出来的电脑。与台式电脑不同的是，一体式电脑将台式机机箱中的所有硬件都整合到了显示器中，这样就免去了摆放电脑时机箱会占据很大空间的麻烦。目前，一体式电脑多采用笔记本电脑所采用的硬件，如下图所示为两款主流的一体式电脑。

问：一体式电脑与台式电脑相比，有何优缺点？

疑难解答

答：一体式电脑与普通台式电脑最大的区别，就是一体式电脑没有庞大的机箱，整体看起来更加简洁、美观，且便于摆放；鼠标与键盘一般都采用无线连接方式。但是一体式电脑比相同配置的台式电脑在价格上要高一些。

1.2.2 电脑硬件的组成与功能介绍

不同类型电脑的外观也有一定差异，如台式机、笔记本电脑与一体式电脑之间的组成外观就不一样。但无论哪种类型的电脑，其电脑硬件的组成部分都大同小异。下面就认识一下常见台式电脑的组成结构。

从外观上看，台式电脑可以分为显示器、主机以及鼠标与键盘几部分。

1 电脑主机内部设备

从电脑组成来看，主机是电脑的主要部分。电脑中所有文件资料、信息都是由主机来管理的。电脑中所需完成的工作，都是由主机来控制和处理的。其主机外观样式一般如下右图所示。

主机上的电源开关用于打开电脑；而复位开关用于电脑重新启动。电源开关的附近一般有Power字样，而复位开关的旁边有Reset字样。

正常情况下，一般不建议使用这些按钮来重新启动电脑。只有电脑严重死机而无法重新启动时，才使用这些按钮强制关机或重新启动。

在电脑主机箱中，安装有主板、CPU、硬盘、光驱、电源等硬件设备。下面对主机中的几个重要设备进行介绍。

（1）主板

主板是电脑主机内部的重要部件，用于其他硬件设备的安装与固定。其中CPU（中央处理器）、内存条、显示卡、声卡、网卡等均插接在主板上，光驱、硬盘则通过数据线与其相连，主机箱背后的键盘接口、鼠标接口、打印机接口、网卡接口等也是由主板引出的。主板的外观如右图所示。

（2）CPU与风扇

CPU（Central Processor Unit，中央处理单元）是电脑最核心的设备，电脑中所有数据的运算与处理都是通过它进行的。一台电脑的性能高低，很大程度上取决于CPU的性能。从最早的x86到现在的双核、四核的芯片，CPU经历了无数次的更新换代。CPU上面有一个风扇，CPU与风扇的外观如右所示。

知识加油站

CPU的主要生产厂商

在市面上出售的CPU基本是Intel和AMD这两家公司的产品。Intel（英特尔）是目前全球最大的半导体芯片制造厂商，它一直居于业界主导地位。AMD（超微）作为全球第二大微处理器芯片的供应商，多年以来一直是Intel的强劲对手。

（3）内存

内存又被称为内存条或主存储器，它是电脑中的主要存储设备，其性能高低会直接影响到电脑的运行速度。内存条主要用来临时存放当前电脑运行的程序和数据，是电脑的记忆中心。内存越大，电脑的运行速度也就越快，内存条外观如右图所示。

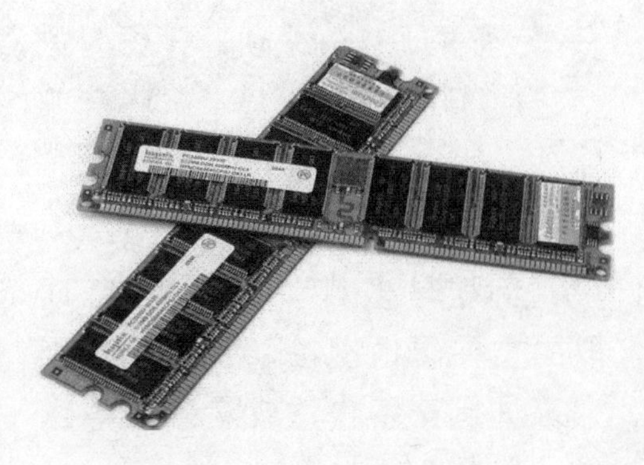

问：为什么在输入文字时，如果没保存，断电后信息会丢失？

疑难解答

答：平时，在电脑上输入一段文字或玩一个游戏，其实都是在内存中进行的。内存只负责暂时存放电脑当前正在执行的数据和程序，一旦关闭电源或发生断电，内存中的程序和数据就会丢失。

（4）硬盘

硬盘（Hard Disc Drive，简称HDD）也是电脑中重要的存储设备，它一般用来存储平时安装在电脑中的软件、电影、游戏及音乐等数据硬盘具有存储容量大，不易损坏、安全性高等特点。现代的硬盘容量越来越大，常见的有320GB、500GB、1000GB等。目前，市面上常见硬盘的品牌有IBM、三星、西捷、西部数据等。

电脑存储容量的换算

知识加油站

电脑中的内存、硬盘、光盘、移动存储等设备的容量是以KB、MB、GB以及TB为单位的，它们之间的换算关系：1TB=1024GB，1GB=1024MB，1MB=1024KB，1KB=1024B。内存的容量单位越大，表示能处理的信息越多，电脑运行速度就越快。硬盘等磁盘的容量单位越大，表示空间越大，存放的资料就越多。

（5）光驱

光驱是多媒体娱乐信息读取的重要硬件设备，我们可以用它来进行安装软件或看影碟等操作，光驱的外观如右图所示。

（6）光盘

光驱读取的信息主要存放在光盘中，光盘是一种数据存储设备，具有容量大，寿命长和成本低的特点。目前，光盘（存储数据）的应用越来越广泛。如果要在电脑中使用光盘，那么必须要安装光驱。光盘的外观如右图所示。

知识加油站

光盘的分类

光盘可分为只读性光盘和可擦写光盘。如果要将电脑中的数据写入光盘，那么必须使用带有刻录功能的光驱。现在一般配置的光驱，都具有读取数据和刻录数据的两种功能。

（7）声卡

声卡（Sound Card）又称音频卡，它是多媒体系统中最基本的组成部分，是实现音频 / 数字信号相互转换的一种硬件。声卡发展至今，主要分为板卡式、集成式和外置式3种接口类型。随着主板整合程度的提高以及CPU性能的日益强大，目前集成式声卡已经成为主板的标准配置。

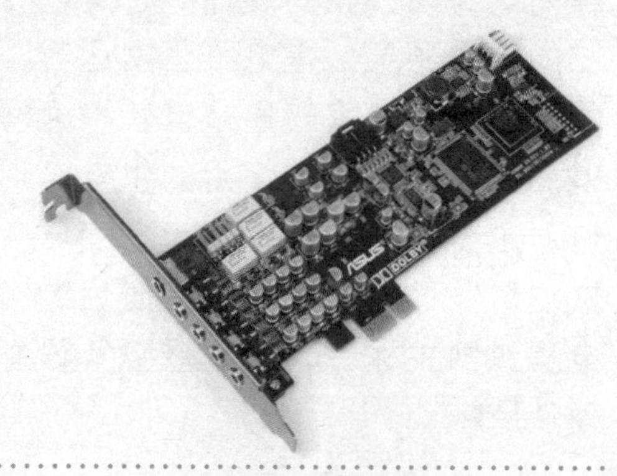

（8）显卡

显卡是专门用于处理电脑显示信号的硬件。其基本作用是负责传递CPU和显示器之间的显示信号，控制电脑的图形输出并控制显示器的正确显示。

（9）网卡

网卡又称为通信适配器或网络适配器，它是连接电脑与网络的硬件设备。网卡不仅能实现与局域网传输介质之间的物理连接和电信号匹配，还涉及帧的发送与接收、帧的封装与拆封、介质访问控制、数据的编码与解码以及数据缓存的功能等。目前市面上常见的网卡有集成网卡、无线网卡和10/100Mbit/s自适应网卡。同样，网卡也有独立式网卡和集成式网卡两种。

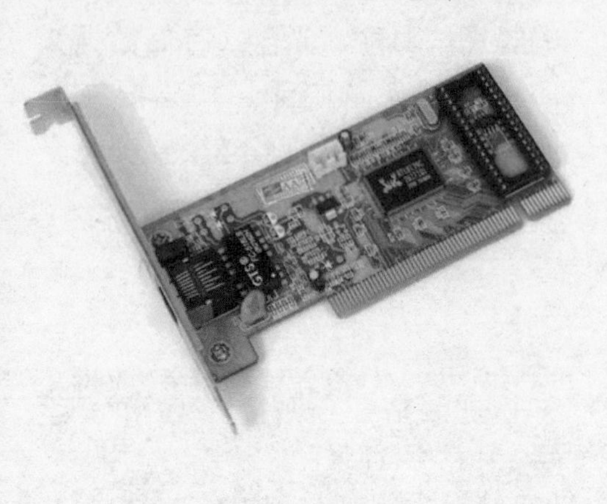

（10）电源

电源是一种安装在电脑主机箱内的封闭式独立硬件。它是电脑的动力源泉，是电脑正常运行的枢纽，负责将普通市电转换为电脑主机可以直接使用的供电。电源主要将外部的220V电压变压成±5V～±12V，再将变压后的电提供给主板、CPU、硬盘等设备使用。

疑难解答

问：为什么有的机箱里面没有声卡、显卡和网卡呢？

答：如果在电脑的机箱内部没有单独的显卡、声卡和网卡，说明电脑的主板集成了显卡、声卡与网卡的功能。也就是说，在主板后面的输出接口上，就可以直接连接显示器、音响、耳机设备和网线，这种主板就称为集成主板。

2 电脑常见外部设备

以上介绍的就是电脑主机内部结构中的相关硬件，下面让我们来一起开始认识电脑的常见外部设备的功能与作用。

（1）液晶显示器

液晶显示器（LCD）是当前市场上的主流显示器，现代的笔记本电脑都采用的是液晶显示屏幕。其优点是体积小，辐射小且方便携带，被称为绿色显示器。不过，它的色彩、饱和度、对比度都不如纯平显示器，而且寿命短，价格贵。液晶显示器的外观如右图所示。

（2）纯平显示器

纯平显示器（CRT显示器）具有色彩丰富，图像清晰，能够全面地显示出所有颜色且使用寿命长、价格便宜等特点。但与液晶显示器相比，其体积大，辐射相对较大。目前，CRT显示器已逐渐淡出市场。

（3）键盘

键盘是向电脑中输入信息的常用输入设备。通过键盘，我们可以向电脑输入相关信息（如文字内容等），也可以通过键盘向电脑发出操作指令。常见的键盘有104键、105键和108键，键盘的外观如右图所示。

（4）鼠标

鼠标是控制和指挥电脑的常用输入设备。它是电脑最主要的控制设备，我们对电脑的绝大多数操作均是通过鼠标来实现的。

（5）音箱

音箱主要用于将电脑中的声音播放出来。有了音箱设备，我们可以通过电脑更好地听音乐、看电影。

音箱由其主机箱体或低音炮箱体内自带功率放大器，对音频信号进行放大处理后由音箱本身回放出声音。音箱的外观如右图所示。

（6）手写板

手写板是一种通过硬件直接向电脑输入汉字，并通过汉字识别软件将其转变成为文本的输入设备。

手写板通过各种方法将笔或者手指走过的轨迹记录下来，然后识别为文字等。对于不喜欢使用键盘或者不习惯使用中文输入法的用户来说，是非常有用的。

（7）打印机

打印机是被广泛应用的输出设备，主要用于将电脑中的信息打印在纸张上。如右图所示就是一款喷墨打印机。

打印机种类与优/缺点

目前市面上较常见的打印机大致分为针式打印机、喷墨打印机、激光打印机3种，分别如下图所示。针式打印机的主要优点是结构简单，价格便宜，维护费用低，打印速度较快，可以打印连续纸张；缺点是打印时噪声大，打印质量较粗糙。喷墨打印机的主要性能指标包括分辨率、打印速度、打印幅面、兼容性以及喷头的寿命等，该类型打印机的主要优点是打印精度较高，噪声较低，价格便宜；缺点是打印速度较慢，墨水消耗量较大。激光打印机是目前比较流行的一种打印输出设备，它的打印效果非常好，几乎没有噪声，但价格相对较贵。

（8）扫描仪

扫描仪也是一种输入设备，它可以将照片、底片、图纸等实物资料扫描后输入到电脑中进行编辑管理，被广泛应用在广告、印制公司及照片处理等类型的行业。扫描仪的外观如右图所示。

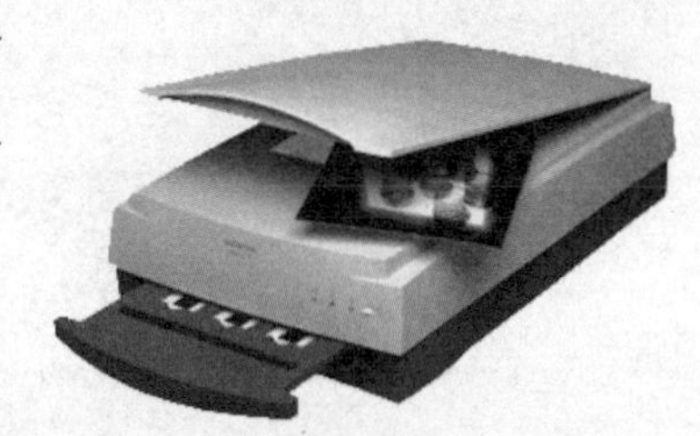

（9）摄像头

摄像头是一种将接收到的光信号转换为电信号的设备，通过它可以实现拍摄照片、录制短片以及网络视频等功能。

随着互联网技术不断提高，摄像头已经得到了广泛普及。我们可以通过摄像头在网络中进行有影像、有声音的交谈和沟通。摄像头的外观如右图所示。

（10）U盘

U盘又称“优盘”，是目前较流行的移动存储设备，具有使用方便、容量较大、便于携带和可多次擦写等优点。U盘采用USB接口，具有这种接口的设备可以在电脑上即插即用。U盘连到电脑主机后，U盘中的资料就可以复制到电脑上，电脑上的数据也可以复制到U盘中，非常方便。随着人们应用需求的提高，已由最先只具有存储功能的优盘发展到具有音频播放、录音及视频播放等功能的多媒体优盘（如MP3、MP4和MP5等）。

1.2.3 电脑软件的分类与关系

一台电脑只有硬件设备，是无法发挥其功能与作用的。只有在电脑中安装相关软件，才能为我们解决实际问题。电脑软件一般可以分为应用软件和系统软件两种。

1 系统软件

系统软件是指管理、控制和维护电脑硬件与软件资源的软件。其功能是协调电脑各部件有效地工作，或使电脑具备解决某些问题的能力。目前，常见的操作系统是微软公司开发的Windows操作系统，常用版本有Windows XP、Windows Vista和Windows 7，如下图所示。

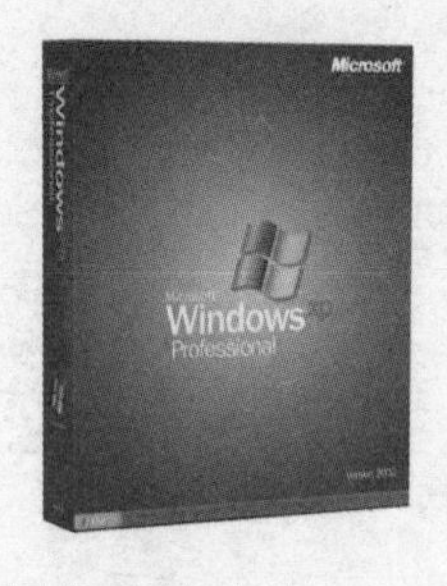

2 应用软件

应用软件是专门为用户解决各种实际问题而编制的程序。我们可以根据自己的需要，在电脑中安装相关的应用软件。例如，要使用电脑进行日常办公，可以安装一种Office办公应用程序；要进行数码照片的修改与处理，可以安装一款常用的Photoshop图像处理程序；要进行网上聊天，可以安装聊天软件，如QQ、UC等；要对电脑中的病毒进行查杀，就需要安装相关的杀毒软件。左下图和右下图分别为常用Office办公软件与瑞星杀毒软件。

问：系统软件与应用软件有何关系？一台电脑是不是都需要安装系统软件和应用软件呢？

疑难解答

答：一台电脑除了配置硬件外，还需要给电脑安装操作系统，如目前常用的Windows操作系统。系统软件是应用软件运行和使用的平台，只有安装好系统软件后，才能在电脑中安装相关的应用软件。

1.3 电脑常见外部设备的正确连接方法

对电脑有了初步了解和认识后，广大中老年朋友就可以开始学习电脑的使用了。和普通家用电器一样，在正式使用前一般学会电脑设备的安装与连接。

1.3.1 连接显示器

连接显示器时，将显示器信号连接线一端插在机箱后侧显示卡接口上，显示器信号电缆插头是一个D形15针插头。连接显示器的操作步骤如下。

① 找到显示器的信号连接线

找到显示器的信号连接线，如下图所示。

② 对准显示卡接口并拧紧螺丝

对准显卡接口插入信息号线接头，并拧紧两边的螺丝，如下图所示。

在连接显示器的信号线接头时，一定要注意显卡接口与信号线的接头方向要一致。

1.3.2 连接键盘与鼠标

ATX主板上均集成有PS/2鼠标和键盘接口，一般紫色的是键盘接口，绿色的是鼠标接口。在连接鼠标和键盘时，注意接口插头的凹形槽方向与接口的凹形卡口要相对应，方向错了插不进去。连接键盘和鼠标的具体方法如下。

① 找到键盘接口并插入

找到键盘的连接线接头，对准键盘的接口方向插入键盘接头即可，操作如下图所示。

② 找到鼠标接口并插入

同样，找到鼠标的连接线，将接头插入鼠标的接口即可，如下图所示。

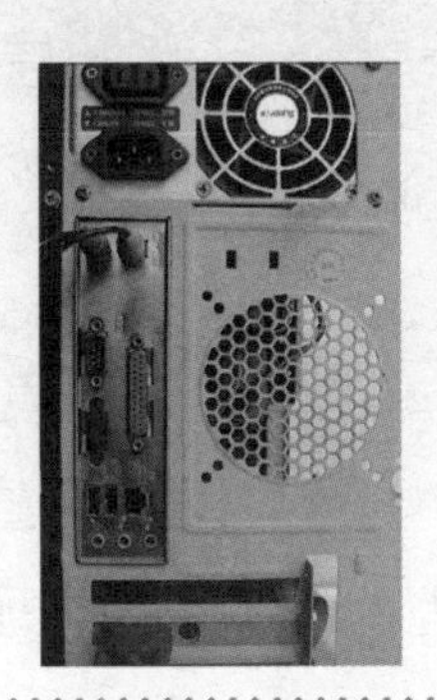

鼠标与键盘的安装接口特点

安装PS/2接口鼠标和键盘时，一般都遵从“左键，右鼠”的规范，或者与颜色一一对应插入即可。当使用USB接口的键盘或鼠标时，只需要将键盘或鼠标的USB接头，与主机面板上的USB接口按正确的方向插入2即可。

1.3.3 连接音箱和麦克风

如果电脑配置有音箱、麦克风和声卡时，则可以将音箱和麦克风的连接线接头插入声卡的对应插孔中来播放声音。连接的具体方法如下。

1 找到音箱和麦克风接口

找到音箱和麦克风连接线的接头及声卡插孔，操作如下图所示。

2 对准音箱和麦克风接口并插入

根据接头及插孔颜色，进行对应插入即可，如下图所示。

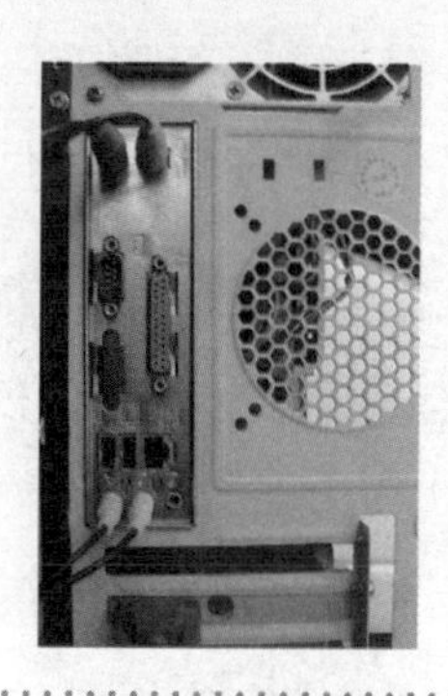

麦克风与音箱接口的特点

一般在声卡上的音频输出插孔旁边有SPK OUT或绿色的插孔标志，用于连接音箱的连接线。在声卡上的音频输入插孔旁边一般有MIC或浅红色标志，用于连接麦克风的连接线。

1.3.4 连接摄像头

摄像头的连接线接口，一般为USB接口类型。其连接方法很简单，只需将摄像头连接线的接头插入到主机的USB接口中即可。连接的具体方法如下。

① 找到摄像头连接线及USB接口

找到摄像头连接线接头及主机上的USB接口，操作如下图所示。

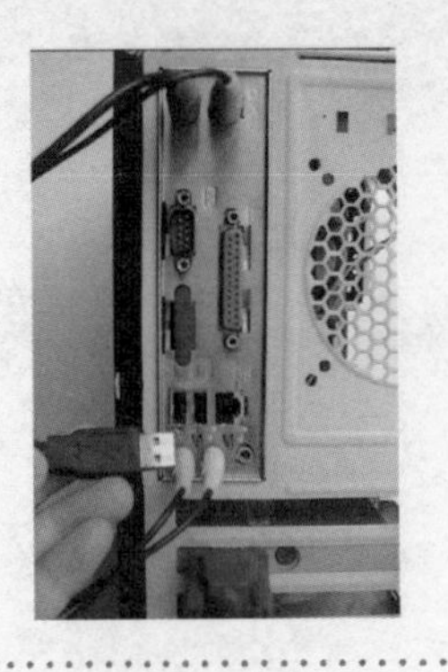

② 对准摄像头接口并插入

将摄像头连接线的接头插入主机的USB接口中，如下图所示。

1.3.5 连接网线

如果电脑需要进行上网或连接局域网，那么一般需要配置网卡并将网线插入到网卡的接口中。连接的具体方法如下。

① 找到网线接头和网卡接口

找到网线接头及主机上的网卡接口，操作如下图所示。

② 对准网卡接口并插入

将网线的接头插入主机上的网卡接口中，如下图所示。

1.3.6 连接电源线

在连接主机电源线前，先要认识电源输入插孔和电源输出插孔。连接主机电源线的具体方法如下。

① 找到主机电源插孔

找到主机电源线接头及主机电源输入插孔，操作如下图所示。

② 对准插入到主机电源插孔中

将电源线接头插入到主机电源输入插孔中即可，如下图所示。

在电脑的日常使用操作中，经常会遇到电脑相关外部设备的插拔操作，如移动电脑位置时，就需要先将电脑相关外部设备的连接线拔掉，然后将电脑搬放到新的位置，再将相关外部设备连接好。通过前面小节内容的学习相信中老年朋友们，应该掌握了电脑外部设备的连接方法。

1.4 掌握电脑的基本操作

掌握电脑的基本操作（例如正确开机、关机、打开程序等操作），是学习电脑技能的最基础知识。在使用电脑时，一定要注意养成正确操作电脑的良好习惯，如果操作错误，可能会导致损坏电脑硬件设备或者丢失数据文件。

1.4.1 正确开机操作

开机即是接通电脑的电源，并将电脑启动到Windows的桌面。开机虽然是一项非常简单的操作，但电脑开机与普通家用电器的打开方法不同，必须严格地按照正确顺序进行操作。正确打开电脑的操作方法如下。

1 打开显示器电源

按显示器上的“电源”按钮，打开显示器电源，如下图所示。

2 打开主机电源

按主机上的“电源”按钮，打开主机电源，如下图所示。

知识加油站 快速识别主机箱上的电源开关

一般情况下，在主机箱面板的电源开关旁边有一个Power英文单词，或者主机面板上最大的按钮就是电源开关。另外，显示器和主机的电源开关上一般都有一个“⏻”标志。

3 电脑自检

电脑开始进行自我检测，如检测电脑中的硬盘、内存、主板等硬件，其界面如下图所示。

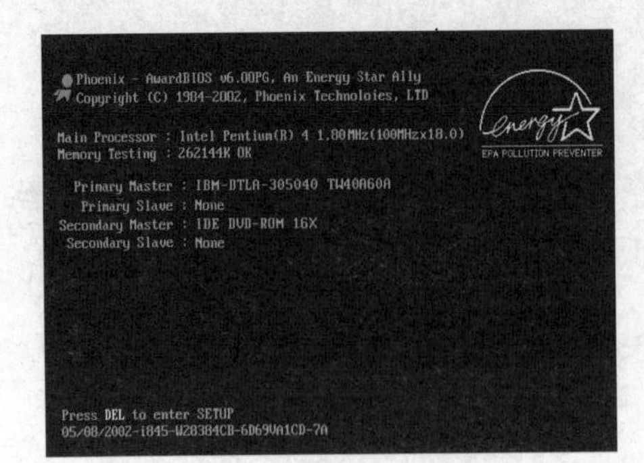

4 启动成功

自检完成后，电脑开始启动Windows操作。启动成功后，会自动登录到Windows桌面，如下图所示。

疑难解答

问：为什么需要输入密码才能启动到Windows XP的桌面呢？

答：如果电脑中设置了密码用户账户，则电脑自检完成后，屏幕上就会出现登录界面，此时需要选择用户名称和输入正确的密码才能正常启动电脑。如果电脑的系统中只有一个用户，并且没有设置登录密码，那么打开电脑并经过一段时间的等待，就会自动登录到Windows XP的桌面。我们也可以根据自己的需要，为系统添加或设置登录的用户和密码（参照后面相关章节内容）。

1.4.2 如何打开要操作的程序

当电脑启动成功后，就可以在电脑系统中打开相关的程序来进行操作了。例如，打开Windows系统自带“附件”中的“画图”程序，其具体操作方法如下。

光盘同步文件

同步视频文件：光盘\同步教学文件\第1章\1-4-2.avi

1 找到“画图”程序并单击

❶单击“开始”菜单按钮，❷指向“所有程序”命令，❸再指向“附件”命令，❹单击要打开程序的“画图”命令，操作如下图所示。

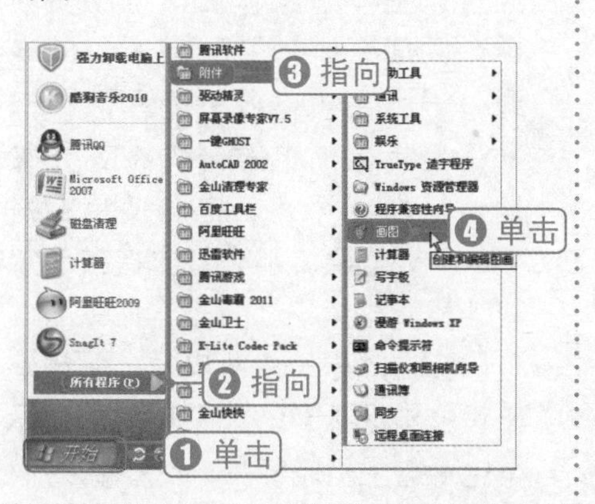

2 打开“画图”程序并开始绘画

经过上步操作，系统自动打开“画图”程序窗口，用户就可以使用该窗口中的相关工具画画，操作如下图所示。

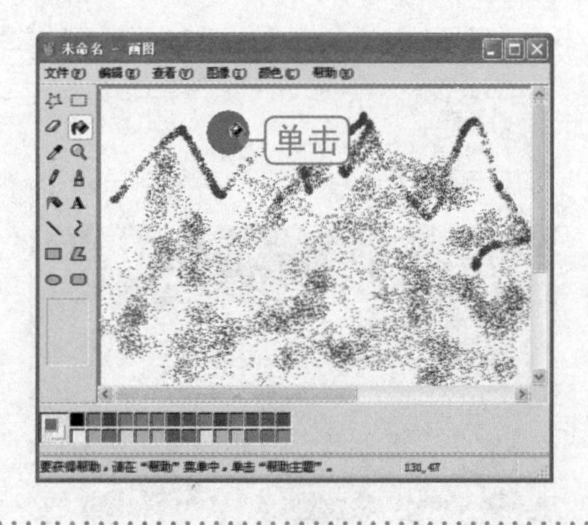

1.4.3 正确关机操作

当电脑使用完毕后，也需要按照正确的方法关闭电脑。关闭电脑时，❶关闭所有打开的程序，❷退出Window操作系统，❸等到主机自动关闭后，再关闭显示器电源。以“画图”程序为例，其关闭电脑具体方法如下。

光盘同步文件

同步视频文件：光盘\同步教学文件\第1章\1-4-3.avi

1 关闭打开的程序

对打开的程序进行关闭，只需单击窗口右上角的“关闭”按钮☒即可，操作如下图所示。

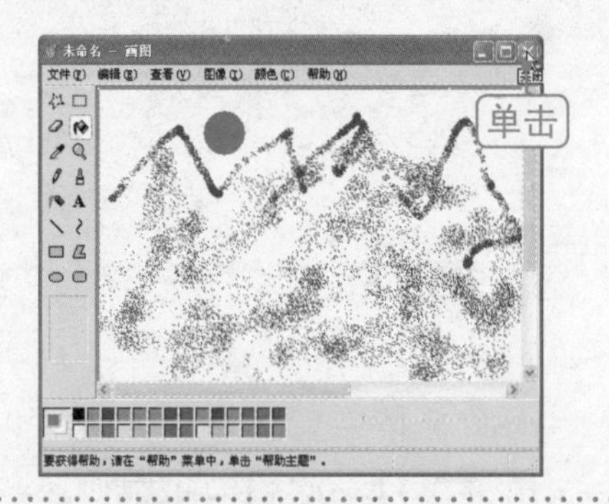

2 执行“关闭计算机”操作

❶单击“开始”菜单按钮，❷单击“关闭计算机”按钮，操作如下图所示。

3 确认关机操作

在显示的“关闭计算机”界面中，单击“关闭”按钮即可，操作如下图所示。

4 关闭显示器电源，完成关机操作

经过以上步骤操作后，电脑将会自动关闭系统，并关闭主机的电源。确认主机电源关闭后，再按一下显示器的电源开关按钮，关闭显示器即可。若电脑使用的是ATX主板电源，那么将支持自动关机功能。当执行“关闭”命令后，电脑会自动断开主机电源，关闭外部设备电源即可。如果电脑的显示器电源与主机连接在一起，那么开/关机时不必按显示器电源开关。

1.4.4 电脑重启与死机处理方法

在电脑的日常使用与操作过程中，经常会出现电脑重启与电脑死机状况。下面介绍电脑重启与死机的正确处理方法。

光盘同步文件

同步视频文件：光盘\同步教学文件\第1章\1-4-4.avi

1 重新启动电脑

重启电脑，就是指在电脑没有断开电源的情况下，将系统进行关闭并重新启动到Windows系统桌面。

在电脑操作过程中，重新启动系统也会经常遇到。当在电脑中安装新的硬件设备或软件后，有时就需要重新启动电脑，这样才能让新安装的硬件或软件正常工作。重新启动电脑的操作方法如下。

① 执行“关闭计算机”操作

❶单击“开始”菜单按钮，❷单击“关闭计算机”按钮，操作如下图所示。

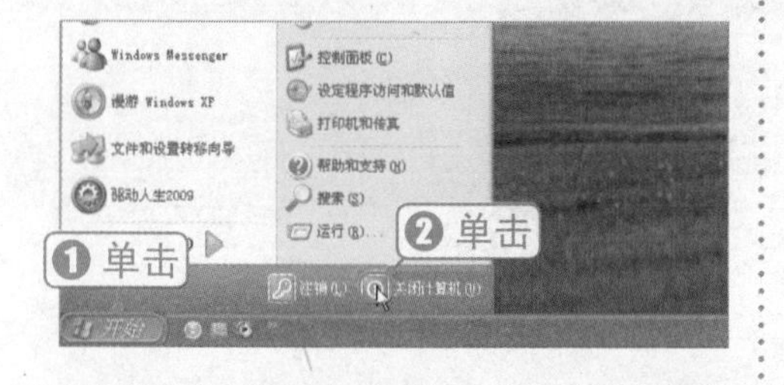

② 执行“重新启动”操作

在显示的“关闭计算机”界面中，单击“重新启动”按钮，操作如下图所示。

经过以上步骤操作后，电脑将会自动关闭系统，并重新引导系统，启动到Windows系统桌面。

2 电脑死机的正确处理方法

电脑死机，就是指在打开电脑状态下，遇到特殊故障（如CPU温度过高、系统繁忙或含电脑病毒等故障）而无法再正常工作的情况。

（1）如何判断电脑已死机

电脑死机后一般有如下几个症状，我们可以按这几个症状依次进行综合判断。

- 屏幕上的鼠标指针不能移动。
- 屏幕内容凝固。
- 敲任意一个键或输入任何指令都无响应。
- 反复敲Num Lock键，指示灯一直亮着。

（2）如何处理电脑死机

当电脑死机后，就无法对电脑再进行正常的操作，这时需要重新启动系统。重新启动系统的方式有3种：冷启动、热启动和复位启动。这3种启动方法的具体操作如下。

①热启动方法：在DOS操作系统下，同时按住Ctrl+Alt+Del组合键后再释放键盘，此时电脑将重新启动；在Windows XP系统中，同时按一次Ctrl+Alt+Del组合键则会弹出“Windows XP任务管理器”对话框，❶打开“关机”菜单，❷单击“重新启动”命令即可，操作如下图所示。

②复位启动方法：按一下主机箱面板上的Reset开关按钮即可。

③冷启动方法：当电脑死机后，一直按住主机箱上的Power开关按钮不放，直到电脑关闭电源后才松手，然后等待10秒钟以上再次按一次该按钮进行开机即可。

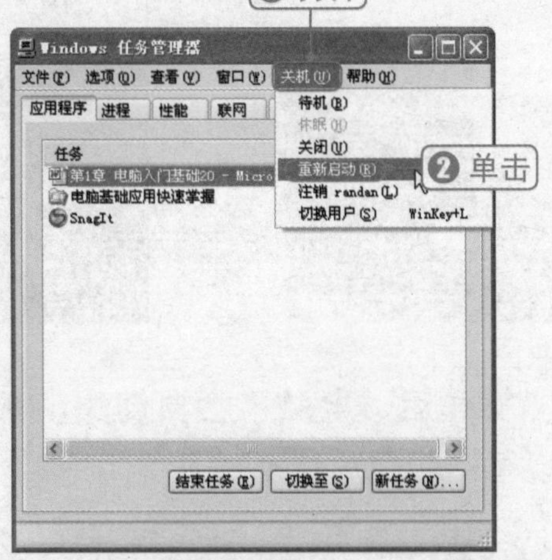

电脑死机后3种启动方式的正确应用

知识加油站

电脑死机后，一般先用热启动来重新引导系统，如果热启动不能重新引导，再使用复位启动方法，复位启动都不能，那么就只有使用冷启动方法。

Chapter 02

学会用鼠标和键盘操控电脑

本章导读

鼠标与键盘，是我们操控电脑的重要输入设备。对于初学电脑的中老年朋友来说，只有熟练地掌握了鼠标与键盘的操作，才能更好地学习电脑的其他技能。

知识技能要求

通过本章内容的学习，主要让中老年朋友学会鼠标的各种操作方式，以及键盘的正确操作。学完后需要掌握的相关技能知识如下：

- ❖认识鼠标的组成
- ❖认识鼠标各键的功能及作用
- ❖掌握鼠标的各种操作方式与功能及作用
- ❖掌握键盘的组成
- ❖掌握键盘上常用功能键的作用
- ❖掌握键盘打字的正确方法

2.1 学习鼠标的正确使用

鼠标是电脑中的一个常用操作设备，是我们指挥和控制电脑工作的重要工具。可以说，对电脑的大部分操作都是通过鼠标来完成的。因此，掌握鼠标的正确操作，是学习电脑技能的必会基础。

2.1.1 认识鼠标按键的组成

在学习鼠标使用方法前，需要先认识鼠标的组成。目前鼠标种类繁多，按不同的划分标准，其种类也不一样，如按连接形式，可分为有线鼠标和无线鼠标；按工作原理，可以分为机械鼠标与光电鼠标等。无论哪种类型的鼠标，它们的基本外观与功能却是相同的。

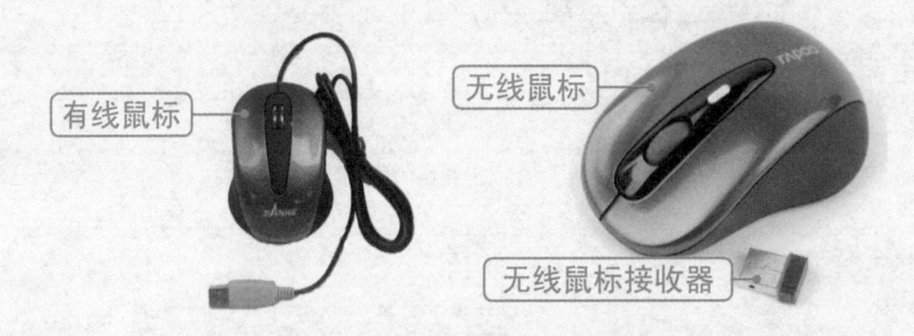

机械鼠标与光电鼠标的区别

知识加油站

鼠标按其构造原理，一般可以分为机械鼠标和光电鼠标。机械鼠标下面有一个可以滚动的胶球，利用移动鼠标带动胶球滚动，从而达到鼠标指针移动的目的。而光电鼠标通过鼠标内部的光学感应，达到鼠标指针移动的目的。目前，光电鼠标的应用较为广泛，机械鼠标已逐渐淘汰出市场，很少见了。机械鼠标底部与光电鼠标底部结构如下两图所示。

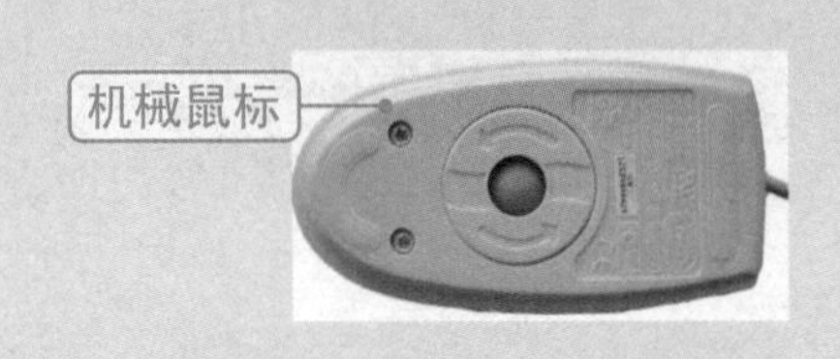

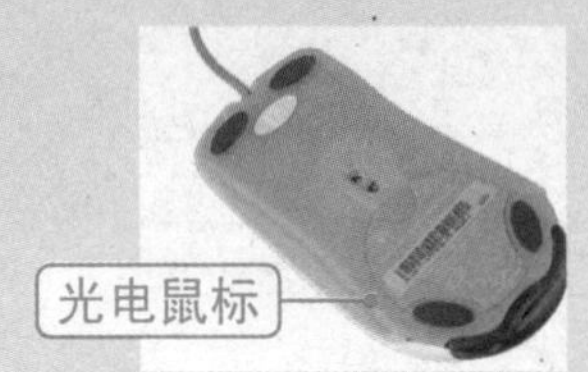

当前，我们常用的鼠标是三键鼠标。三键鼠标包括3个键，即左键、右键和中间的滚轮。鼠标按键的组成如下图所示。

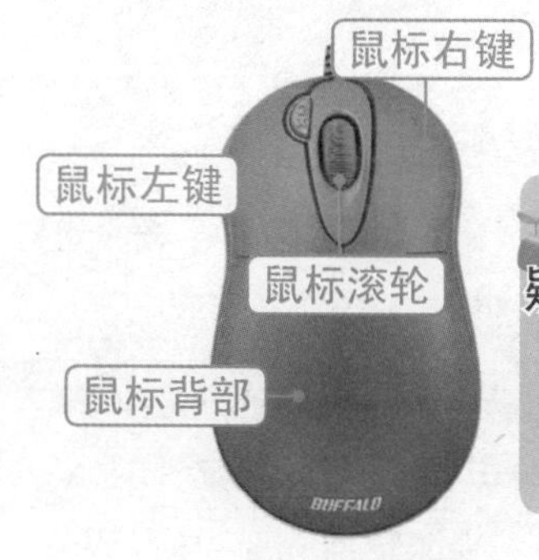

问：鼠标中各个键的作用是什么？

疑难解答 答：在电脑操作中，鼠标左键一般用于选择对象或打开程序；鼠标右键一般用于打开对象的快捷操作菜单；鼠标滚轮一般用于放大、缩小对象，或者是快速浏览文档内容。

2.1.2 手握鼠标的正确方法

在认识了鼠标的组成后，下面介绍手握鼠标的正确方法。

鼠标的正确握法：食指和中指自然地放置在鼠标左键和右键上，拇指放在鼠标左侧，无名指和小指放在鼠标的右侧。拇指、无名指及小指轻轻握住鼠标，手掌心轻轻贴住鼠标背部区域，手腕自然地放在桌面上，操作时带动鼠标做上、下、左、右移动，以定位鼠标指针。手握鼠标的正确姿势如右图所示。

2.1.3 什么是鼠标指针

当移动鼠标时，在屏幕上会有一个跟随鼠标移动的箭头“↖”，我们把这个箭头称为“鼠标指针”，如下图所示。

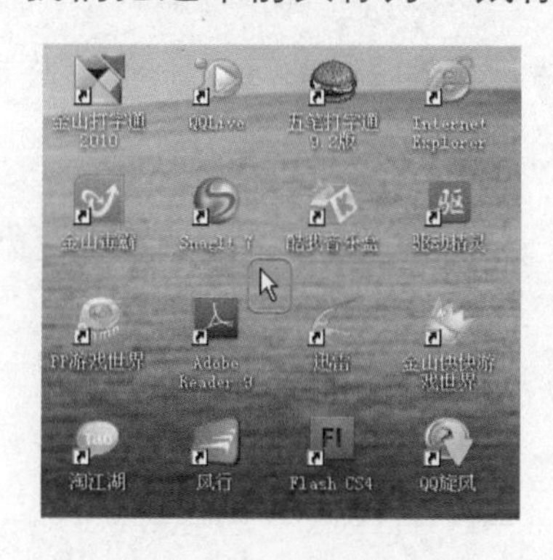

问：为什么我电脑中的鼠标指针外观样式不一样呢？

疑难解答 答：在Windows XP系统的默认状态下，“↖”为标准指针样式。使用的鼠标指针方案不一样，其指针的样式外观一般也不一样。

在电脑操作时，我们会遇到各种不同外观样式的指针。鼠标指针的样式不同，其表达的含义及作用也就不一样。只有正确地认识了不同外观样式指针的作用与含义，才能正确有效地操作电脑。

一般常见鼠标指针样式的含义及作用如下表所示。

指针形状	表示的操作含义	指针形状	表示的操作含义
	此样式是鼠标指针的标准样式，表示等待执行操作		此样式常常出现在窗口或选中对象的边框上，此时拖动鼠标可以改变窗口的大小或改变选中对象的大小
	此样式表示系统正在执行操作，要求用户等待		此样式表示超链接，此时单击鼠标将打开链接的目标、文件等。一般在上网时用得较多
	此样式表示系统正处于“忙碌”状态，此时最好不要再执行其他操作，等待完成后再进行操作		此样式表示可以移动窗口或选中的对象
	此样式表示当前操作不可用，或操作无效		此样式表示帮助，此时单击某个对象可以得到与其相关的帮助信息
	此样式表示在文字录入或编辑时，可以对文字进行选择或者单击鼠标进行光标定位		

2.1.4 掌握鼠标的指向操作

鼠标操作，一般可以分为指向、单击、双击、右击与拖动5种操作方式。本小节主要介绍鼠标指向操作的相关内容及使用方法。

指向操作又称为移动鼠标。用右手握住鼠标来回移动，此时鼠标的箭头指针会在屏幕上进行同步移动，并将鼠标指针移动到所需的位置。

光盘同步文件

同步视频文件：光盘\同步教学文件\第2章\2-1-4.avi

指向操作常用于定位。当要对某一个对象进行操作时，必须先将鼠标指针定位到该对象。例如，在桌面上将指针指向“我的电脑”图标，操作方法如右图所示。

2.1.5 掌握鼠标的单击操作

单击也称为点击，是指将鼠标指针指向目标对象后，用食指按下鼠标左键，并快速松开左键的操作过程。该操作常用于选择对象、打开菜单或执行命令。

光盘同步文件

同步视频文件：光盘\同步教学文件\第2章\2-1-5.avi

1 选择对象

例如，指针指向桌面上的“我的电脑”图标，单击左键，就表示选择了“我的电脑”图标对象，如右图所示。

知识加油站

选择对象与指向对象的区别

当指向一个图标（如桌面上的图标）单击鼠标左键后，该图标颜色将变成蓝底白字的效果，表示已选择了当前图标。

2 打开菜单

用鼠标左键单击，还可以打开要操作的菜单。如右图所示就是将指针指向“开始”按钮，单击即可打开“开始”菜单。

3 执行相应的命令

单击除了具有前面两种功能外，还具有执行命令的功能。例如，在“我的文档”窗口中，❶单击“文件”菜单，❷单击“关闭”命令，即可将“我的文档”窗口进行关闭，操作如右图所示。

2.1.6 掌握鼠标的双击操作

双击操作，是指将鼠标指针指向目标对象后，用食指快速并连续地按鼠标左键两次的操作过程。双击操作常用于打开某个程序窗口。

光盘同步文件

同步视频文件：光盘\同步教学文件\第2章\2-1-6.avi

例如，指针指向桌面上的“我的电脑”图标，然后进行双击鼠标左键的操作，即可打开“我的电脑”窗口，操作如下两图所示。

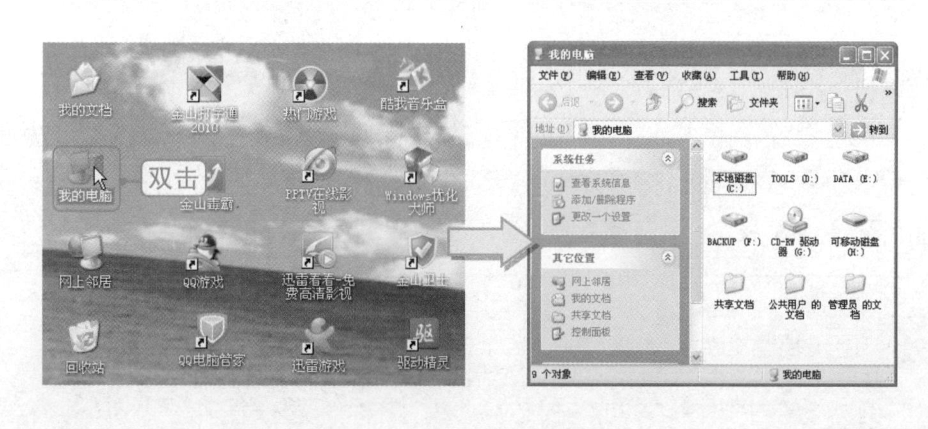

2.1.7 掌握鼠标的右击操作

右击操作，是指将鼠标指针指向目标对象后，按下鼠标右键并快速松开按键的操作过程。右击操作常用于打开目标对象的快捷操作菜单。

光盘同步文件

同步视频文件：光盘\同步教学文件\第2章\2-1-7.avi

例如，❶将指针指向“我的电脑”图标，❷单击鼠标右键，就会弹出快捷菜单，操作方法与效果如下两图所示。

疑难解答

问：指向不同的对象单击右键，弹出的快捷菜单一样吗？

答：指向不同的对象并单击鼠标右键，其弹出的快捷菜单命令也就不一样。另外，在显示的快捷菜单中包含多个命令，可以将指针指向相关命令，然后单击左键来执行该命令。

2.1.8 掌握鼠标的拖动操作

拖动操作，是指将鼠标指针指向目标对象，按住鼠标左键不放，然后移动鼠标指针到指定的位置后，再松开鼠标左键的操作。该操作常用于移动对象。

光盘同步文件

同步视频文件：光盘\同步教学文件\第2章\2-1-8.avi

例如，❶将指针指向"我的电脑"图标，❷按住左键不放进行移动，拖动到目标位置后，❸再释放鼠标左键。其操作方法与效果如下图所示。

疑难解答

问：为什么有时操作鼠标，感觉鼠标不听使唤呢？

答：在具有反光材质（如玻璃）的情况下使用光电鼠标，这样会导致光电鼠标的灵敏度下降，甚至使用不灵。

另外，电脑中的大部分操作，都是通过鼠标来实现的。鼠标在长时间、高频率的使用下，很容易就会损坏。要想延长鼠标的使用寿命，就要注意正确的使用方法和必要的日常维护。

①鼠标中的部件都是怕振动的，使用时要注意尽量避免强力拉扯鼠标连线。

②配置一个好的鼠标垫。

③保持桌面或鼠标垫的清洁，保持良好的感光状态。

④在按键时，不要用较大的力按键，要保持适当的力度。如果长期按键用力过度，将会损坏弹性开关或其他部件。

2.2 学习键盘的正确操作

键盘是电脑必备的外部设备，它是我们向电脑输入文字和信息的重要工具。因此，熟练掌握键盘的操作，不仅是文字录入的基本要求，也是学习电脑的最基本要求。

2.2.1 熟悉键盘的组成规律

键盘的键位一般由4个键位区组成，这4个键位区分别是功能键区、主键盘区、光标控制键区和专用数字键区。键盘的组成外观大致如下图所示。

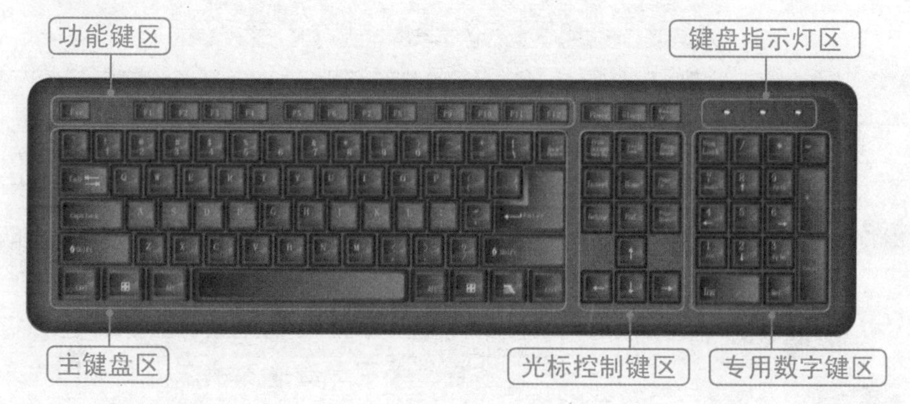

2.2.2 掌握键盘上常用功能键的作用

键盘中，除了需要我们熟悉数字键和字符键外，还有一些特殊功能键需要掌握。掌握这些功能键的使用，也是学习键盘操作的必备知识。

1 功能键区

使用功能键可以快速完成一些操作，如通常情况下按F1键，可以快速打开正在使用软件的帮助文档；按Power键，可以快速关机；按Sleep键，可以让电脑快速进入睡眠节能状态；按Wake Up键，可以快速唤醒电脑。其他键在不同的软件应用环境下，各键的功能作用有所不同。功能键区如下图所示。

2 主键盘区

主键盘区是键盘上最重要的区域，也是使用最频繁的一个区域，其中包括字母键、数字符号键、控制键、标点符号键及一些特殊键。它的主要功能是用来录入数据、文字字符等内容。主键盘区的键位组成如下图所示。

主键盘区常用功能键的功能如下表所示。

键　位	名　称	功　能
Tab	制表定位键	在进行文字录入时，按下此键，光标向右移动一个制表位的距离，可以实现光标的快速移动
Caps Lock	大写锁定键	按下此键，在指示灯区域有一个灯亮，键盘锁定为大写字母输入状态，此时所输入的英文字母为大写。反之，再按下此键，指示灯熄灭，输入的英文字母为小写
Shift	上挡键	键盘上左右各一个，两者的功能与作用完全相同。按住此键不放再按一个字母键，则输入此字母的大写形式；按住此键不放再按下双字符键，则输入的是这些键位的上面字符
	空格键	键盘上最长的键，键上无任何符号。此键主要有两个功能：一是用来输入空格；二是在某些输入法中录入汉字时，按下空格键，表示编码录入结束

（续表）

键 位	名 称	功 能
Back Space	退格键	在编辑文字内容时，按下此键可以删除光标左侧的字符，光标同时向左移一个字符的位置
Enter	回车键	主要有两个作用：一是确认当前命令并执行；二是在录入文字内容时，按下此键表示换行
	开始菜单键	左右各有一个，当电脑启动到Windows桌面后，按下该键，将会打开“开始”菜单
	对象快捷菜单键	按下该键，将会弹出对象的快捷菜单，等同于单击鼠标右键

什么是双字符键

所谓双字符键，即是指一个键上有上下两种字符，如下图所示键位都是双字符键。

疑难解答

问：在主键盘区中，左右两边都有Ctrl键、Alt键，有什么区别和作用呢？

答：Ctrl、Alt（控制键）：在键盘上左右各一个，常与其他键组合使用，单独使用没有任何意义，在不同的软件中有不同的功能定义。例如，按Ctrl+C组合键表示复制功能，按Alt+F4组合键表示关闭窗口的功能。

3 光标控制键区

光标控制键区位于主键盘区与专用数字键区的中间，它集合了所有对光标进行操作的键。各个键的共同特性是均可改变鼠标光标的位置或状态。

相关控制键的功能如下表所示。

键位	名称	功能
Print Screen Sys Rq	屏幕信息复制键	按下该键，可将当前屏幕上的信息进行复制，然后可通过“粘贴”命令将信息复制出来
Scroll Lock	屏幕滚动锁定键	按下此键，在指示灯区域中有一个灯亮，键盘锁定为大写字母输入状态，此时所输入的英文字母为大写；反之，再按下此键，指示灯熄灭，输入的英文字母为小写
Pause Break	暂停执行键	该键在DOS操作系统下用得比较频繁，按下该键，可以暂停当前正在运行的程序
Insert	插入键	在文字输入中，当该键有效时，输入的字符插入在光标出现的位置；当该键无效时，输入的字符将改写光标处右边的字符
Delete	删除键	该键可以用来删除光标右侧的字符，删除右侧字符后光标位置不会改变
Home	行首键	在文字处理软件环境下，按一下该键，可以使光标回到一行的行首。在移动的时候，只是光标移动，而汉字不会动。如果按Ctrl+Home组合键，则会将光标快速移动到文章的开头
End	行尾键	该键的作用与Home键刚好相反。在文字处理软件环境下，按一下该键，光标将移动到本行行尾。如果按Ctrl+End组合键，则会将光标快速移动到文章的末尾
Page Up	向上翻页键	在文字编辑环境下，按一下该键，可以将文档向前翻一页，如果已达到文档顶端，则按此键不起作用
Page Down	向下翻页键	与Page Up键的功能相反。按一下该键，会向后翻一页，如果已达到文档最后一页的位置，则按此键不起作用
↑ ← ↓ →	光标移动键	分别用于向上、下、左、右移动光标

4 专用数字键区

专用数字键区位于键盘的最右侧，共有17个键位，如右图所示。其中提供了所有用于数字操作的相关键，包括数字键、运算符号键。专用数字键区特别适合于经常与数字打交道的人使用。

疑难解答

答：在数字键盘区有一个Num Lock键，该键专门用于对数字键盘区中的数字键进行锁定。当按下此键，在该键上面的指示灯区中有一个指示灯亮，表示可以通过该键盘区中的数字键来录入数字。如果该键对应的指示灯不亮，则无法录入该区中的数字。

2.2.3 键盘操作的指法分工

在进行电脑打字时，使用最多的还是主键盘区。该区域的按键相当多，如何才能快速有效地操作键盘呢？了解其手指的分工是很重要的。在主键盘区划分了一个区域，称为基准键位区。在准备打字时，除拇指外其余8个手指分别放在基准键位上，拇指放在空格键位上。其示意图如下图所示。

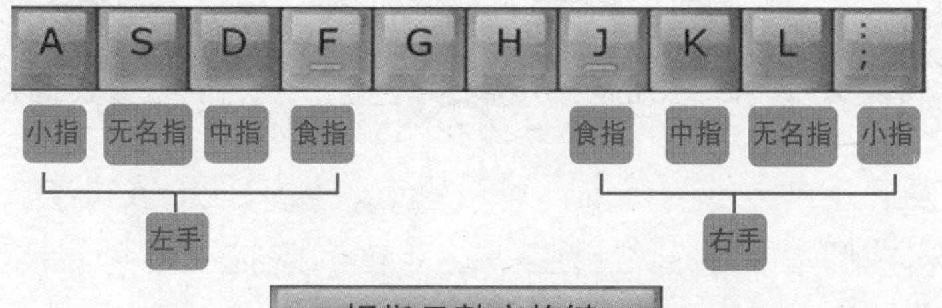

每个手指除了指定的基本键外，还控制其他操作键，称为它的范围键。其中黄色的键位由小手指负责，红色的键位由无名指负责，蓝色键位由中指负责，绿色键位由食指负责，紫色空格键由大拇指负

责，如下图所示。

2.2.4 手指击键的正确方法

在击键时，左右手的4个手指与各基准键位相对应，固定好手指位置后不得随意离开，更不能使手指的位置放错。录入过程中，离开基准键敲击其他字符键完毕后，手指应该立即回到对应的基准键上，做好下次击键的准备。操作示意图如下图所示。

掌握以下几点击键的规则，可以准确、快速地输入文字。

①严格按照手指的键位分工，功能键和各控制键可用离它最近的手指进行击键。

②击键时以手指指尖垂直向键位使用冲力，并立即反弹，用力不可太大。

③一只手击键时，另一只手的手指应放在基准键位上保持不动，击键时不要长时间按住一个键不放，击键要迅速。

2.2.5 用电脑打字的正确坐姿

初次接触电脑打字的人，必须注意正确的坐姿。如果姿势不对加上时间一长，容易感到疲劳，影响思维和输入速度。电脑打字时应注意以下几点。

①使用专门的电脑桌椅，电脑桌的高度以坐姿到达自己胸部为准。电脑椅应是可以调节高度的转椅。

②身体背部挺直，稍偏于键盘左方并微向前倾，双腿平放于桌下，身体与键盘的距离为10～20cm。

③眼睛的视野范围应略大于显示器，一般呈25°；眼睛与显示器距离为30～40cm。

④显示器应放置于键盘正后方。

⑤两肘轻轻贴于腋窝下边，手指轻放于规定的字母键上，手腕平直，两肩自然下垂。

⑥手指保持弯曲、呈勺状放于键盘上，两食指总是保持在左食指F键，右食指J键的位置。

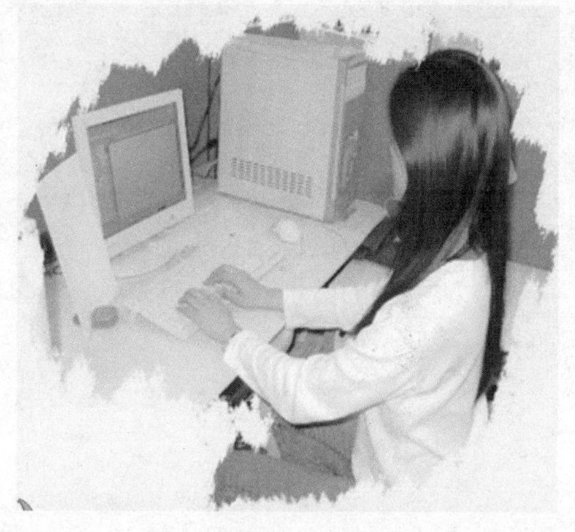

连续操作电脑时间达到45min时，应该稍休息，可以采用远眺、做眼保健操等方式减轻眼睛的疲劳程度，最好是用温水洗脸，以将聚集在脸部的静电放掉。电脑打字的正确姿势如右图所示。

2.2.6 中老年人学打字的注意事项

键盘的指法练习是一个熟悉键位的过程，实践性很强，要求勤于动手练习。

对初学打字的中老年人来说，从一开始就养成良好的操作习惯是非常有必要的。在操作键盘时，一般应注意以下几点。

①一定把手指按照分工放在正确的键位上，手指必须要按照十指分工到键，各施其责进行操作，绝不能图一时方便而随便代替。

②有意识慢慢地记忆键盘中各个字符的位置，体会不同键位上的按键被敲击时手指的感觉，逐步养成不看键盘的输入习惯，以便实现盲打的目的。

③打字练习时必须集中注意力，做到手、脑、眼协调一致，尽量避免边看原稿、边看键盘，这样容易分散记忆力，也影响键盘的输入速度。

④作为初学者进行打字练习时，不要盲目地追求打字速度，即使输入速度慢一点，也要一定保证输入的准确性。

知识加油站 中老年朋友在进行键盘的指法练习时，可能开始不太适应，但一定要坚持。在进行练习时，一定要注意劳逸结合，练习一段时间后需要适当休息。

Chapter 03

轻轻松松学会Windows操作系统

本章导读

学习电脑操作技能，对于广大中老年朋友来说，其实主要是学习电脑软件的操作与应用。而作为当前最常见的电脑管理软件——Windows操作系统，是初学者必须掌握的知识，只有学好操作系统软件的应用，才能更好地学会其他应用软件的使用。本章主要给中老年朋友讲解Windows操作系统软件的基本操作与应用。

知识技能要求

通过本章内容的学习，让中老年朋友掌握Windows操作系统的入门操作与使用方法。学完后需要掌握的相关技能知识如下：

- ❖电脑系统账户的创建与管理方法
- ❖Windows系统桌面的设置与管理
- ❖Windows窗口的管理与操作方法
- ❖熟悉对话框与菜单特性

3.1 一台电脑全家人都可以使用

当购买一台电脑后，为了方便多人使用，可以在电脑中创建不同性质的使用账户，以方便管理和保证电脑中信息的安全。

3.1.1 给电脑创建多个使用账户

如果是多人使用一台电脑，那么创建多个系统账户是非常必要的，这样可以保证自己使用系统的安全性，也可以防止其他用户修改系统设置。在Windows XP系统中可以创建多个账户，并为不同的账户设置系统密码。

光盘同步文件

同步视频文件：光盘\同步教学文件\第3章\3-1-1.avi

在电脑中创建和分配用户账户的方法如下。

1 执行“控制面板”命令

❶用鼠标单击桌面左下角的“开始”按钮，❷在弹出的“开始”菜单中单击“控制面板”命令，如下图所示。

2 单击“用户账户”链接

在打开的“控制面板”窗口中，单击“用户账户”链接，打开“用户账户”窗口，如下图所示。

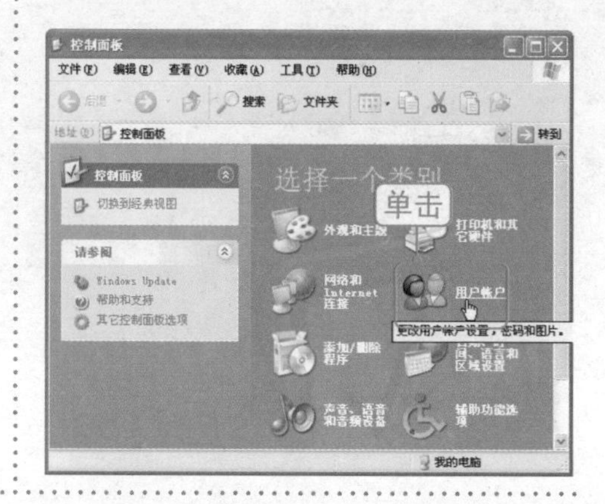

问：为什么我的“控制面板”窗口图标显示效果与其他人的不一样呢？

答：在系统默认下，“控制面板”窗口的界面是“分类视图”显示效果。若需要以Windows传统风格进行显示，可以单击“控制面板”窗口左边的“切换到经典视图”命令。

3 执行“创建一个新账户”命令

在显示的“用户账户”窗口，单击“创建一个新账户”链接，如下图所示。

4 输入账户名称

显示用户账户起名界面，❶在文本框中输入要创建的用户名，如“爷爷”；❷单击“下一步”按钮，如下图所示。

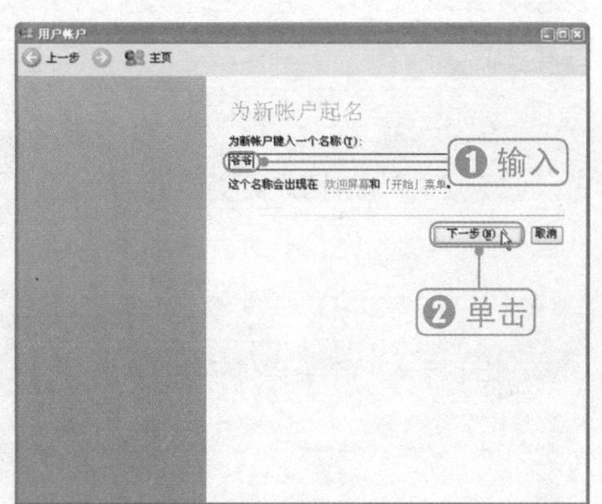

5 选择账户权限

显示用户权限选择界面，❶用鼠标选择用户的权限，如“计算机管理员”；❷单击“创建账户”按钮，如右图所示。

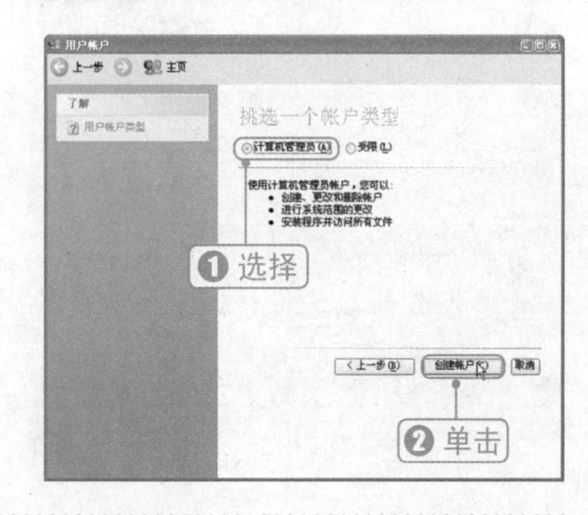

⑥ 完成账户的创建

经过以上步骤操作后，就在电脑系统中创建了一个新用户。通过同样的方法，可以创建需要的系统账户，效果如右图所示。

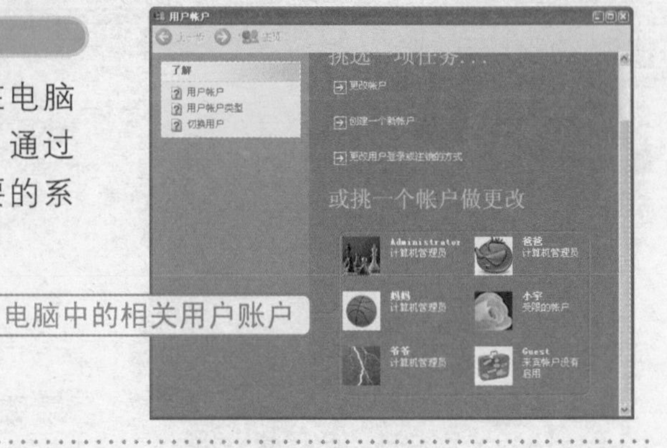

电脑中的相关用户账户

问：在选择用户权限时，有“计算机管理员”和“受限”两种，两者有什么区别？

疑难解答

答：“计算机管理员”类型具有对电脑系统中的用户账户更改、删除等管理权力，并具有对电脑中软件进行安装、删除的权力；而“受限”类型一般只具有使用电脑的权力，无对电脑中用户及软件资源进行管理的权力。

只有管理员权限的用户才能创建与管理用户

知识加油站

初学者值得注意的是，在系统中创建账户时，只有具有管理员权限的用户，登录系统后才能创建系统新用户。

3.1.2 管理与设置电脑中的系统账户

对于电脑中的系统账户，也可以随时根据需要对其管理设置。下面分别给中老年朋友介绍一些常用的管理操作。

光盘同步文件

同步视频文件：光盘\同步教学文件\第3章\3-1-2.avi

1 为用户账户设置密码

当创建一个新账户后，为了防止别人用自己的账户登录电脑，还可以给账户设置系统登录密码，具体操作方法如下。

① 选择要设置的账户

在“用户账户”窗口中，单击要创建密码的用户，如“爷爷”，如下图所示。

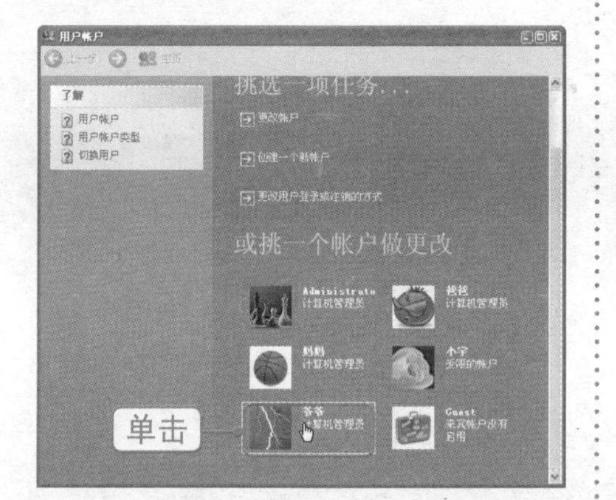

② 执行“创建密码”命令

在显示的界面中，单击“创建密码”链接，如下图所示。

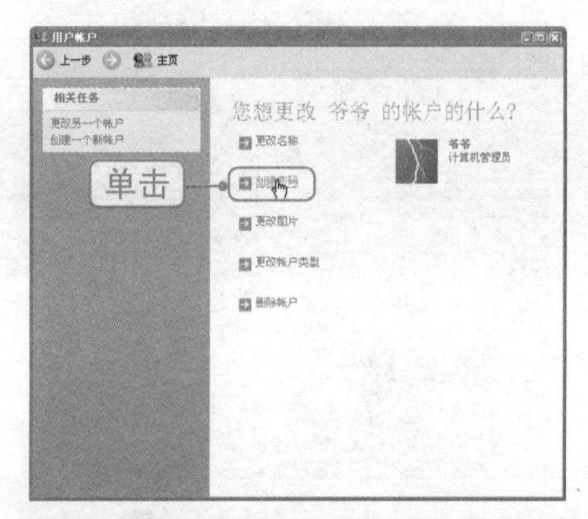

③ 设置用户账户密码

显示密码设置界面，❶在密码文本框中输入要设置的密码；❷在密码提示文本框中根据需要设置提示信息；❸单击“创建密码”按钮，即可完成用户账户的密码设置，操作如右图所示。

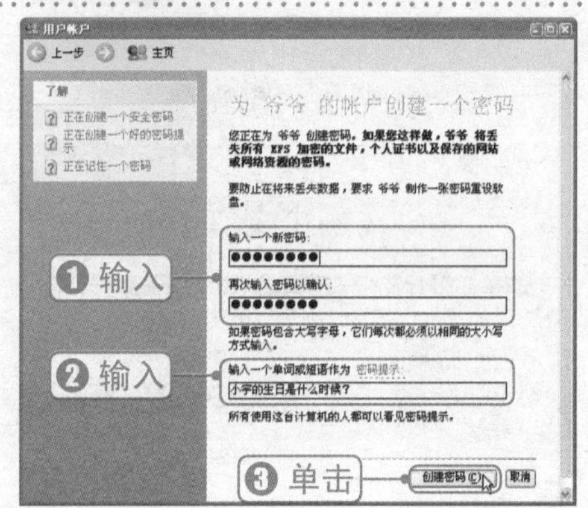

问：设置密码提示信息有什么作用呢？

疑难解答

答：设置密码提示信息主要是为了在用户输入密码时，给予用户相应的提示，这对记忆不好的用户特别有用。

2 管理与删除账户

建立了多个账户以后，如果某一个人不再需要使用这台电脑，那么就可以将他的账户删除，具体操作方法如下。

1 选择要删除的账户

在“用户账户”窗口中，单击要删除的用户，如“小宇”，如下图所示。

2 单击“删除账户”链接

在显示的界面中，单击“删除账户”链接，如下图所示。

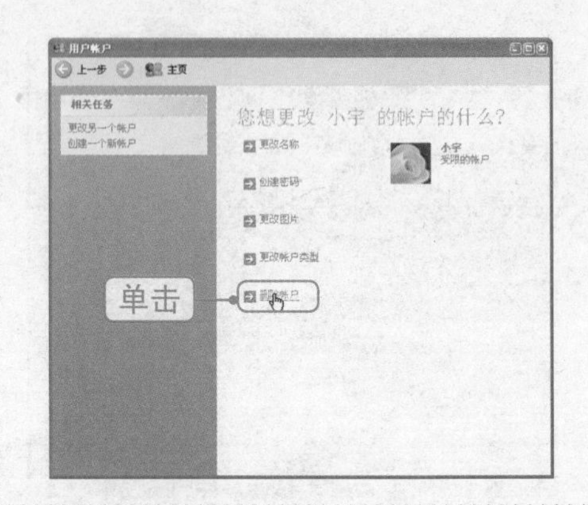

3 选择是否保留账户文件

在显示的界面中，确认是否保留/删除账户的文件，如单击“保留文件”按钮，如下图所示。

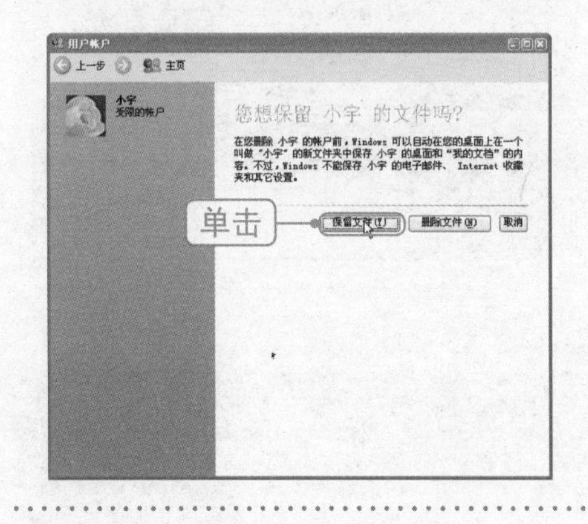

4 确认删除账户

在显示的删除界面中，单击 “删除账户”按钮，确认并完成账户的删除，如下图所示。

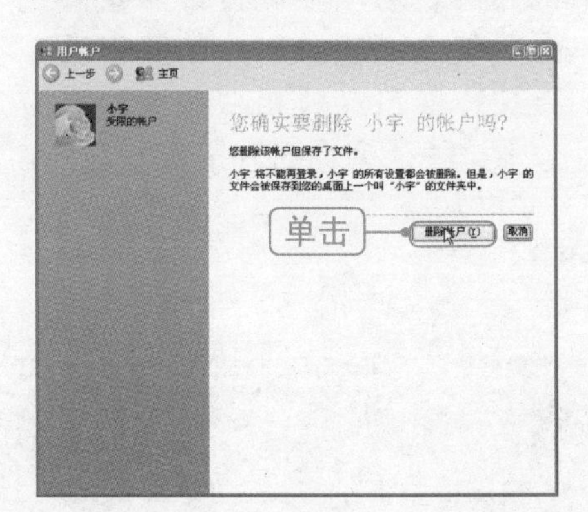

问：在删除账户时，“保留文件”与“删除文件”有何作用？

疑难解答

答：在删除账户时，如果单击“保留文件”，则删除账户后该账户的相关文件仍然保留；如果单击“删除文件”按钮，则将该账户及相关的所有文件都删除。注意，只有“计算机管理员”类型的用户才能删除系统中的其他账户。

系统用户的其他管理操作

知识加油站

对于电脑中的系统账户，除了前面介绍的常用管理与设置操作外，还可以对账户的名称进行修改、设置账户的图标、更改账户的权限类型等操作。其具体操作方法简单，与前面介绍的操作步骤大同小异，因此这里就不一一叙述，读者可以自己动手试一试。

3.1.3 切换与注销当前登录账户

当在电脑中创建了多个系统账户后，使用电脑的过程中就可以根据需要，随时切换或注销登录用户。

光盘同步文件

同步视频文件：光盘\同步教学文件\第3章\3-1-3.avi

1 切换登录账户

例如，当电脑以某一个账户启动成功后，如果另一个账户也要使用电脑，那么可以进行登录账户的切换，而不必重新启动电脑。具体操作方法如下。

① 执行“注销”命令

❶用鼠标单击桌面左下角的“开始”按钮，❷在弹出的“开始”菜单中单击“注销”命令，如下图所示。

② 选择“切换用户”命令

在显示的“注销Windows”界面中，单击“切换用户”按钮，操作如下图所示。

3 选择要登录的账户

经过上步操作后，系统自动切换到系统用户登录界面，❶单击要登录的用户名，并输入登录密码；❷单击用户右侧的“登录”按钮或按Enter键，即可以新账户登录到桌面，操作如右图所示。

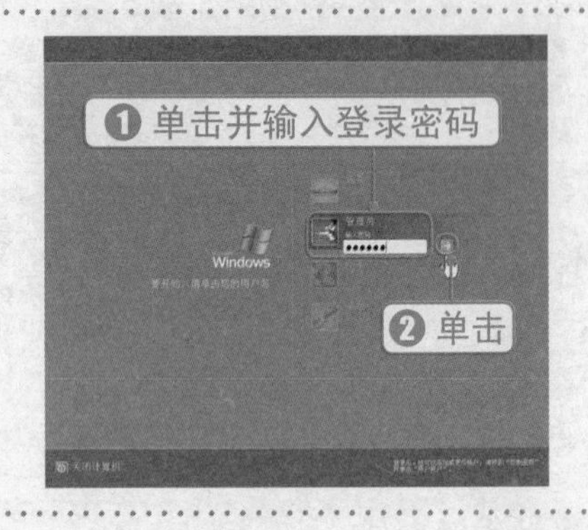

切换账户的意义

知识加油站

例如，当前以A用户登录到系统，然后B用户要临时使用电脑时，A用户不必退出或关机重新启动电脑，只需通过上面方法，以B用户进行登录即可；而A用户并没有退出，使用时再次以A用户登录即可。在切换账户时，如果没有给用户账户设置密码时，那么在切换界面中只需单击用户账户即可登录到系统桌面。

2 注销登录账户

在前面介绍的切换账户，一般适合多人操作电脑时使用。当暂时不需要使用电脑而又不想关闭电脑时，为了自己账户安全性，那么可以注销当前登录的账户。具体操作方法如下。

1 执行“注销”命令

❶用鼠标单击桌面左下角的“开始”按钮，❷在弹出的“开始”菜单中单击“注销”命令，如下图所示。

2 选择“注销”命令

在显示的“注销Windows”界面中，单击“注销”按钮即可，操作如下图所示。

3.2 我的“桌面”我做主

当电脑以某一个用户账户登录后，可以对桌面环境进行设置和修改，如设置桌面背景图片、添加/删除桌面上的图标、任务栏属性设置与管理等。

3.2.1 熟悉Windows桌面的组成

在Windows XP系统默认状态下，电脑启动成功后，就会显示出蓝天白云的界面，这就是默认的桌面。具体桌面组成如下图所示。

问：为什么我的“桌面”效果与书中的不一样，图标有很多呢？

疑难解答

答：Windows XP的默认桌面上，只有一个“回收站”图标。我们可以根据需要，显示或创建相关图标在桌面上。如果您的桌面图标不一样，这是正常的。其桌面背景也可以根据需要进行设置。具体操作参见后面相关小节。

3.2.2 如何在桌面上显示或创建程序图标

桌面上的图标，可以方便我们操作。例如，通过双击桌面上的某一图标，就可以快速打开该图标的程序窗口。

光盘同步文件

同步视频文件：光盘\同步教学文件\第3章\3-2-2.avi

1 在桌面上显示常用的系统图标

为了方便操作，可以在桌面上调出常用的系统管理图标，如“我的电脑”、“我的文档”、“网上邻居”等，具体操作方法如下。

1 执行“属性”命令

❶在桌面空白处单击鼠标右键，❷在快捷菜单中单击“属性”命令，操作如下图所示。

2 选择“自定义桌面”

打开“显示 属性”对话框，❶单击“桌面”标签；❷单击“自定义桌面”按钮，操作如下图所示。

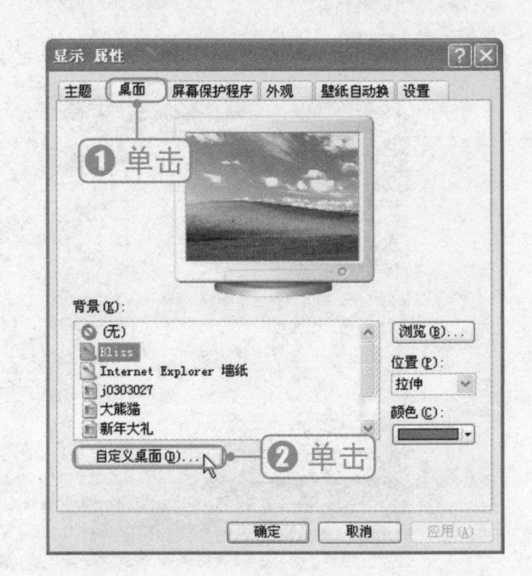

3 选择要显示的图标

在“桌面项目”对话框的“桌面图标”区域中，❶选择要显示的图标，❷单击“确定”按钮，如右图所示。

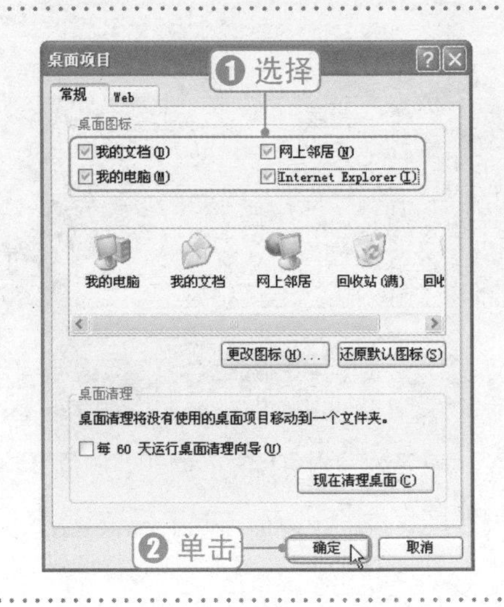

④ 确认操作

经过以上步骤操作后，返回到“显示 属性”对话框，单击“确定”按钮，如右图所示。

⑤ 在桌面显示出系统图标

经过上步操作，即可在桌面上显示出常用的系统图标，效果如右图所示。

2 在桌面创建应用程序的快捷图标

除了可以在桌面上显示出常用的系统图标外，还可以为一些应用程序创建一种快捷图标放置在桌面上，以方便操作。

例如，为电脑中安装的腾讯QQ程序在桌面上创建一种快捷图标。具体操作方法如下。

❶单击桌面左下角的“开始”按钮，❷选择“所有程序”命令，❸再选择“腾讯软件”命令，❹选择QQ2010命令，❺指向“腾讯QQ2010”程序并单击右键，❻在快捷菜单中选择“发送到”命令，❼单击“桌面快捷方式”命令即可，操作如下图所示。

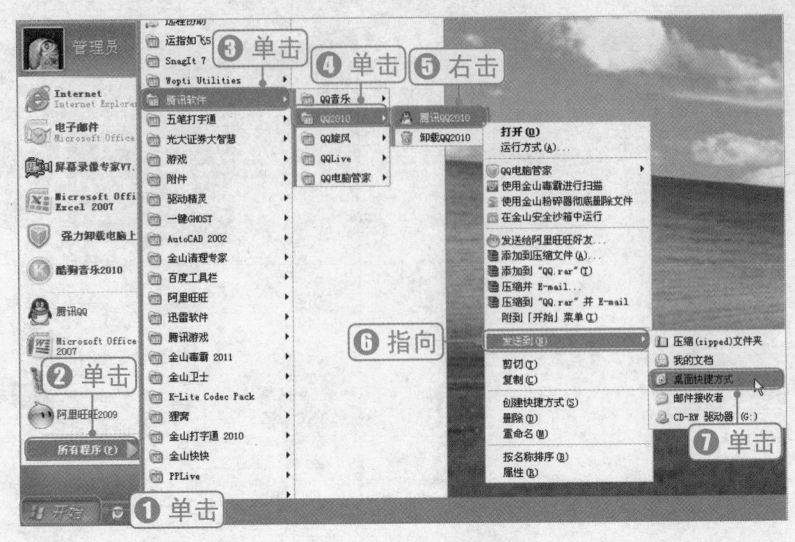

经过以上步骤操作后，在桌面上创建了一个“腾讯QQ2010”快捷程序图标。以后要使用时，只需双击桌面上的快捷图标，而不需逐步单击菜单命令来运行。

3.2.3 桌面图标很乱时如何管理

在桌面上创建了大量的图标，并且图标排列很混乱时，可以将这些图标按一定的顺序进行排列。

光盘同步文件

同步视频文件：光盘\同步教学文件\第3章\3-2-3.avi

对桌面图标进行排列的具体操作方法如下。

1 执行“排列图标”命令

❶在桌面空白处单击鼠标右键，❷在快捷菜单中选择“排列图标”命令；❸在子菜单中选择一种排列方式，如“类型”，操作如右图所示。

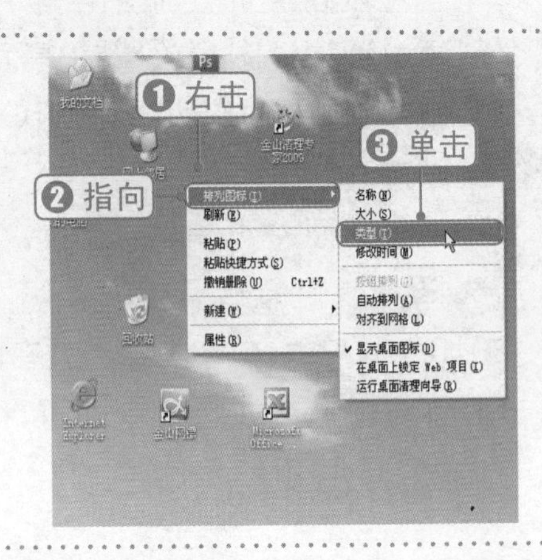

② 完成图标的排列

经过以上步骤操作后，桌面上混乱的图标就按“类型”方式排列好了，效果如右图所示。

图标排列方式的作用与含义

知识加油站

在排列图标时，为我们提供了多种排列方式，具体含义如下。

- 名称：按图标的汉字拼音或英文字母A~Z进行先后的排列。
- 大小：按图标的大小进行排列。
- 类型：将同一种类型的图标排列在一起。
- 修改时间：按图标修改时间的先后顺序进行排列。

另外，如果在“排列图标”子菜单中选择了“自动排列”选项，那么桌面上图标的位置可以相互调换，但不能在桌面上任意摆放图标。如果在快捷菜单中取消选择“显示桌面图标”命令，可以隐藏桌面上的所有图标。

3.2.4 将自己喜欢的图片设置为桌面背景

桌面上那幅蓝天白云和草地的画面，是Windows XP系统的默认桌面背景。我们可以根据需要，将自己喜欢的图片设置为桌面背景。

光盘同步文件

同步视频文件：光盘\同步教学文件\第3章\3-2-4.avi

1 将系统中自带的图片设置为桌面背景

在Windows XP系统中，为我们提供了多幅背景图片，可以将自己喜欢的图片设置为桌面背景。具体方法如下。

1 执行“属性”命令

❶在桌面空白处单击鼠标右键，❷在快捷菜单中单击“属性”命令，操作如下图所示。

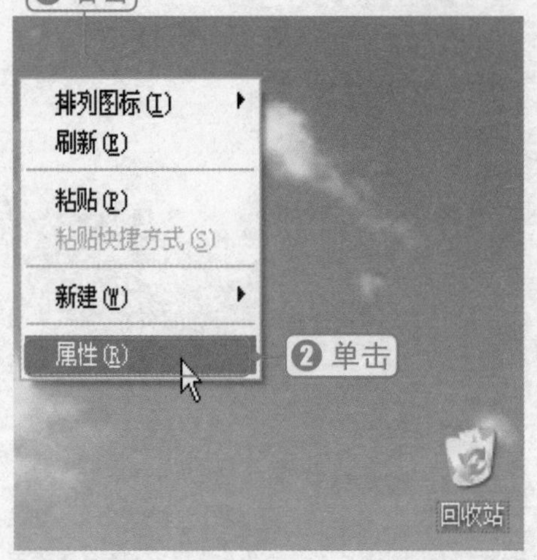

2 选择桌面背景

打开“显示 属性”对话框，❶单击“桌面”标签，❷在“背景”列表框中选择要设置的背景图；❸单击“确定”按钮，操作如下图所示。

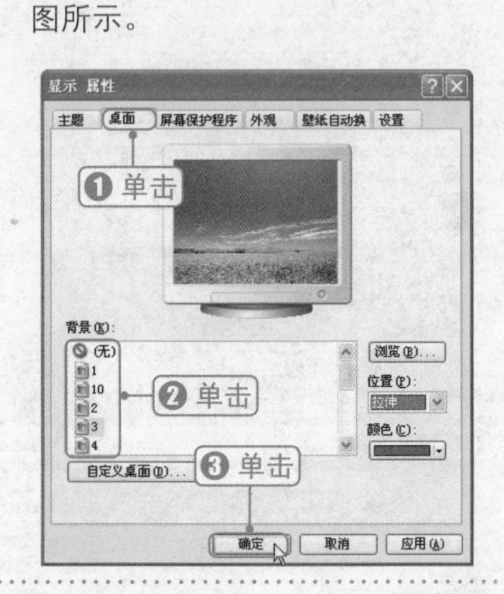

设置桌面背景图片的显示方式

知识加油站

在设置桌面背景的“显示 属性”对话框中，在“位置”下拉列表中还可以根据需要设置桌面背景的显示方式，如拉伸、平铺、居中方式。

2 将自己电脑中的图片设置为桌面背景

除了可以将系统自带的图片设置为桌面背景外，我们还可以将保存在电脑磁盘中的相关图片设置为桌面背景。具体方法如下。

1 执行“属性”命令

❶在桌面空白处单击鼠标右键，❷在快捷菜单中单击“属性”命令，操作如右图所示。

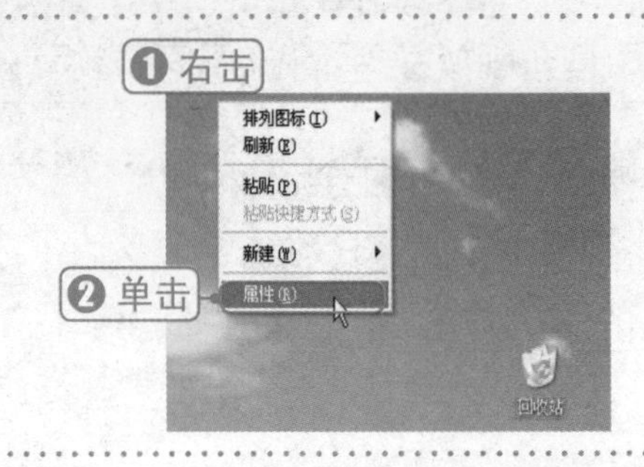

②执行“浏览”命令

打开“显示 属性”对话框，❶单击“桌面”标签，❷单击“浏览”按钮，操作如右图所示。

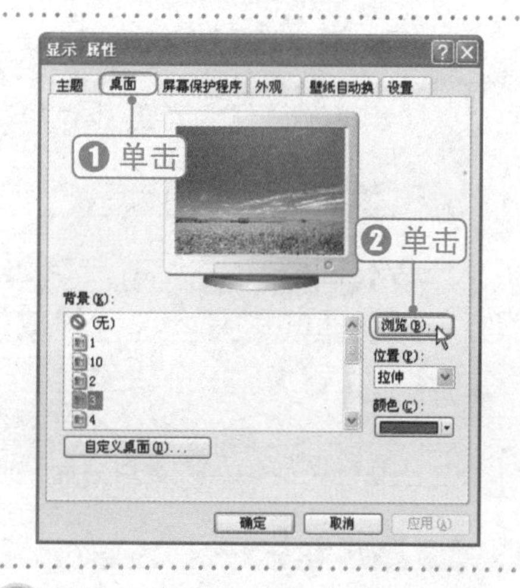

③选择要设置的图片文件

打开“浏览”对话框，❶单击“查找范围”右边的列表按钮，选择图片存放的位置；❷在显示的图片文件中选择要设置背景的图片；❸单击“打开”按钮，操作如下图所示。

④设置显示方式并确定

返回到“显示 属性”对话框，❶单击“位置”下拉列表框右侧的按钮，选择图片显示方式；❷单击“确定”按钮即可完成设置，操作如下图所示。

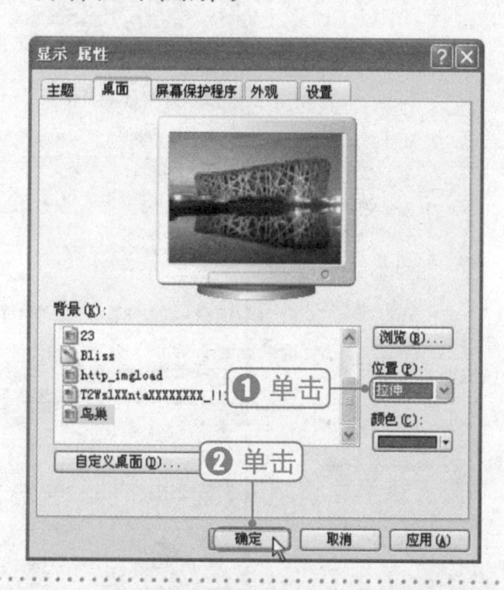

3.2.5 任务栏的管理与设置

任务栏位于屏幕的最下方，是桌面重要的组成部分。在我们使用电脑过程中，对任务栏的使用是非常频繁的，通过它能够管理打开的窗口或程序、查看系统信息等。

光盘同步文件

同步视频文件：光盘\同步教学文件\第3章\3-2-5.avi

1 认识任务栏的组成

任务栏主要由“开始”按钮、快速启动栏、窗口控制区、输入法图标与系统通知区几个部分组成的，如下图所示。

（1）“开始”菜单按钮

“开始”按钮 开始 位于任务栏的左侧，单击该按钮可以打开“开始”菜单，Windows XP的所有操作几乎都是通过该菜单来进行的。打开后的“开始”菜单如下图所示。

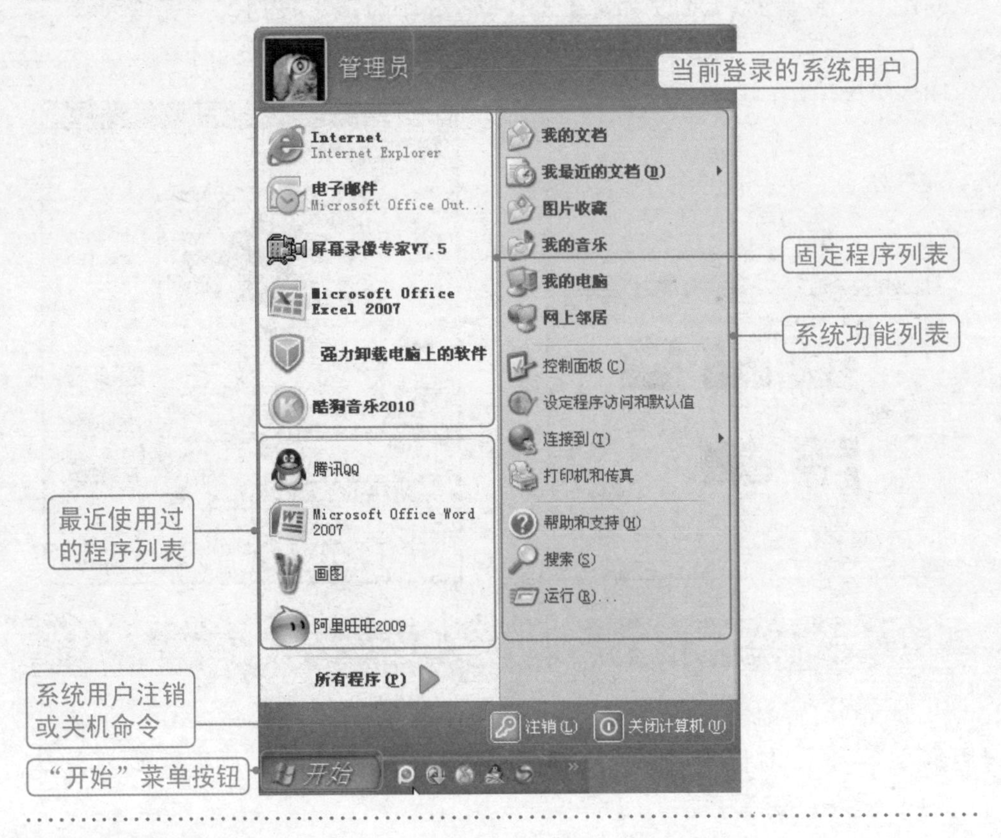

问：在我电脑的“开始”菜单中，有些程序与他人的不一样，是正常的吗？

疑难解答

答：正常。“开始”菜单中的“最近使用过的程序列表”、“固定程序列表”、“系统用户”有可能与上图中的（或他人的）不一样，这是正常情况。这是因为它与您电脑中的安装程序或最近使用过的程序有关。

（2）快速启动栏

快速启动栏位于“开始”按钮的右侧，主要用于显示一些常用程序的快速启动按钮。单击该区域中的按钮，就可以快速打开相关联的应用程序。

系统默认状态下有3个程序的快速启动按钮图标，分别是Windows Media Player（媒体播放器）、Internet Explorer浏览器和显示桌面3个图标。

（3）窗口控制区

每当打开一个程序或窗口时，任务栏中就会显示出对应的窗口控制按钮。当我们同时打开多个程序后，通过任务栏中对应的窗口控制按钮就可以在不同窗口之间进行切换。在下图的“当前任务按钮栏”中，就可以知道已经打开了5个程序窗口，如下图所示。

（4）语言栏

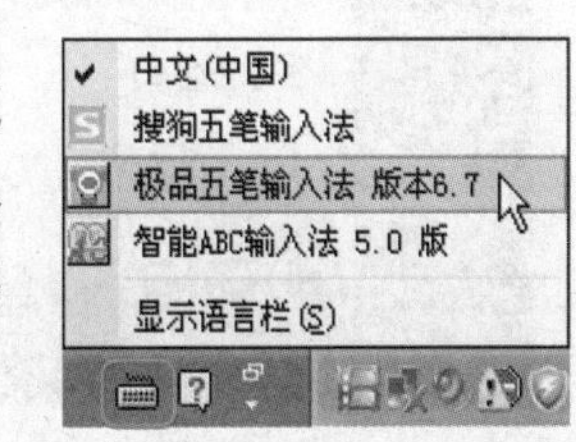

任务栏右侧显示了语言栏，其中键盘样式的图标就是输入法指示图标。在录入文档内容时，可以单击该图标打开输入法菜单，然后选择需要的输入法来输入内容，操作如右图所示。

如果输入法图标为样式，表示当前为英文输入法状态，只能输入英文字母。要输入中文，则必须单击该图标，打开输入法菜单来选择相关的中文输入法。

（5）系统通知区

系统通知区位于任务栏的最右侧，显示了系统时钟、网络图标、声音图标以及一些特定的程序图标。

知识加油站

系统通知区的功能与作用

“系统通知区”主要用于反映当前电脑中一些特定程序的工作状态，常见的如QQ、杀毒软件、迅雷等程序等。但并不是所有程序都会在通知区中显示程序图标的。

2 设置任务栏的属性

任务栏只要保持Windows XP默认外观即可，一般无须自定设置。但如果出于需要，就可以自定义一些任务栏的属性，具体操作方法如下。

1 执行“属性”命令

❶在任务栏空白处单击鼠标右键，❷在快捷菜单中单击“属性”命令，操作如下图所示。

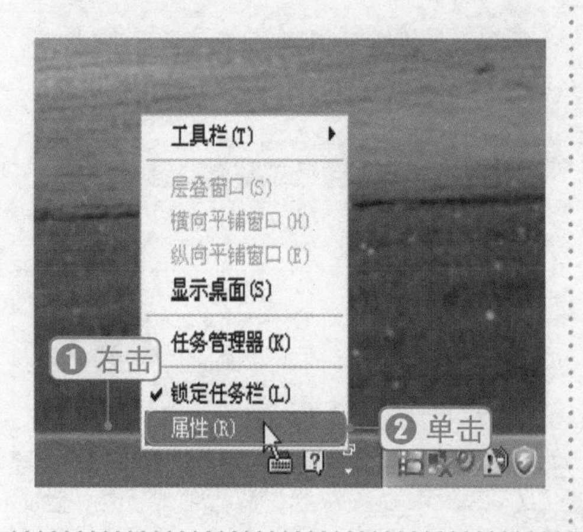

2 选择桌面背景

打开“任务栏和「开始」菜单属性”对话框，❶在“任务栏外观”栏中，根据需要选择相关选项；❷在“通知区域”栏中，根据需要选择相关选项；❸单击“确定”按钮，操作如下图所示。

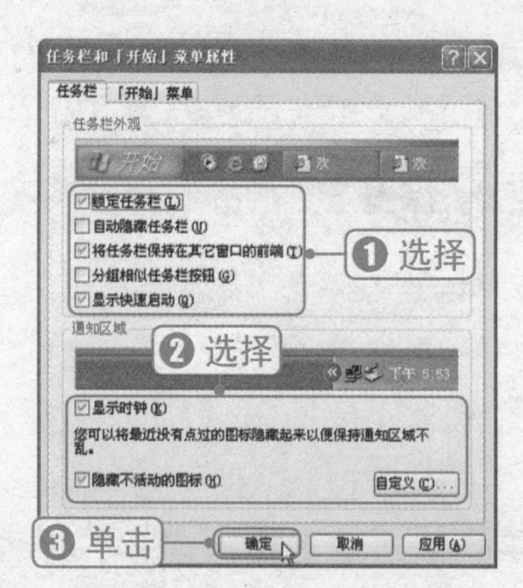

在“任务栏外观”设置选项中，共有5个参数选项，其中各项的作用及含义分别如下。

- “锁定任务栏”：选择该项，表示将任务栏的位置进行锁定。锁定后，不能调整任务栏的大小，也不能改变任务栏的位置。建议用户选择该项。

- “自动隐藏任务栏”：选择该项后，任务栏会自动隐藏。当鼠标指针在任务栏之外的任意位置时，就会自动隐藏起来；当鼠标指针指向任务栏位置时，就会自动显示出来。
- “将任务栏保持在其他窗口的前端”：选中该项，表示任务栏始终显示在其他程序窗口的最前面。建议用户选择该项。
- “分组相似任务栏按钮”：选择该项，表示在任务栏的“当前任务按钮栏”中，将相同程序的多个窗口控制按钮合并到一个按钮中。如果不选择该项，那么每一个程序窗口的图标都是独立显示在任务栏的“当前任务按钮栏”区域中。
- “显示快速启动”：选择该项，表示在任务栏中显示出“快速启动栏”。如果不选择该项，在任务栏中不会显示出“快速启动栏”。建议用户选择该项。

在“任务栏和「开始」菜单属性”对话框的“通知区域”设置栏中，共有两个参数选项，其各项的作用及含义分别如下。

- “显示时钟”：选择该项，表示在任务栏的“系统通知区”中显示出当前系统的时间。如果不选择该项，表示不显示时间。建议用户选择该项，以方便随时查看当前的时间。
- “隐藏不活动的图标”：选择该项，表示在任务栏的“系统通知区”中会自动将长时间不使用的指示图标隐藏起来，单击“自定义”按钮还可以自行设置哪些图标显示或隐藏。

3.3 学会用窗口与电脑进行“对话”

在对电脑进行操作时，几乎每一项操作都是通过窗口来完成的。例如，我们打开的每个程序、每一个设置界面，都是以“窗口”的形式来显示的。因此，在Windows系统中，窗口是一个重要的对象。熟练掌握窗口的管理与操作，是学习电脑的必备基础技能。

3.3.1 什么是电脑窗口

窗口，在电脑操作与应用中随时都会遇到。下面来认识和熟悉电脑Windows系统中的窗口类型。

光盘同步文件

同步视频文件：光盘\同步教学文件\第3章\3-3-1.avi

1 系统管理窗口

系统管理窗口是指用于管理与设置电脑中软/硬件资源的系统窗口，如“我的电脑”、“回收站”、“控制面板”等窗口。例如，打开“控制面板”窗口，具体操作方法如下。

① 执行“控制面板”命令

❶单击 开始 菜单按钮，❷在菜单中单击“控制面板”命令。

② 显示“控制面板”窗口

经过上步操作，即可打开“控制面板”窗口，其效果如下图所示。

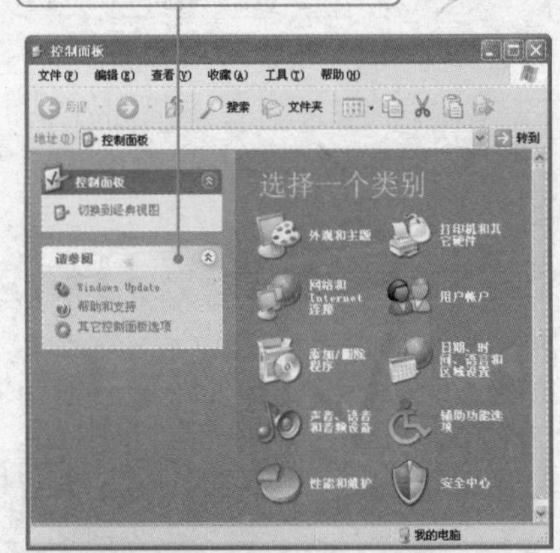

2 应用程序窗口

应用程序窗口是指用于处理日常事务、解决实际问题的应用软件窗口。这类程序窗口在电脑中有很多，例如中老年朋友很熟悉的Word文字处理应用程序窗口、Excel电子表格应用程序窗口、“画图”程序窗口、“写字板”程序窗口等。例如，打开 “画图”应用程序窗口，具体操作方法如下。

1 执行“打开”操作

❶单击“开始”菜单按钮，❷指向“所有程序”命令，❸指向“附件”命令，❹单击要打开程序的“画图”命令，操作如下图所示。

2 显示“画图”程序窗口

经过上步操作，系统自动打开“画图”程序窗口，用户就可以使用“画图”程序中的相关工具来绘画，窗口如下图所示。

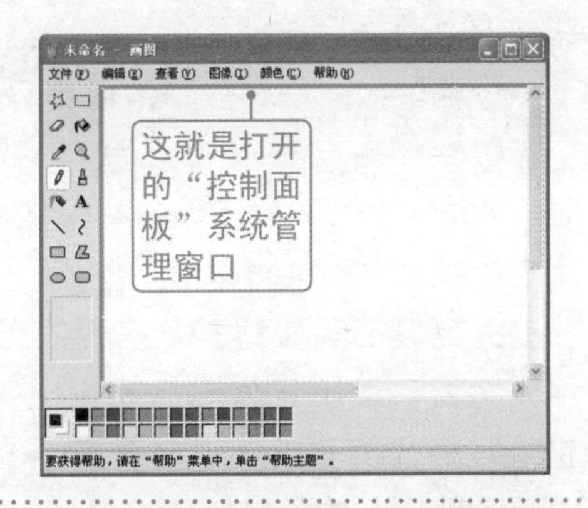

3.3.2 熟悉窗口中的组成部分

在熟悉了窗口的类型后，本节开始认识和熟悉窗口的组成结构。一般情况下，系统程序窗口的组成结构都大同小异，而应用程序窗口根据不同的应用软件，其组成结构有所不同。下面以使用最频繁的系统管理窗口为例，给读者介绍窗口的组成结构。

例如，双击桌面上的“我的电脑”图标，即可打开“我的电脑”系统管理窗口，如下图所示。

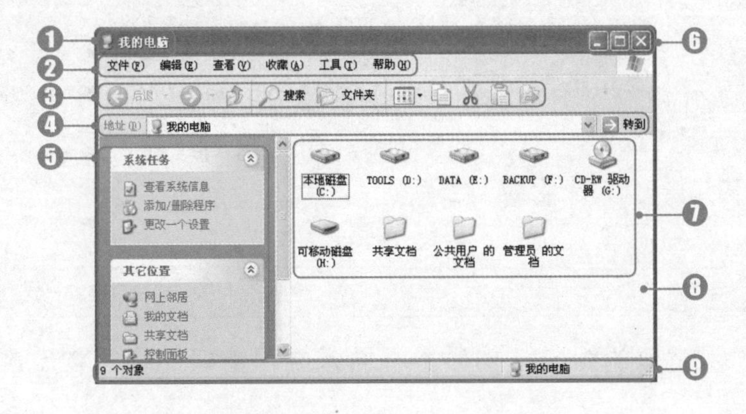

❶标题栏：位于窗口的顶部。一般标题栏左侧显示窗口图标和名称，如“我的电脑”；右侧显示“窗口控制”按钮（后面介绍）。

❷菜单栏：位于标题栏的下方，它由多个菜单项组成。用鼠标单击菜单名即可打开对应的菜单，各个菜单中分别包含了针对当前窗口内容不同的设置命令。

❸工具栏：位于菜单栏的下方，其中提供了一些常用的操作按钮，如“前进”、“后退”、“向上”、“搜索”等功能按钮。

❹地址栏：用于显示当前窗口的内容所在位置。

❺操作导向栏：位于窗口的左边，当在打开窗口进行相关操作时，Windows XP会在导向栏中提示或显示出与用户相关的操作命令。用户可以根据Windows XP的提示一步一步地完成需要的操作。

❻窗口控制按钮：从左至右分别是“最小化”按钮（单击它，可以将窗口最小化为图标放在任务栏上）、“最大化”按钮（单击它，可将窗口充满整个屏幕显示）和“关闭”按钮（单击它，将会关闭当前打开的窗口）。

❼工作区：用于显示当前窗口的所有内容。不同窗口所显示的内容也不同。

❽窗口边框：窗口周边的4条边称为窗口的边框，拖动边框可以对窗口的大小进行调整。

❾状态栏：位于窗口的底部，显示当前所选对象或当前操作状态信息的简要说明。

窗口中的滚动条

知识加油站

当窗口中的内容太多而显示不完整的情况下，窗口中自动会显示出滚动条。滚动条可以分为水平滚动条和垂直滚动条两种。通过拖动这些滚动条或单击滚动按钮，可以上下或左右显示窗口中的其他内容。

3.3.3 掌握窗口的缩放与移动操作

熟悉了窗口的组成结构后，下面来学习窗口的相关管理工作。窗口的缩放与移动操作，是窗口管理中最经常用到的操作。

光盘同步文件

同步视频文件：光盘\同步教学文件\第3章\3-3-3.avi

1 窗口的缩放操作

在窗口的右上角有3个控制按钮，分别是“最小化”、“最大化”以及“关闭”按钮。通过单击这些按钮，可以控制窗口的显示范围和状态。

（1）最小化窗口

窗口最小化是指将窗口缩小并放置到任务栏上，此时窗口并没有关闭。具体操作方法如下。

1 单击“最小化”按钮

要将窗口最小化，只要单击窗口右上角的“最小化”按钮即可，操作如下图所示。

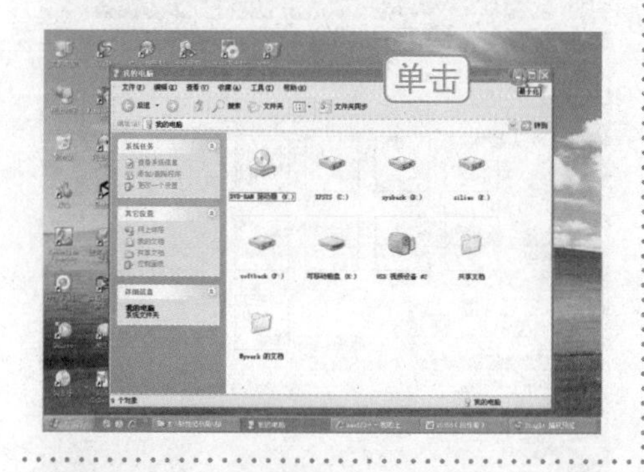

2 窗口以最小化方式显示

经过上步操作，即可将窗口最小化到任务栏中，效果如下图所示。

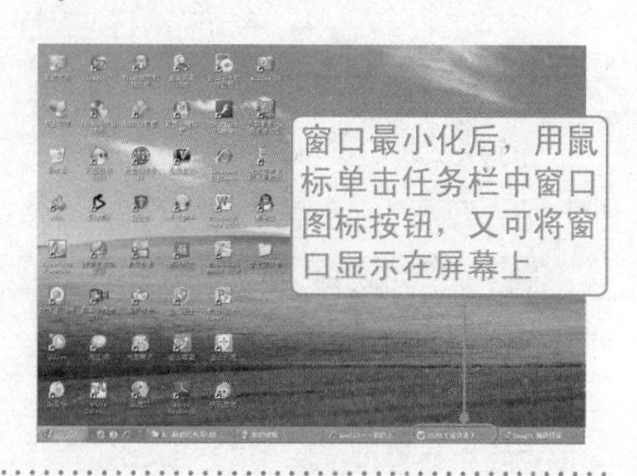

知识加油站

窗口最小化的其他操作技巧

当在屏幕上打开了多个窗口时，如果希望将所有窗口都最小化，那么不必将窗口一个一个地最小化，只需在“快速启动栏”中单击“显示桌面”图标或者直接按键盘上的+D快捷键即可。

（2）最大化窗口

窗口最大化是让窗口充满整个屏幕显示。具体操作方法如下。

要让窗口最大化显示，单击窗口右上角的“最大化”按钮即可。例如，右图就是将“我的电脑”窗口进行最大化显示的操作。

单击“最大化”按钮后，“我的电脑”窗口将充满整个屏幕显示，并且原来的“最大化”按钮会变成“还原”按钮。

（3）还原窗口

窗口的还原与窗口最大化是效果相反的操作。当窗口最大化后，就可以单击“还原”按钮，让窗口以最大化之前的大小进行显示。

（4）关闭窗口

关闭窗口的方法有多种，常用操作方法如下。

方法一：直接单击窗口右上角的“关闭”按钮。

方法二：按Alt+F4组合键。

方法三：❶单击“文件”菜单，❷在快捷菜单中单击“关闭”命令，操作如右图所示。

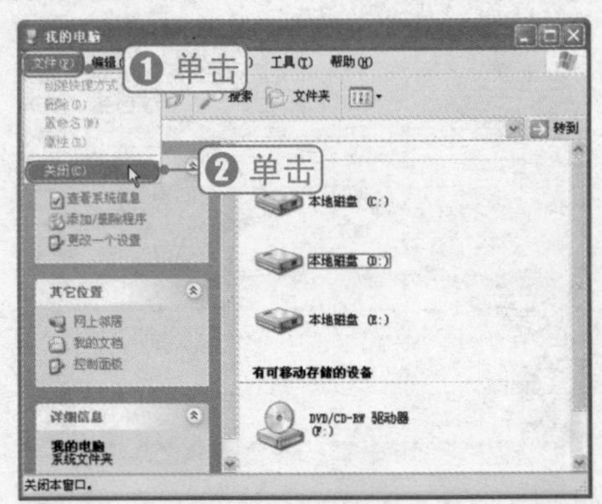

2 移动窗口

移动窗口是指将窗口从屏幕上的一个位置移动到其他位置的操作，当打开的窗口挡住屏幕中其他内容时，就需要移动窗口的位置。在对窗口进行移动操作时，窗口必须处于“还原”状态。否则，无法对窗口进行移动。

例如，对打开的“我的电脑”窗口进行移动，具体操作方法如下。

① 指针指向窗口标题栏

将鼠标指针指向要移动窗口的标题栏上，操作如下图所示。

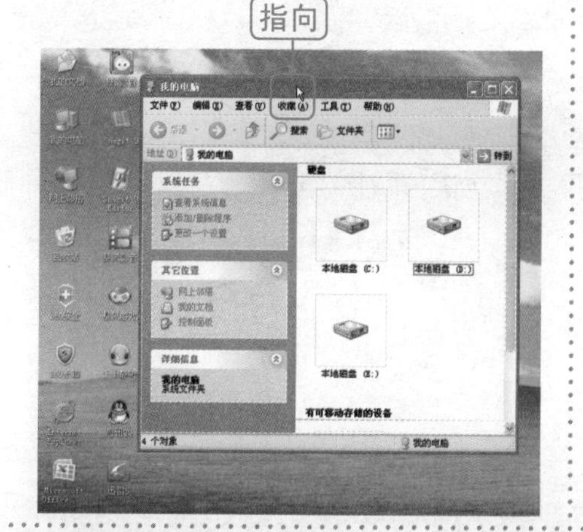

② 拖动窗口并进行移动

按住鼠标左键不放拖动窗口到目标位置，然后再释放鼠标左键，完成窗口的移动操作，效果如下图所示。

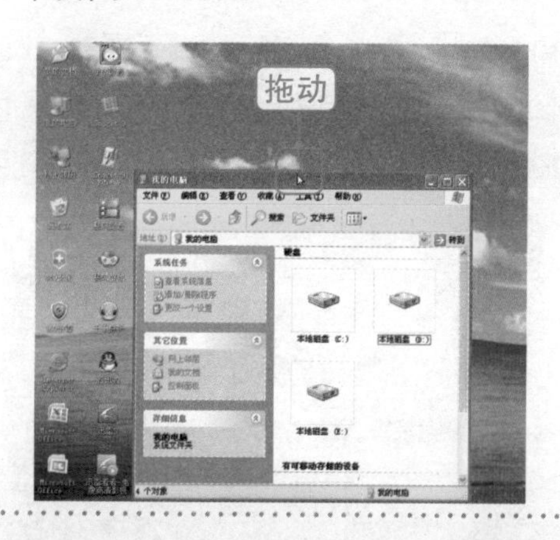

3.3.4 掌握窗口的切换操作

在电脑操作中，允许用户同时打开多个窗口进行操作。无论我们同时打开了多少窗口，但一次只能对一个窗口操作，这个窗口就称为“活动窗口”。

在对多个窗口进行操作时，有时就需 要在不同的窗口之间进行切换。下面介绍两种简单常用的窗口切换方法。

光盘同步文件

同步视频文件：光盘\同步教学文件\第3章\3-3-4.avi

1 通过“任务栏”切换活动窗口

每打开一个窗口，在“任务栏”中都会显示出该窗口的控制按钮。如果要切换到某个窗口，只要单击任务栏中对应的窗口控制按钮即可，操作如下图所示。

当单击“任务栏”中的某一个窗口图标后，该窗口就会被激活为当前活动窗口，并且排在所有窗口的最前面。

2 鼠标直接单击要切换的窗口区域

如果打开的多个窗口没有最大化显示，并且当前活动窗口没有完全遮盖住要切换的窗口时，直接用鼠标单击要切换窗口的可见区域，即可将该窗口切换成当前活动窗口。

例如，打开了“我的文档”、“我的电脑”以及“网上邻居”窗口，当前排在最前面的活动窗口为“我的电脑”窗口，要将“我的文档”窗口切换为活动窗口，将鼠标指针指向“我的文档”窗口任意可见位置，然后鼠标左键即可，操作及效果如下两图所示。

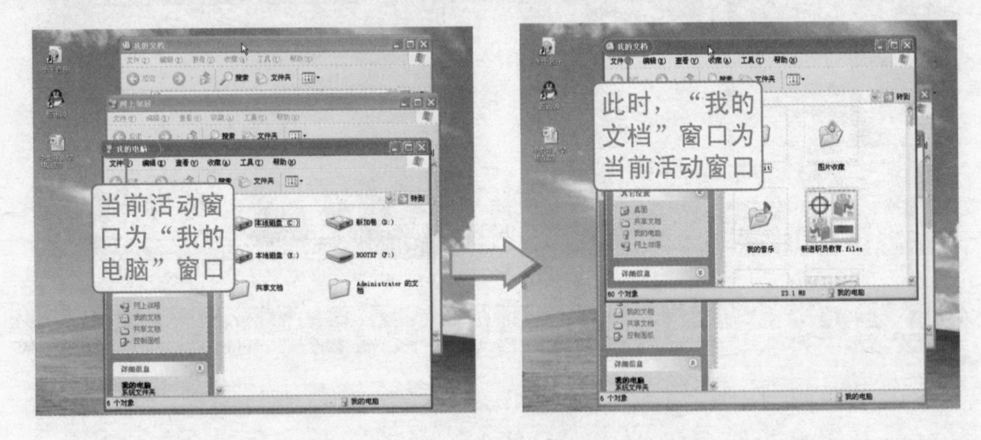

问：为什么在切换窗口操作时，有时单击鼠标得到的是窗口最小化和关闭效果呢？

疑难解答

答：使用鼠标单击的方法切换活动窗口时，不要将指针指向窗口中的“最小化”按钮或“关闭”按钮上单击，因为这样操作系统就会执行窗口最小化或关闭操作。

3.3.5 掌握窗口的排列操作

当打开两个或两个以上的窗口时，可以将多个窗口按一定的方式在屏幕中排列出来，从而同时查看多个窗口中的内容，方便对多窗口内容进行比较或管理。

Windows中提供了3种窗口排列方式，分别为层叠窗口、横向平铺窗口和纵向平铺窗口。

光盘同步文件

同步视频文件：光盘\同步教学文件\第3章\3-3-5.avi

例如，要求打开“我的电脑”和“我的文档”两个窗口，将两个窗口按“纵向排列”方式进行排列，具体操作方法如下。

1 选择排列方式

❶指针指向任务栏的空白处并单击右键，❷在快捷菜单中选择排列方式，如“纵向平铺窗口”，操作如下图所示。

2 窗口以指定方式排列

经过上步操作，显示的窗口就按纵向平铺的方式进行排列，其效果如下图所示。

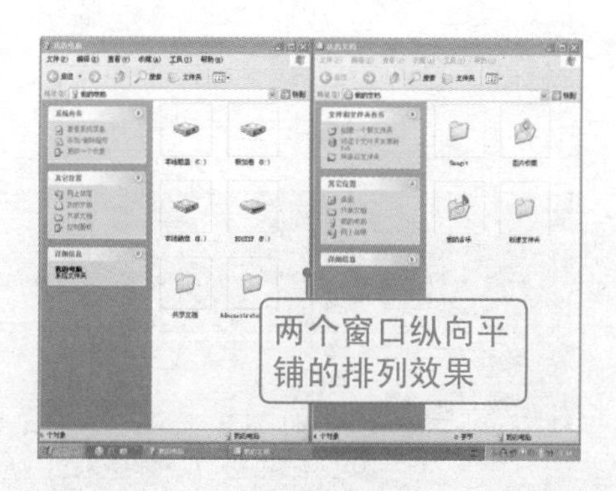

疑难解答

问：为什么在任务栏中单击鼠标右键，弹出的快捷菜单与书中不一样呢？

答：在单击鼠标右键之前,必须将指针指向“任务栏”的空白处。否则，无法弹出相关的操作菜单命令。另外，最小化了的窗口不能参与窗口排列。

3.3.6 掌握窗口的图标管理操作

在打开的系统管理窗口中（如“我的电脑”、“我的文档”等窗口），一般在窗口中都会显示出许多图标。对于这些图标对象，我们同样可以按一定方式进行排列或以不同的方式进行显示，以方便查看与管理。

光盘同步文件

同步视频文件：光盘\同步教学文件\第3章\3-3-6.avi

1 管理窗口中图标的排列顺序

管理窗口中图标的顺序是指按不同的方式将图标进行排列，如按名称、类型、大小、修改时间排列等。

例如，打开“我的电脑”窗口，然后将磁盘D中的图标对象按类型进行排列，具体操作方法如下。

1 打开“我的电脑”窗口

指针指向桌面上的“我的电脑”图标，并双击左键，打开“我的电脑”窗口，操作如下图所示。

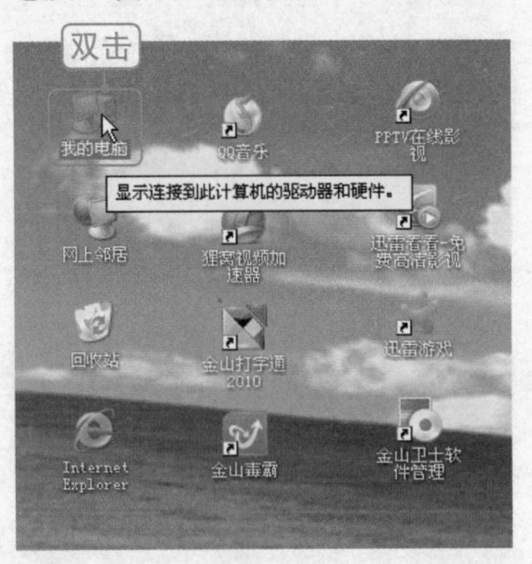

2 打开磁盘D窗口

在“我的电脑”窗口中，指向磁盘图标（如磁盘D）并双击鼠标左键，操作如下图所示。

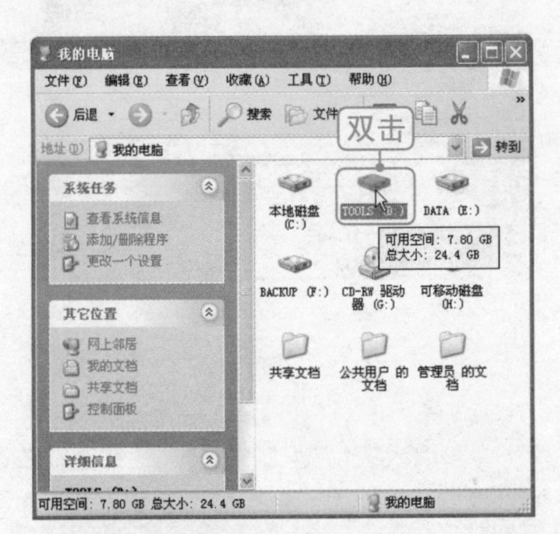

3 选择图标排列方式

在磁盘D窗口中，❶单击“查看”菜单，❷选择“排列图标”命令，❸在子菜单中选择排列方式，如“类型”，操作如右图所示。

④ 完成图标排列方式设置

经过以上步骤操作后，窗口中的图标对象就按“类型”方式进行排列，其效果如右图所示。

2 设置图标的显示方式

除了可以对窗口中的图标进行排列外，还可以根据需要，将窗口中的图标按某种方式进行显示，以便于查看或管理窗口的对象。

例如，将前面打开的磁盘D中的图标，按“详细信息”方式进行显示。具体操作方法如下。

① 选择图标显示方式

在磁盘D窗口中，❶单击“查看”菜单，❷在菜单中选择显示方式，如“详细信息”，操作如下图所示。

② 完成图标显示方式设置

经过以上步骤操作后，窗口中的图标对象就按“详细信息”方式进行显示，其效果如下图所示。

问：图标显示方式与排列方式具体有什么区别呢？

疑难解答 答：图标的显示方式有多种，分别是“缩略图”、“平铺”、“图标”、“列表”、“详细信息”几种。在对窗口中的图标管理操作时，按不同的标准来排列图标，可以改变图标的排列顺序。按不同的方式来显示图标，可以改变图标的显示外观，但图标排列的顺序不变。

3.4 熟悉对话框与菜单特征

“对话框”与“菜单”是我们和电脑进行对话的重要操作对象。因此，熟悉对话框与菜单的特征，有利于对电脑发出各种正确的控制命令或操作方法。

3.4.1 熟悉对话框的组成与对象特征

在操作或使用电脑程序时，很多操作都是通过“对话框”来完成设置的。

在对话框中主要包括标题栏、选项卡、列表框、选项区域、单选按钮、复选框、微调按钮、文本框以及功能按钮等。常见对话框中的对象如下图所示。

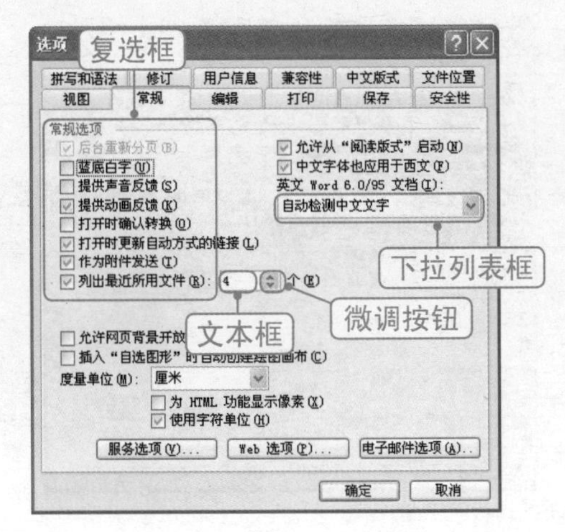

对话框中各个对象的功能与用途如下。

- 标题栏：位于对话框顶部，左侧显示对话框名称，右侧显示“帮助”按钮与“关闭”按钮。
- 选项卡：一些对话框中会同时包括多个设置界面，每个界面就称为选项卡。选项卡上方显示选项卡名称，单击该名称，就可以切换到相应的选项卡。
- 列表框：列表框中同时罗列出多个选项，可以从其中选择需要的一项。
- 功能按钮：用于执行相应的功能，如“确认”、“取消”等，有些功能按钮则用于对特定选项进一步设置。
- 复选框：可同时选中多个选项或不选，选中后在前面的方形标记框中将出现“√”标记☑。
- 单选按钮：一组选项中必须且只能选择一个选项，选中后其前面的圆形标记框中将出现黑点◉。
- 下拉列表框：单击下拉按钮后弹出下拉列表，在其中选择需要的一项。
- 微调按钮：一种特殊文本框，可以直接输入数字内容，其右侧有向上和向下两个按钮，用于对框内的参数（数字）进行调节 0.41 厘米 。
- 文本框：用于输入文本内容的空白区域 4 。

3.4.2 熟悉菜单命令操作

菜单是我们在使用电脑时经常遇到的对象。Windows 中的菜单可以分为两种类型：一是在窗口中单击菜单命令打开的菜单，称为“标准菜单”；二是用鼠标右键单击特定对象时弹出的菜单，称为“快捷菜单”，分别如下图所示。

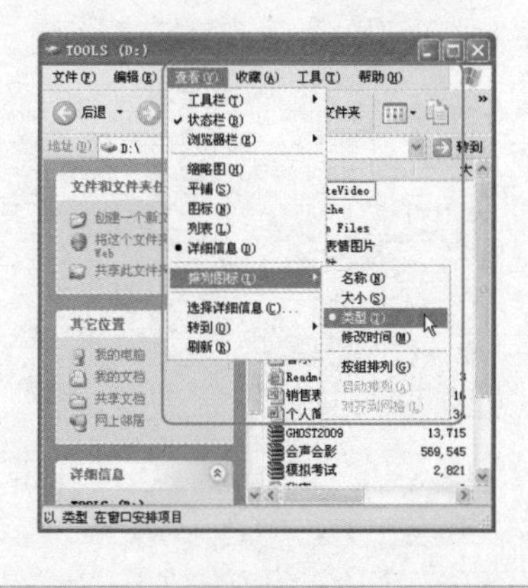

打开菜单后，菜单中显示的一排排内容，就称为菜单命令，选择某个命令即可执行相应的功能。根据菜单命令功能的不同，可以按形态将命令分为以下几种。

- 当命令后面有快捷键提示时，表示直接按下键盘上的快捷键也可执行该命令。
- 当命令后面有黑色的下级标记 工具栏(T) ▸ 时，表示指向该命令可以打开下一级子菜单。
- 当命令后面有省略标记 选择详细信息(C)... 时，表示单击该命令可以打开相应的对话框。
- 当命令后面有括号和字母 图标(N) 时，表示打开菜单后，直接按键盘上的字母键也可以执行命令。
- 当命令呈灰色显示时，表示该命令在当前状态下不可使用。
- 当菜单中的一组命令前有黑色圆点 • 平铺(S) 时，表示该组命令只能单选。
- 当菜单中的一组命令前是√符号 ✔ 状态栏(B) 时，表示该组命令可以多选。

Chapter 04

电脑打字入门基础

本章导读

在电脑中输入汉字，是每一个电脑用户经常需要面对的操作。电脑中输入汉字的方法有多种，既可以通过键盘输入法来输入，也可以通过其他方式来输入，如手写板输入、语音识别输入等。本章主要给初学电脑打字的中老年朋友介绍常见输入法，以及如何给电脑配置需要的输入法。

知识技能要求

通过本章内容的学习，让中老年朋友认识向电脑中输入汉字的各种方法，以及掌握键盘输入法的配置与相关操作。学完后需要掌握的相关技能知识如下：

- ❖认识汉字录入的各种途径
- ❖了解中老年朋友如何选择打字方法
- ❖掌握电脑系统中输入法的添加与删除方法
- ❖掌握如何安装外部汉字输入法
- ❖掌握输入法状态条的功能与作用

4.1 熟悉并认识电脑中输入汉字的方法

对于初学电脑打字的中老年朋友，首先来认识和熟悉向电脑中输入汉字的各种方法与途径。

4.1.1 使用键盘输入法录入汉字

使用键盘来进行电脑打字，是目前最常用的一种输入方式。键盘输入法，就是根据一定的编码规则，敲击键盘上的字母键来输入汉字的一种方法。

英文字母只有26个，它们对应着键盘上的26个字母，所以对于英文而言，是不存在什么输入法的。汉字的字数有几万个，它们和键盘是没有任何直接对应关系的，但为了向电脑中输入汉字，必须将汉字拆成更小的部件，并将这些部件与键盘上的键位建立某种关系，才能使我们按照某种规律来输入汉字，这就是汉字编码。

目前，键盘输入法的种类有很多，其功能也越来越强大。如常见的拼音输入法有智能ABC拼音输入法、微软拼音输入法、QQ拼音输入法等；常见的形码输入法有五笔输入法、二笔输入法、王林快码输入法等。

知识加油站

输入法的扩展输入功能

随着键盘输入法技术的发展，目前有很多输入法既具有拼音输入方式，又具有笔画输入方式，有些输入法还具有鼠标手写输入功能。

4.1.2 使用“手写板”输入汉字

在电脑中输入汉字，除了可以通过常见的键盘输入方式外，还可以采用一些非键盘录入技术来输入汉字，如语音识别录入、手写板录入、OCR扫描识别录入等技术。

1 手写板的介绍

手写板一般是指使用一只专门的笔在特定区域内书写文字，通过各种方法将笔走过的轨迹记录下来，然后识别为文字等。手写板由两部分组成：一部分是与电脑相连的写字板，另一部分是在写字板上写字的笔，如右图所示。

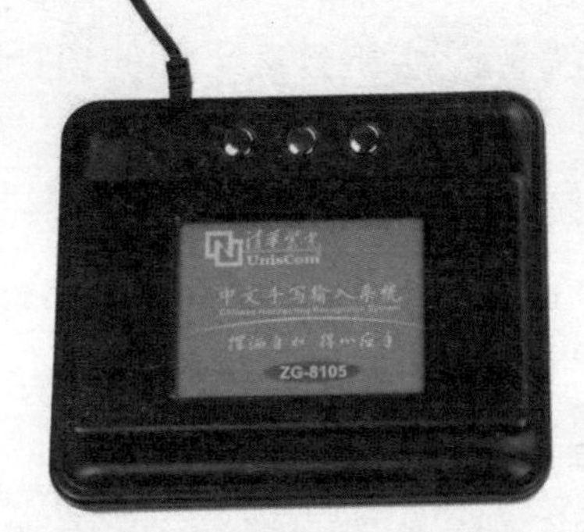

手写板有的集成在键盘上，有的是单独使用。单独使用的手写板一般使用的是USB接口。

目前，手写板的种类繁多，如常见的有“大将军”手写板、“汉王”手写板、“联想”手写板、“清华紫光”手写板等。

2 手写板的输入法

要使用手写板在电脑中输入汉字，则需要按以下几个步骤来进行操作。

第1步：将手写板的一端连接线连接到电脑的主机接口上，如USB接口。

第2步：启动电脑，将购买写字板配套的驱动程序光盘放入到光驱中，然后根据提示，正确安装好该写字板的驱动程序。

第3步：安装好驱动程序后，启动手写识别系统，并打开文字处理程序，然后将输入法切换到手写状态，就可以使用手写笔在写字板上写字了。

4.1.3 使用语音录入方式输入汉字

语音输入法就是将声音通过话筒转换成文字的一种输入方法。目前有数款用语音实现电脑文字录入的软件。通过语音录入方法，可以在QQ、MSN、Word、记事本、写字板等所有文字处理软件中进行文字录入。

例如，我们在电脑中可以安装“语音输入王”语音录入软件，然

后用电脑的麦克风做语音输入设备。在经过适当训练、发音准确的情况下，语音录入的正确率还是非常高的，完全可以满足实际应用的需要。同时，还可以促进学好、用好普通话，对学习中的青少年特别有益。如果不会五笔、拼音等输入法且平时很少打字的用户，那么选择语音录入方法也是一种不错的方式。

在进行语音输入时，注意保持周围环境的安静，并且讲话时尽量用标准的普通话和自然平和的语调进行朗读。

4.1.4 中老年人如何选择适合自己的打字方法

对于中老年人来说，学习电脑打字是一件较难的事。其实，只要自己有点学习的耐心，短时间内成为电脑打字高手并不是一件不可奢求的事情。

中老年人学习电脑打字，有如下几点建议。

①如果自己的普通话很好，并且又会汉语拼音，就选择拼音打字方法。拼音打字不用死记硬背，掌握起来容易上手。

②如果自己不会拼音打字，由于工作需要，又追求打字速度，那么还是建议选择学习五笔打字方法。这是因为五笔打字不需要用户认识汉字，也不需要掌握拼音，只需要记住五笔字根，就会进行电脑打字。

问：五笔打字方法很难学吗？

疑难解答

答：初学五笔打字的用户，都觉得五笔打字很难学。其实，五笔打字并不难，刚开始可能不适应，只要自己坚持多多练习，就可以熟能生巧。

③如果自己打字比较少，并且不追求打字速度，不愿意通过键盘来打字，那么可以尝试使用手写板来输入汉字。该种方法最大的问题是只有安装手写板的电脑，才能进行手写输入。不像键盘输入法，一般电脑中都安装有常用的键盘输入法。

总之，中老年人学电脑必须掌握电脑打字方法，这是因为在电脑的使用过程中，无论是编写文章，还是上网聊天与通信交流，都需要我们在电脑中录入文字。

4.2 在电脑中配置与安装自己的输入法

通过键盘输入法来录入汉字，是最常用，也是最基本的汉字输入技能。在电脑中，要通过键盘输入汉字，首先要在电脑中安装和配置好自己需要的输入法。

4.2.1 选择与切换输入法

要在程序中录入与编辑汉字时，首先要学会选择和切换输入法。切换输入法的方法有两种，一种是从输入法列表中选择；另一种是依次在各个输入法之间切换。

光盘同步文件

同步视频文件：光盘\同步教学文件\第4章\4-2-1.avi

1 选择所需输入法

当我们打开一个程序窗口后，如果要输入汉字，则需要先选择要使用的汉字输入法。例如，先打开“写字板”程序，然后选择“智能ABC拼音输入法”来输入文字。具体操作方法如下。

① 打开“写字板”程序

❶单击“开始”按钮，❷指向“所有程序”命令，❸指向“附件”命令，❹单击“写字板”命令，打开“写字板”程序，如右图所示。

②选择所需的输入法

❶在任务栏的右侧单击“输入法指示器”图标，❷在弹出的输入法菜单中选择所需要使用的输入法，如“智能ABC输入法5.0版”，如下图所示。

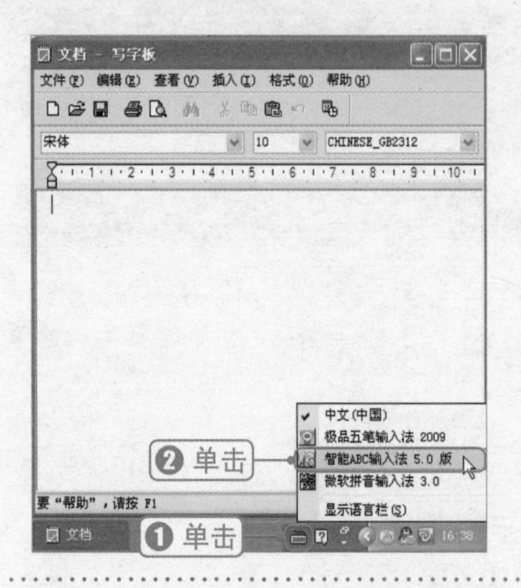

③输入文字内容

选择好自己会用的输入法后，直接敲击键盘上汉字对应的拼音字母，即可在“写字板”窗口中输入文字，效果如下图所示。

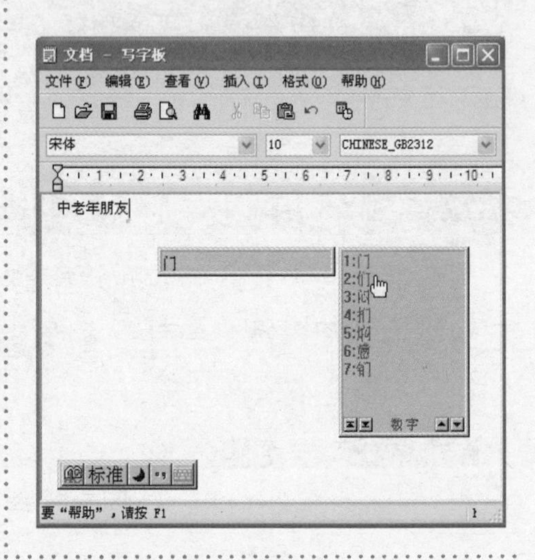

使用快捷键选择输入法

知识加油站

在选择输入法时，用户也可以同时按Ctrl + Shift组合键来依次切换需要的输入法。

2 中/英输入法的快速切换

在使用汉字输入法录入汉字时，有时会遇到中/英文内容的混合录入，则需要在中文输入法与英文输入法之间进行切换。操作方法有如下两种。

- 直接用鼠标单击任务栏中的“输入法指示器”图标，在显示的菜单中选择“中文(中国)”即可。
- 快捷键操作：按Ctrl＋空格键。

4.2.2 在电脑中添加与删除输入法

对于电脑中的汉字输入法，为了方便我们使用与操作，可以添加需要的输入法，也可以将多余的、不用的输入法进行删除。

光盘同步文件

同步视频文件：光盘\同步教学文件\第4章\4-2-2.avi

1 在系统中添加需要的输入法

当电脑安装好Windows XP系统后，系统自带了一些常用输入法，如果没有显示在输入法菜单中，可以按以下方法进行添加。

① 执行“设置”命令

❶将鼠标指针指向任务栏的输入法图标并单击右键，❷在快捷菜单中单击“设置”命令，如右图所示。

② 执行“添加”命令

弹出“文字服务和输入语言”对话框，❶单击“设置”标签，❷单击“添加”按钮，如右图所示。

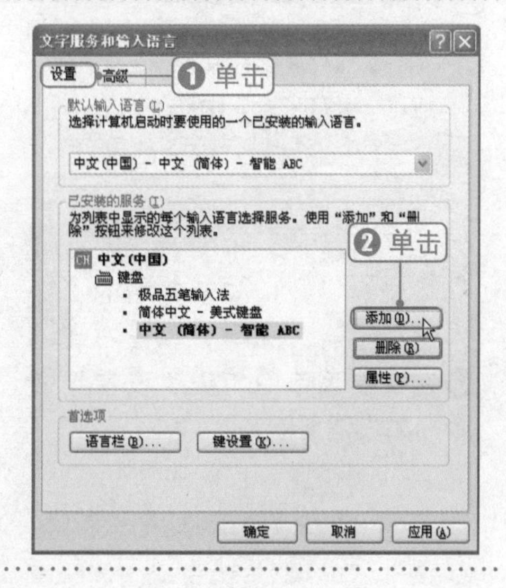

③ 选择要添加的输入法

弹出“添加输入语言”对话框，❶单击“键盘布局/输入法”右侧的下三角按钮，在列表中选择要添加的输入法，如“微软拼音输入法2003”，❷单击“确定”按钮，如下图所示。

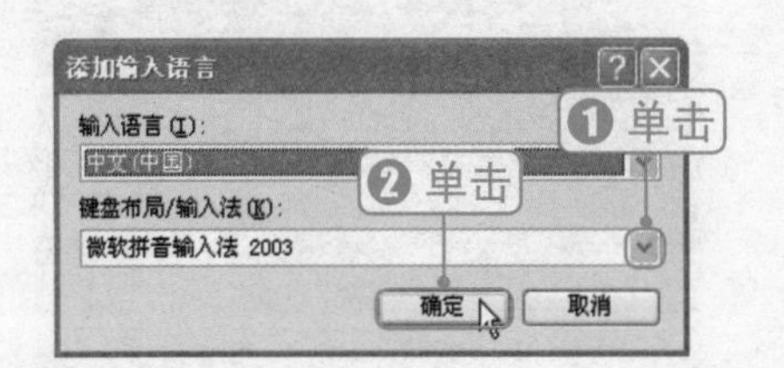

④ 完成输入法的添加

返回“文字服务和输入语言”对话框，新添加的输入法将显示在“已安装的服务”下方的列表框中，单击“确定”按钮即可完成添加，如下图所示。

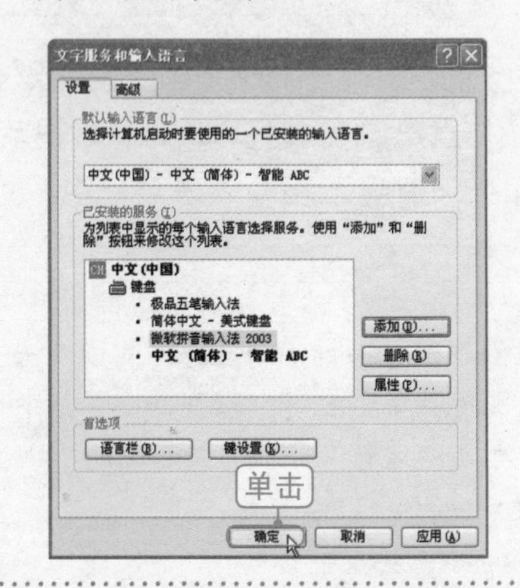

问：添加的输入法如何查看呢？

疑难解答 答：当添加好输入法后，只需单击任务栏中的“输入法指示器”图标，即可查看到已添加的输入法。

2 删除不需要的输入法

为了方便用户切换输入法，也可以将一些不用的输入法从菜单中删除。具体操作方法如下。

① 执行“设置”命令

❶将鼠标指针指向任务栏的“输入法指示器”图标并单击右键，❷在快捷菜单中单击“设置”命令，如右图所示。

2 删除不需要的输入法

❶在“已安装的服务”列表框中单击要删除的输入法，如“中文（简体）-全拼”，❷单击“删除”按钮，❸单击“确定”按钮，如右图所示。

4.2.3 安装外部输入法

对于电脑中的输入法，除了可以在Windows系统中添加或删除系统内部的输入法外，还可以在网上下载输入法安装程序来安装，或者从购买的光盘中来安装需要的输入法。

光盘同步文件

同步视频文件：光盘\同步教学文件\第4章\4-2-3.avi

例如，在电脑中安装“搜狗拼音”输入法，具体操作方法如下。

1 双击安装文件

在电脑中找到输入法的安装文件并双击打开安装向导，如下图所示。

2 执行“下一步”操作

在界面中单击“下一步”按钮，如下图所示。

③ 执行"我同意"操作

显示"许可证协议"界面，单击"我同意"按钮，如下图所示。

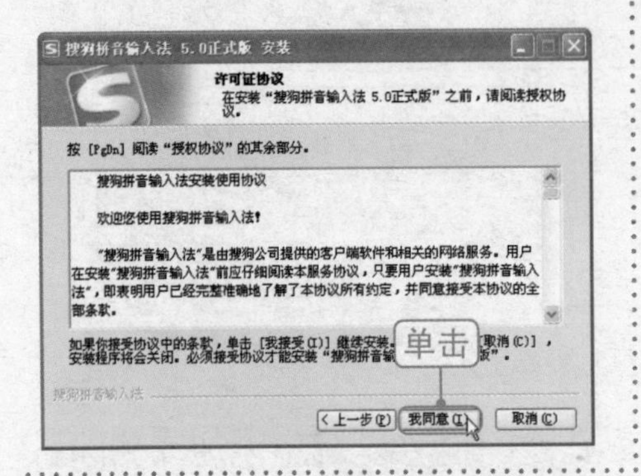

④ 设置安装位置

显示"选择安装位置"界面，❶单击"浏览"按钮设置安装位置；❷单击"下一步"按钮，如下图所示。

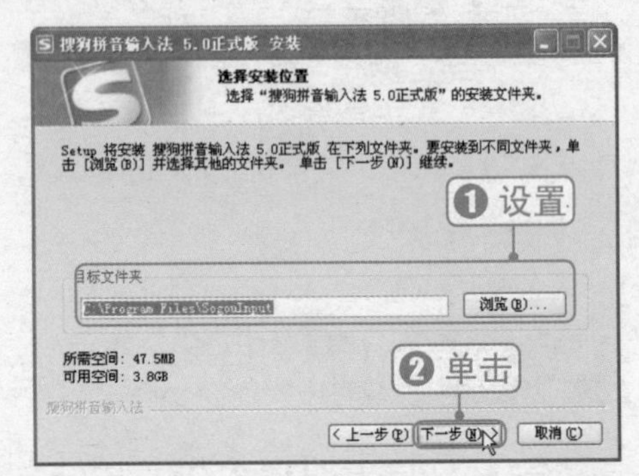

⑤ 执行"安装"操作

显示"选择'开始菜单'文件夹"界面，单击"安装"按钮开始安装，如下图所示。

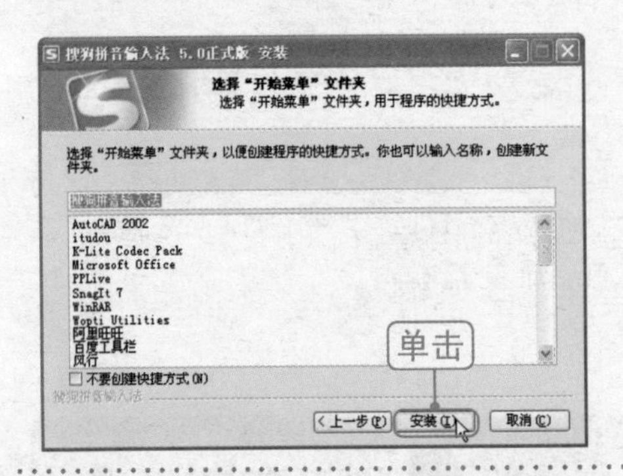

⑥ 开始安装文件

经过上步操作，开始安装"搜狗拼音"输入法，如下图所示。

⑦ 完成外部输入法的安装

输入法安装完成后，单击"完成"按钮，如右图所示。

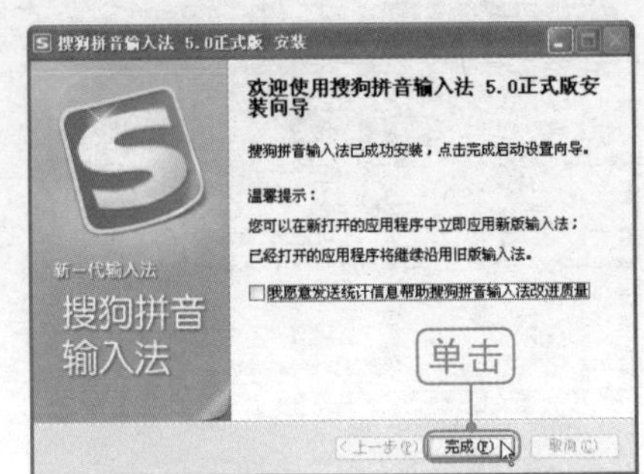

8 查看安装的输入法

单击“输入法指示器”图标，在弹出的输入法菜单中即可查看到已安装的输入法，如右图所示。

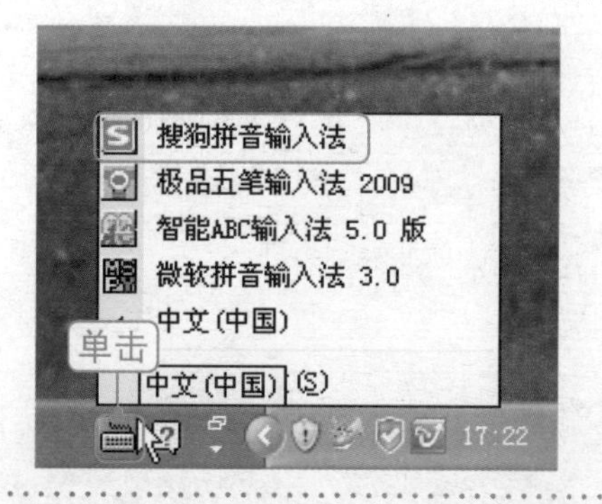

4.2.4 正确使用汉字输入法的状态条

当选择了一种中文输入法后（无论是拼音汉字输入法还是其他汉字输入法），都会在屏幕上显示出一个输入法的状态条。例如，当选择“智能ABC”输入法后，状态条效果如下图所示。

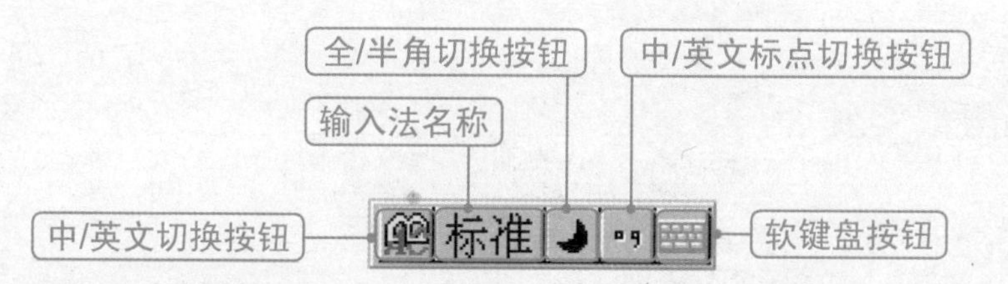

在输入法的状态条中，各个按钮的功能与作用如下。

- 中/英文切换按钮：主要用于当前中文输入与英文输入的切换。只需用鼠标左键单击该按钮，即可进行中/英文输入状态的切换。
- 全/半角切换按钮：在电脑中一个全角字符占两字节，一个半角字符占一字节。要想在这两种状态之间切换，只需要用鼠标左键单击全角、半角按钮即可。
- 中/英文标点切换按钮：主要用于中文标点与英文标点的切换。中文标点与英文标点看起来外表一样，但是它们是有区别的，一个中文标点占两个字符，一个英文标点占一个字符，要在输入中文标点与输入英文标点状态之间切换，只需要用鼠标左键单击中/英文切换按钮即可。默认状态下，中文输入法的状态条上显示的是中文标点样式，当单击按钮后，该按钮的图标样式转换为英文标点样式。
- 软键盘按钮：要输入一些特殊的字符，如希腊字母、罗马数字等时，可以借助软键盘录入。要开启软键盘，只需要用鼠标左键单击软键盘图标，就可以打开软键盘。

问：英文输入法有状态条吗？另外，不同中文输入法的状态条是否一样呢？

答：英文输入法是没有输入法状态条的。另外，选择不同的中文输入法，输入法的状态条基本上是一样的，只是中/英文切换按钮的图标有所不同，输入法的名称不同而已。

Chapter 05

学习拼音打字与五笔打字方法

本章导读

通过前一章内容的学习，相信广大中老年朋友都认识了电脑中打字的途径，以及掌握了如何给自己电脑配置输入法。本章从中老年人学习电脑打字的需求出发，介绍常用的拼音打字输入法和五笔打字输入法的使用。

知识技能要求

通过本章内容的学习，让中老年人学会拼音打字与五笔打字的方法。学完后需要掌握的相关技能知识如下：

- ❖掌握智能ABC拼音输入法的基本使用
- ❖掌握智能ABC输入法的打字技巧
- ❖掌握五笔输入法的使用
- ❖掌握鼠标手写输入法的方法
- ❖掌握使用“金山打字通”软件来练习打字

5.1 易学易用的智能ABC拼音输入法

智能ABC输入法又称标准输入法。它是中文Windows操作系统中自带的一种汉字拼音输入法，具有简单易学，使用灵活等优点。

5.1.1 使用拼音输入法输入单个汉字

使用智能ABC输入单个汉字，只需要输入相关汉字的拼音编码，即可打出该拼音对应的汉字。

光盘同步文件

同步视频文件：光盘\同步教学文件\第5章\5-1-1.avi

例如，要求打开“写字板”程序，在其中录入汉字“中”，具体方法如下。

1 打开“写字板”程序

❶单击“开始”按钮，❷指向“所有程序”命令，❸指向“附件”命令，❹单击“写字板”命令，打开“写字板”程序，如下图所示。

2 选择所需的输入法

❶在任务栏的右侧单击“输入法指示器”图标，❷在弹出的输入法菜单中选择所需要使用的输入法，如“智能ABC输入法5.0版”，如下图所示。

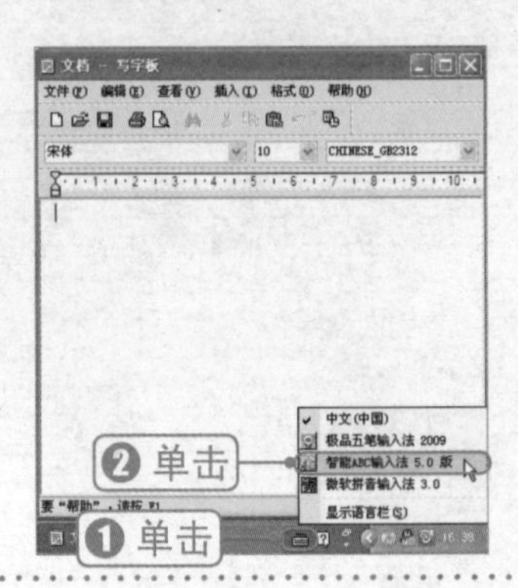

③ 输入汉字的拼音字母

通过键盘输入汉字“中”的拼音字母zhong，如下图所示。

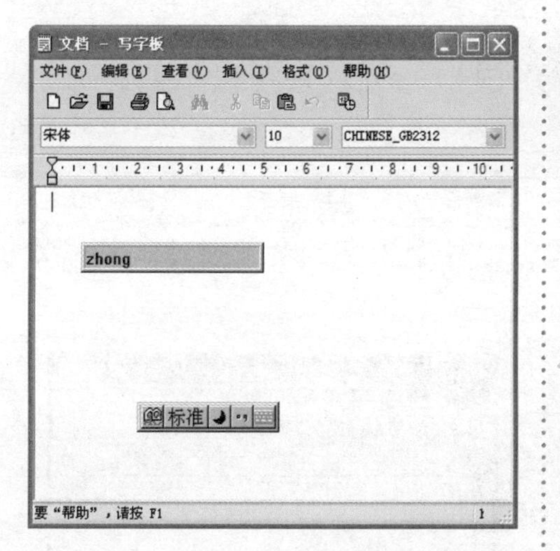

④ 选择要输入的汉字

输入完拼音编码后，按空格键出现汉字候选框，再次按空格键，就可以直接输入汉字“中”。如下图所示。

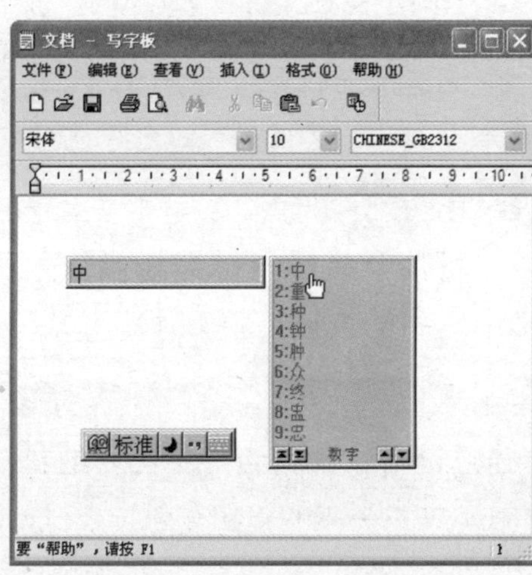

问：如果要输入的汉字不是候选框中的第一个汉字怎么办呢？

疑难解答

答：如果输入汉字的拼音编码后，屏幕上并没有在第一个字的位置直接出现需要的汉字时，那么可以在汉字候选框中按下汉字前面对应的数字键来选择汉字，如按数字键2，就可以直接输入“重”字；按数字键6，就可以输入“众”字。另外，如果当前汉字候选框中没有列出需要的汉字，那么可以按Page UP或Page Down键来翻页选择，也可以用鼠标单击候选框右下角的翻页按钮 来选择需要的文字。

知识加油站

关于韵母ü的规定

由于键盘上没有与拼音中的韵母ü相同的字母键，所以“智能ABC”输入法规定韵母ü用字母v来代替。如“绿”字的拼音编码应为lv，而不是lu。

5.1.2 使用拼音输入法输入词组

在智能ABC中，输入词组的方式有两种：一是通过全拼方式来输入；二是通过简拼方式来输入。

光盘同步文件

同步视频文件：光盘\同步教学文件\第5章\5-1-2.avi

例如，要输入常用的词组“中国”，可以采用以下两种方法输入。

1 用全拼输入

所谓全拼输入，即是指输入词组中每个汉字的全部拼音。其输入“中”字的具体方法如下。

① 输入词组的全部拼音字母

通过键盘输入词组“中国”的拼音字母zhongguo，如右图所示。

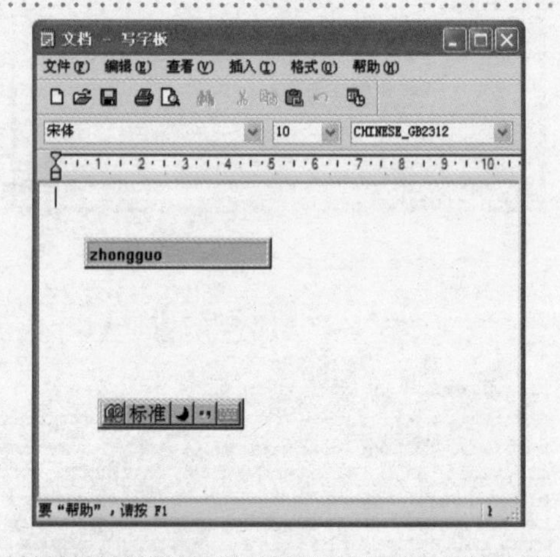

② 输出词组“中国”

输入完拼音编码后，按空格键出现汉字候选框，再次按空格键即可直接输入词组“中国”，如右图所示。

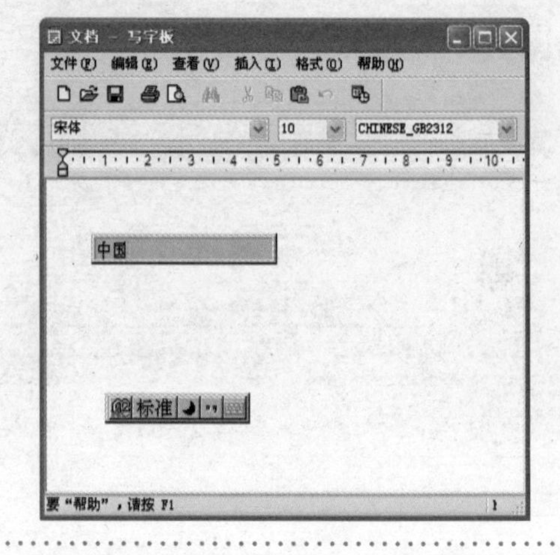

正确使用隔音符号（′）

在录入词组的拼音编码时，如果前后汉字的拼音容易产生混淆，此时就需要隔音符号（′），即键盘上的单引号。例如，词组“西安”，其拼音为xi an，既可以组成“西安”的拼音，也可以组成“先”的拼音，因此，在录入时就需在两个拼音之间加一个隔音符号，正确输入为xi′an。

2 用简拼输入

简拼输入规则为输入简拼时，可取每个汉字的声母作为该汉字的拼音编码。使用简拼输入方式，特别适合词组的输入。其输入“中”字的具体操作方法如下。

① 输入词组汉字声母

通过键盘输入词组“中国”的拼音字母zhg，如右图所示。

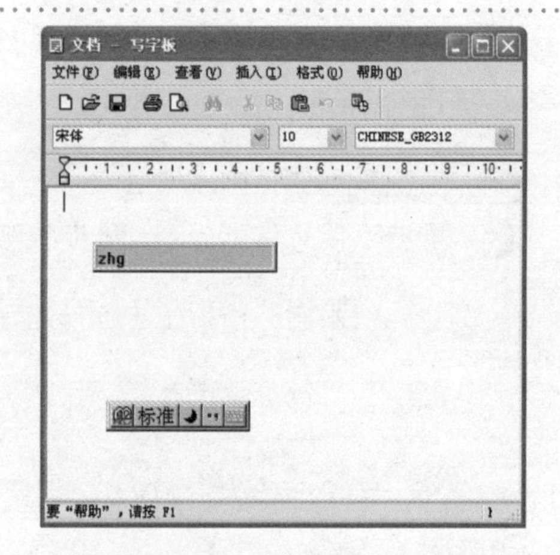

② 选择要输入的词组

输入完拼音编码后，按空格键出现汉字候选框，用鼠标单击第3个字或输入数字键3，即可输入词组“中国”，如右图所示。

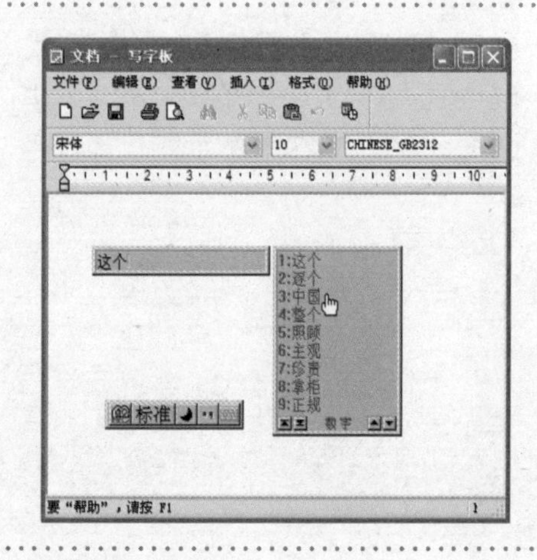

采用混拼方式提高词组的准确性

知识加油站

在采用简拼方式来录入词组时，输入的拼音编码越少，其出现的词组越多。为了提高录入的准确性，用户也可输入词组中某一个字的全码，再加上其他汉字的声母。例如，“中国”词组采用混拼方式，既可以输入拼音代码zhongg，也可以输入拼音代码zhguo。这样出现的词组“中国”一般在候选框的第1位。另外，对于包含zh、ch、sh的音节，可以取前两个字母组成词组的声母编码。

5.1.3 使用拼音输入法输入多个汉字

智能ABC输入法允许输入40个字符以内的字符串，如下图所示。这样，在输入过程中，能输入很长的词语甚至短句，还可以使用光标移动键进行插入、删除、取消等操作。

光盘同步文件

同步视频文件：光盘\同步教学文件\第5章\5-1-3.avi

例如，要输入“毛主席领导我们打江山”，其具体操作方法如下。

① 输入汉字拼音

通过键盘输入“毛主席领导我们打江山”对应的拼音代码maozhuxilingdaowomendajiangshan，如右图所示。

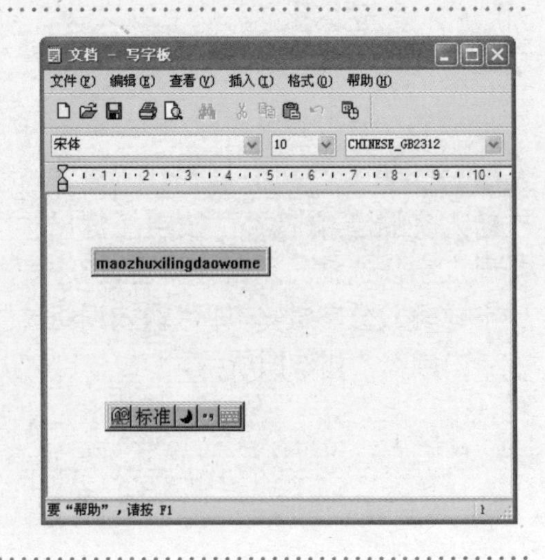

② 选择要输入的汉字

输入完拼音编码后，按空格键出现汉字候选框，用鼠标单击对应的汉字逐个进行选择即可，如右图所示。

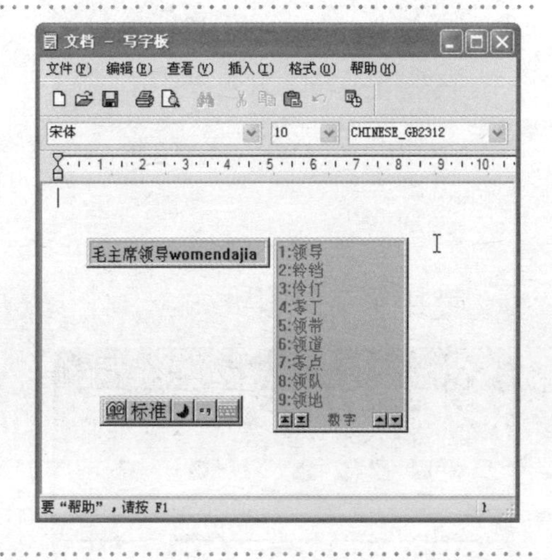

疑难解答

问：在通过拼音输入长句时，如果输入的某个汉字拼音代码有误，应该如何修改呢？

答：当输入完长句中各个汉字的拼音代码后，发现有输入错误，可以按键盘上的左右光标键（←、→）来定位光标位置，然后按BackSpace键或Delete键来删除错误的拼音代码，再次输入正确的拼音代码。

知识加油站

输入长句汉字的技巧

在使用拼音录入多个汉字时，如果其长句中也有常用的词组，那么可以适当地采用前面介绍的混拼方法来录入，以提高录入速度。例如，录入长句“毛主席领导我们打江山”，可以在录入“毛主席”、“领导”、“我们”、“江山”这些词组时，采用混拼的方式录入。

5.1.4 掌握拼音输入法的技巧

下面给初学电脑打字的中老年朋友介绍一些拼音打字技巧，掌握这些技巧可以帮助用户提高打字速度。

光盘同步文件

同步视频文件：光盘\同步教学文件\第5章\5-1-4.avi

1 快速输入英文字符技巧

在智能ABC输入法状态下，如果要输入英文字符，可以不必切换到英文输入法状态，只需输入v作为标志符，后面跟随需要输入的英文字符即可。

例如，要输入英文computer，只需键入vcomputer，按空格键即可。操作如下两图所示。

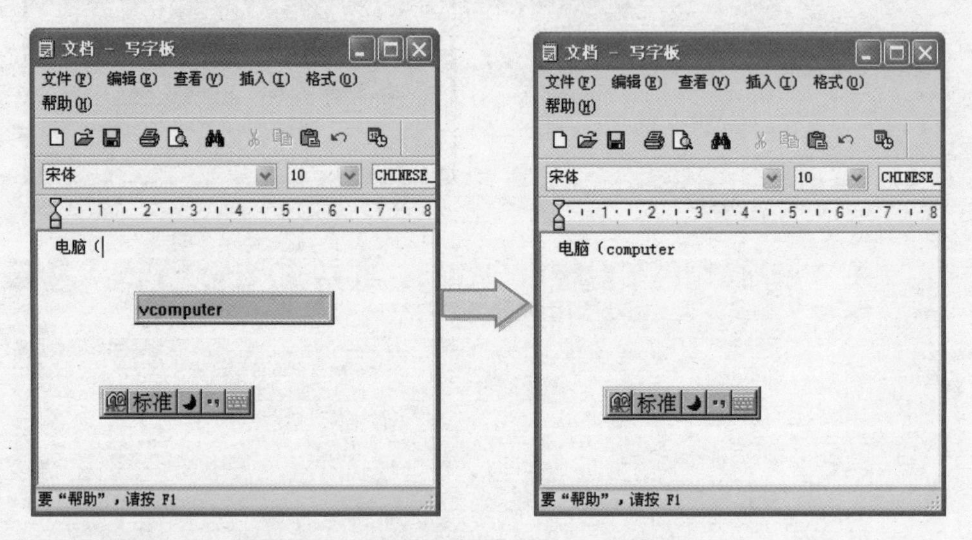

2 快速输入简写中文数字技巧

在智能ABC输入法状态下，如果要输入“一二三四五六七八九〇”的简写量化数字，那么可以采用“小写i + 数字 + 空格”的格式来快速输入。

例如，要输入“二〇一二”数字，其输入格式为“i2012”，然后敲空格键即可。

3 快速输入大写中文数字技巧

在智能ABC输入法状态下，如果要输入“壹贰叁肆伍陆柒捌玖零”的大写量化数字，那么可以采用“大写I + 数字 + 空格”的格式来快速输入。

例如，要输入“贰零壹贰”数字，其输入格式为“I2012”，然后敲空格键即可。

问：为什么在输入大写中文数字时，在屏幕上就直接输入的是大写字母呢？

疑难解答

答：在输入大写中文数字时，录入大写I只能按住键盘上的Shift键不放来录入，而不能通过大写字母锁定键Caps Lock来录入。

4 快速输入特殊符号技巧

输入GB-2312字符集1~9区各种符号的快捷方法：在标准状态下，按字母 v+数字（1~9），即可获得该区的符号。

例如，要输入“±”特殊符号，只需键入“v1”，再按若干次Page Down键，就可以找到这个符号，操作如右图所示。

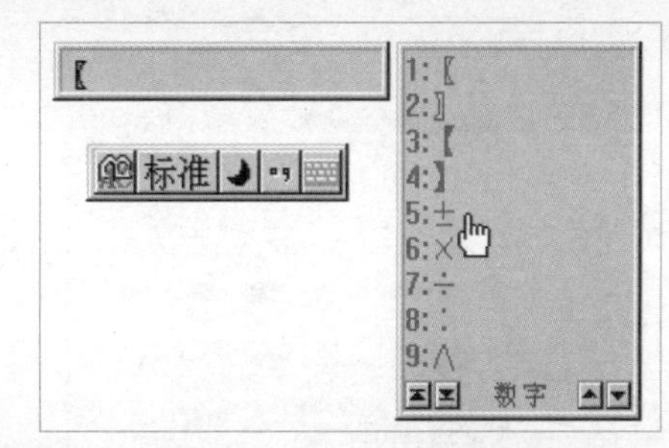

5 快速输入常用单位汉字技巧

在智能ABC输入法状态下，如果要输入“个、十、百、千、万、克、年、月、日”等汉字时，那么可以采用“小写i + 单位汉字声母 + 空格”的格式来快速输入。

例如，要输入“万”数字，其输入格式为“iw”，然后敲空格键即可，操作如右图所示。

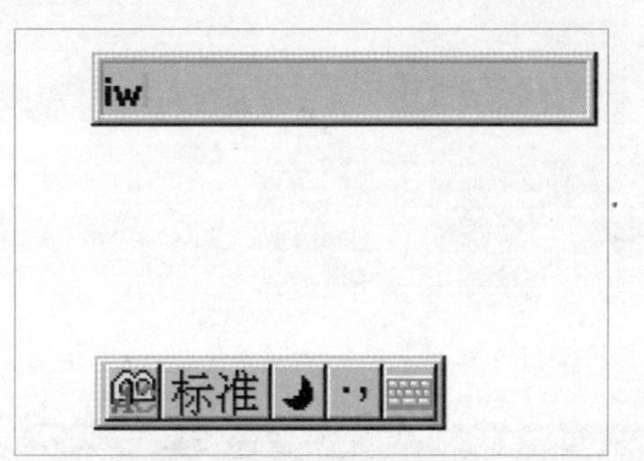

5.1.5 使用“金山打字通2010”软件练习拼音输入

为了让初学电脑打字的中老年朋友能在短时间内熟练键盘操作和拼音打字技能，本小节介绍如何使用著名的打字练习软件“金山打字通”来练习电脑打字。

光盘同步文件

同步视频文件：光盘\同步教学文件\第5章\5-1-5.avi

1 安装“金山打字通2010”软件

要使用“金山打字通2010”软件，必须先在电脑中安装此程序，可以从网上下载或购买软件安装光盘进行安装。下面介绍安装“金山打字通2010”的方法。

1 双击安装文件

❶在电脑中的目标文件夹中找到金山打字的安装文件，❷双击安装文件，如下图所示。

2 执行“下一步”操作

打开“金山打字通 2010 安装向导”界面，单击“下一步”按钮，如下图所示。

3 接受协议并选择“下一步”

❶进入“许可证协议”界面，选择“接受协议中的条款”单选按钮；❷单击“下一步”按钮，如下图所示。

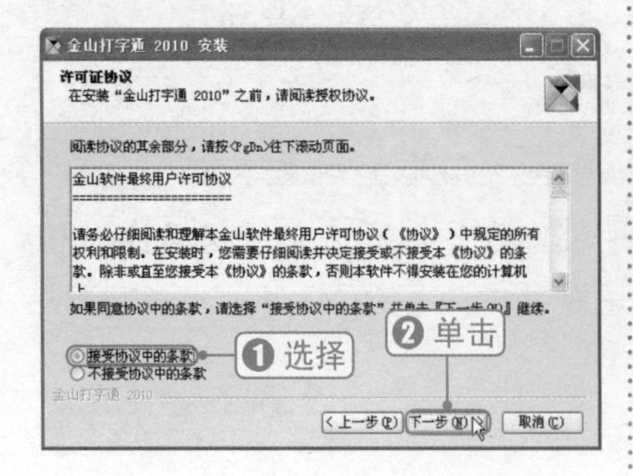

4 选择要安装的组件

❶进入“选择组件”界面，根据需要选择要安装的组件；❷单击“下一步”按钮，如下图所示。

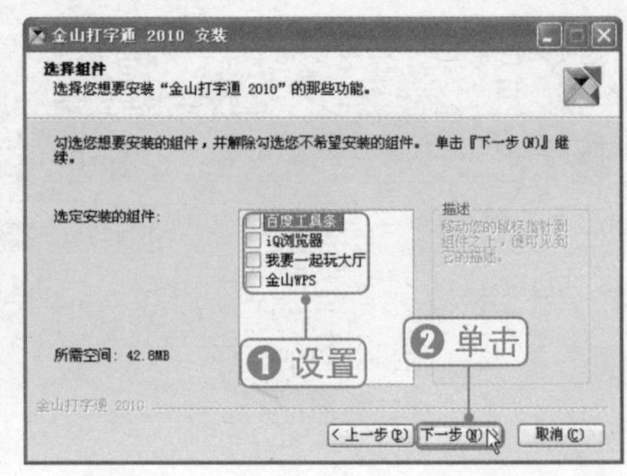

5 设置安装位置

进入“选择安装位置”界面，❶单击“浏览”按钮选择安装位置；❷单击“下一步”按钮，如下图所示。

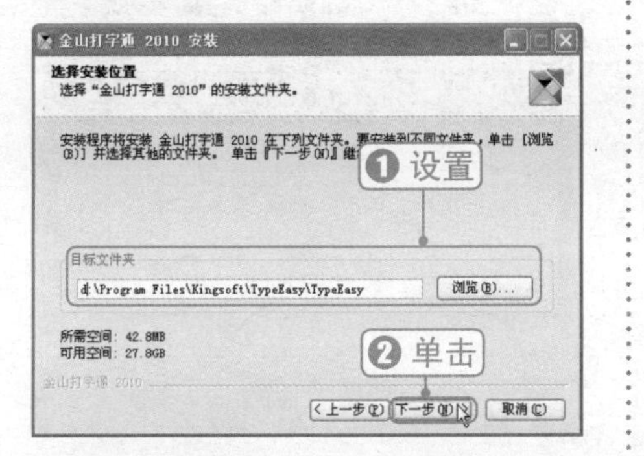

6 单击“安装”按钮

进入“选择开始菜单文件夹”界面，单击“安装”按钮，如下图所示。

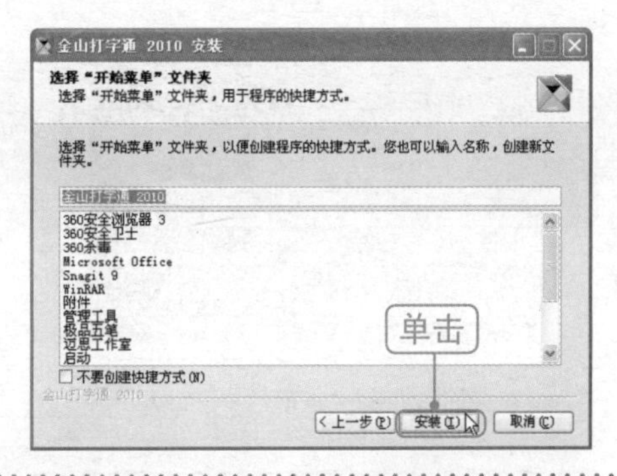

7 开始安装程序文件

经过上步操作后，开始安装程序并显示安装进度，如下图所示。待安装完成后，单击“下一步”按钮。

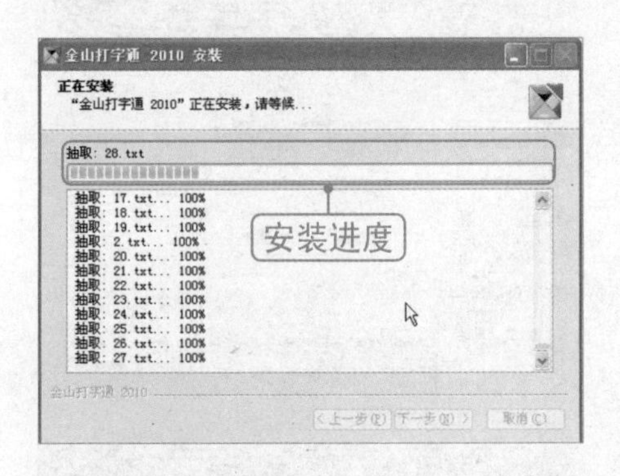

8 完成软件的安装

进入完成安装界面，单击“完成”按钮完成安装，如下图所示。

2 指法训练

当在电脑中安装好“金山打字通 2010”软件后，就可以启动该软件进行指法训练了。可双击桌面上的程序图标或通过“开始”菜单中的“所有程序”来启动“金山打字通 2010”程序，具体操作方法如下。

1 启动“金山打字通2010”程序

❶单击“开始”按钮，❷指向“所有程序”，❸指向“金山打字通 2010”，❹单击“金山打字通2010”命令，如下图所示。

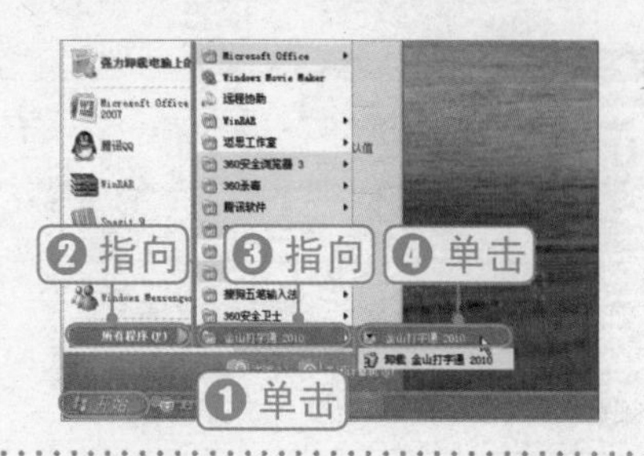

2 选择练习组件

弹出“金山打字通 2010”界面，单击“金山打字通 2010”按钮，如下图所示。

3 进行用户登录设置

打开“金山打字通2010”程序窗口并弹出“用户信息”对话框，❶在文本框中输入一个用户名，如1234，❷单击“加载”按钮，如下图所示。

4 选择是否学前测试

弹出“学前测试”对话框，单击“否”按钮，如下图所示。

5 选择练习内容

进入选择练习窗口，在窗口左侧单击“英文打字”按钮，如右图所示。

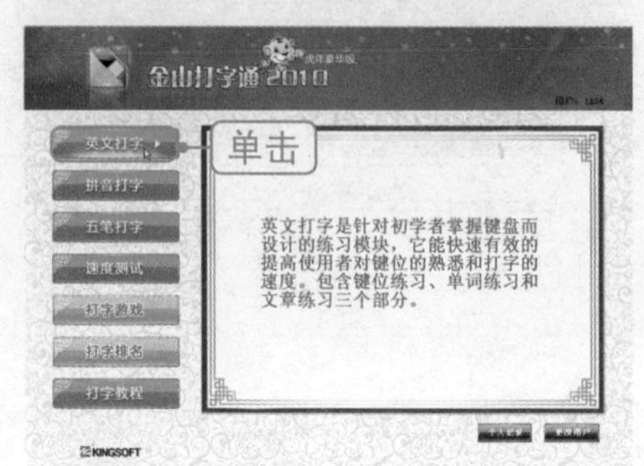

6 开始练习指法

进入英文打字练习窗口，根据提示进行键位录入练习，如右图所示。

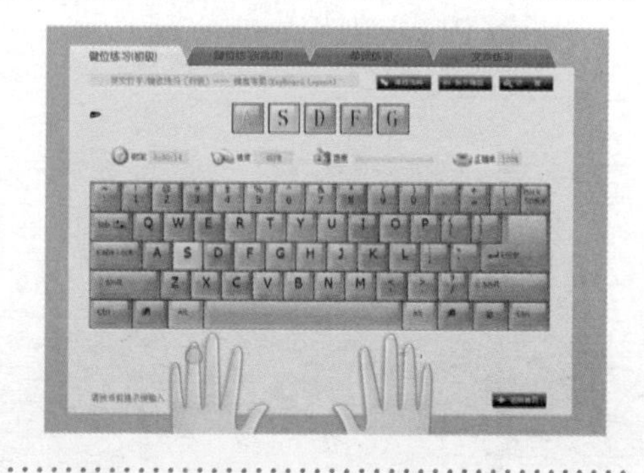

知识加油站

指法综合训练

在进行指法训练时，还可以切换到“键位练习（高级）”、“单词练习”、“文章练习”选项卡进行指法的综合训练。

3 练习拼音打字

同样，我们可以通过“金山打字通 2010”软件来进行拼音打字练习。该软件为初学者提供了拼音音节输入练习、词组输入练习和文章综合练习三大功能模块，具体操作方法如下。

1 选择“拼音打字”

进入选择练习窗口，在窗口左侧单击“拼音打字”按钮，如下图所示。

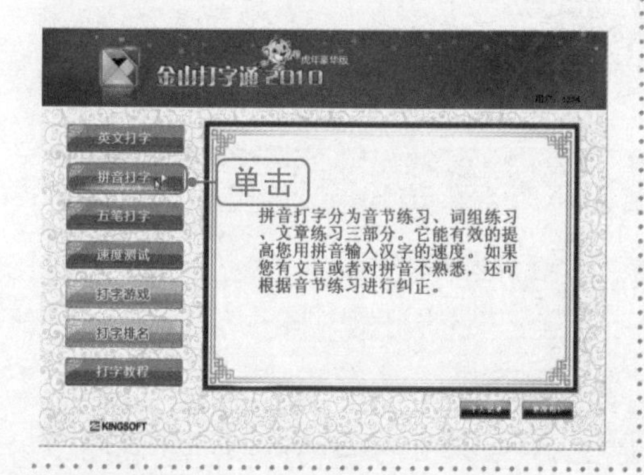

2 进行音节练习

进入音节练习窗口，根据界面提示录入相关拼音进行练习，如下图所示。

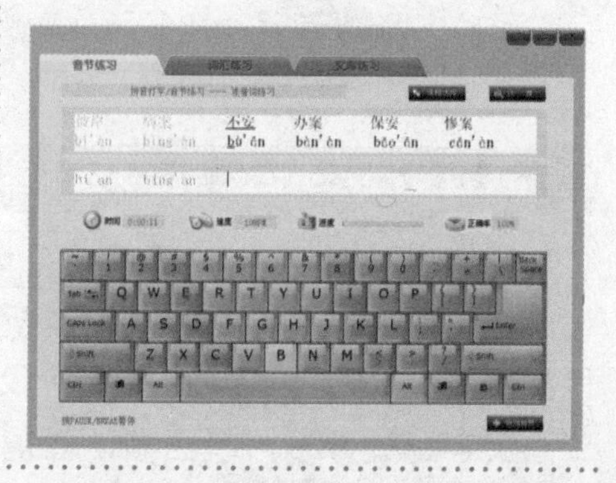

③ 进行词汇练习

❶在练习界面中切换到“词汇练习”选项卡，❷选择一种拼音输入法进行词组录入练习，如下图所示。

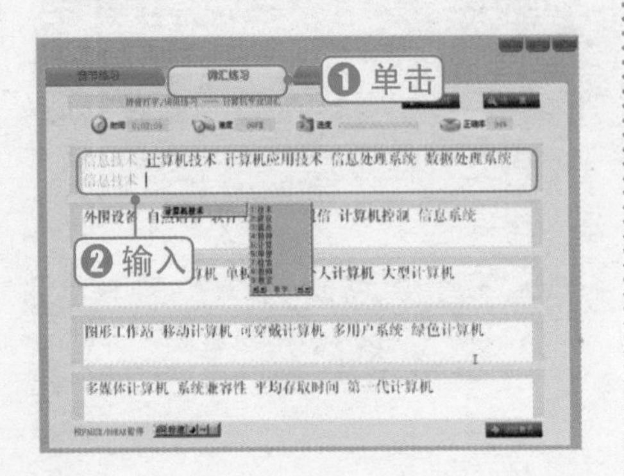

④ 进行文章练习

❶在练习界面中单击“文章练习”选项卡，❷选择一种拼音输入法按文章内容进行录入练习，如下图所示。

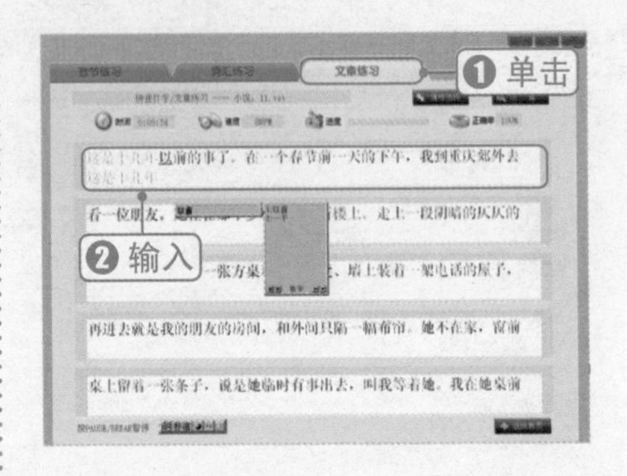

同样，在进行音节练习、词汇练习和文章练习时，都可以单击界面中的“课程选择”按钮来选择不同的练习内容。

5.2 专业高效的五笔输入法

五笔汉字输入法属于形码编码输入法。经过不断地更新和发展，现在的五笔输入法具有输入速度快、效率高、少重码、字词兼容和容易实现盲打等优点。常见的五笔输入法主要有极品五笔、极点五笔、万能五笔和搜狗五笔输入法等。

5.2.1 什么是五笔输入法

所谓五笔输入法，是根据汉字的5种基本笔画“横（一）、竖（丨）、撇（丿）、捺（丶）、折（乙）”的原理，将汉字拆分为字根来输入汉字的一种录入方法。

汉字的数量多，笔画多，而键盘上只有26个字母键，所以就需要将汉字拆分成字根再进行输入。如将“洽”字拆分成“氵、人、一、口”字根，将“何”字拆分成“亻、丁、口”字根。

使用五笔输入法录入汉字的基本原理是：将汉字拆分成一个个科学的基本字根，然后找到每一个字根在键盘上的对应键，再按一定的顺序敲入字根对应的键位即可。五笔打字示意图如下。

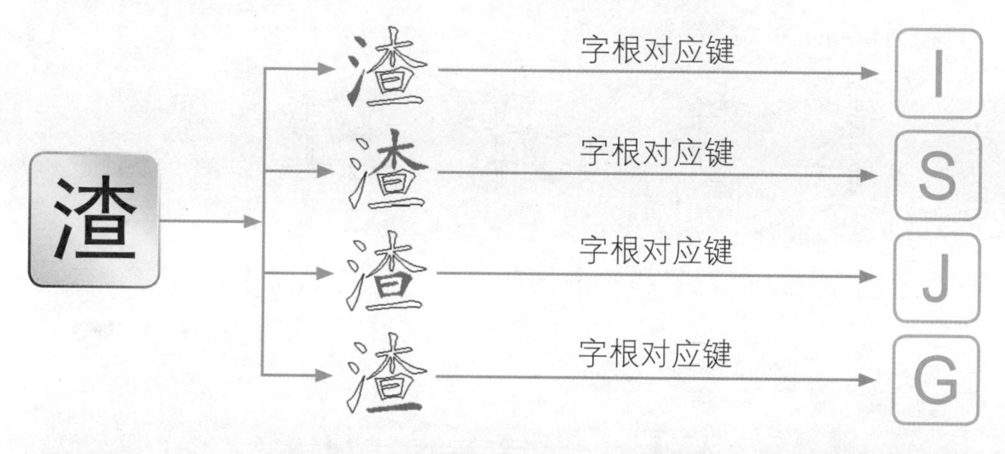

问：五笔输入法有哪些版本，打字常用的是哪种版本？

疑难解答

答：五笔输入法最常用的是86版和98版两个版本。98版较86版虽然有许多改进，但由于86版在国内已经推广了十余年，使用较为广泛，因此86版仍然占据市场的主导地位，本书将主要介绍86版王码五笔字型的使用。

5.2.2 学习五笔输入法的打字原理

在五笔字型的汉字输入法中，汉字具有3个层次，分别为笔画、字根与汉字。由5种基本笔画组成不同的字根，再由相关字根即可组成汉字。如下图所示就是五笔字型中汉字的3种层次结构。

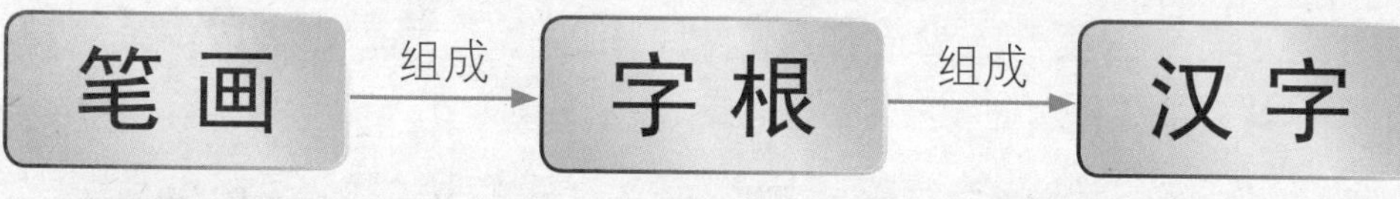

1 笔画

笔画是书写汉字时一次写成的一个连续不断的线段。经对比成千上万的汉字分析发现，若只考虑笔画的运笔方向，而不计其轻重长短，汉字的笔画可以分为5种基本类型：横、竖、撇、捺、折，并依次用“1、2、3、4、5”给其相应的代号。

（1）“横”笔画

运笔方向从左到右和从左下到右上的笔画都属于“横”笔画。在“横”这种笔画中，我们还把“上提”视为特殊的“横”笔画。下图中涂红部分即为“横”笔画。

（2）“竖”笔画

运笔方向从上到下的笔画都包括在“竖”这种笔画内，也包括“竖左钩”。例如，“倒”字中的“竖左钩”也视为“竖”笔画。下图中涂红部分即为“竖”笔画。

升 刘 干 小 上

（3）“撇”笔画

运笔方向从右上到左下的笔画都称为“撇”笔画，无论何种角度的撇，都属于“撇”笔画。下图中涂红部分即为“撇”笔画。

（4）“捺”笔画

运笔方向从左上到右下的笔画都称为“捺”笔画，“捺”笔画与“撇”笔画运笔方向恰恰相反。我们把“、”笔画也划为“捺”笔画。下图中涂红部分即为“捺”笔画。

（5）“折”笔画

“折”笔画是一个比较笼统、复杂的笔画范围，我们把所有带转折的笔画都归结于“折”笔画，如“弓、心、匕”等。下图中涂红部分即为“折”笔画。

笔乃书成选

问：在五笔输入法中，所有汉字中的笔画都只有这5种吗？

疑难解答

答：实际上，汉字的笔画数量非常多，但五笔字型认为基本笔画只有5种，其他的笔画都是这5种笔画的变形，可以把笔画都归结为以上5种。

2 字根

由若干笔画交叉连接而形成的相对不变的结构，就称为字根。例如，日、月、亻、一、氵、攵、廴、刂、ㄏ、乙等。

字根，在五笔输入法中就是组成汉字的“零件”。初学者只有正确认识五笔字根及其特点，才能有效地在短时间内记住字根，从而学会五笔打字。字根可以是汉字的偏旁部首，也可以是部首的一部分，甚至是笔画。

五笔字型（86版）共设计了130多个基本字根。这些字根按照五笔字型的组字频度与实用频度，在形、音、意方面进行归类，同时兼顾计算机标准键盘上25个英文字母（不包括Z键）的排列方式，将其合理地分布在键位A～Y共计25个英文字母键上，这就构成了五笔字型的字根键盘，如下图所示。

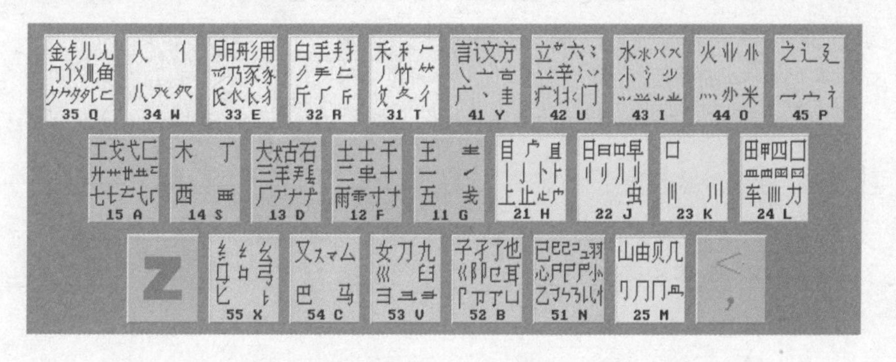

为了便于记忆，把字根全部安排在对应的键位上，并配上顺口溜式的助记词，就形成了如下表所示的五笔字根助记词口诀。

横区(一区)	竖区(一区)	撇区(一区)
11G 王旁青头戋五一 12F 土士二干十寸雨，一二还有革字底 13D 大犬三羊古石厂，羊有直斜，套去大 14S 木丁西，在一四 15A 工戈草头右框七	21H 目具上止卜虎皮 22J 日早两竖与虫依 23K 口与川，字根稀 24L 田甲方框四车力 25M 山由贝，下框骨头几	31T 禾竹一撇双人立，反文条头共三一 32R 白手看头三二斤 33E 月彡（衫）乃用家衣底 34W 人和八，三四里 35Q 金勺缺点无尾鱼，犬旁留叉儿一点夕，氏无七

捺区(一区)	折区(一区)
41Y 言文方广在四一，高头一捺谁人去 42U 立辛两点六门疒 43I 水旁兴头小倒立 44O 火业头，四点米 45P 之字军盖建道底，摘礻（示）衤（衣）	51N 已半巳满不出己，左框折尸心和羽 52B 子耳了也框向上 53V 女刀九臼山朝西 54C 又巴马，丢失矣 55X 慈母无心弓和匕，幼无力

3 汉字的字根关系

五笔字型输入法认为汉字是由字根按照一定的顺序来组合的。不同的字根在组成不同的汉字时，字根与字根之间的结构是多种多样的。为了方便学习，五笔字型输入法里将这些结构按照一定的规律统一划分成“单、散、连、交”4种结构。

（1）“单”结构

如果构成的汉字只有一个字根，那这个汉字就称为“单”结构。这种结构的汉字是指“一、丨、丿、丶、乙”和键名汉字与成字字根。例如，“白、六、小、田、十、又、儿、山”等，都是五笔字型基本字根，不能够再拆分。

白 六 小 田

（2）“散”结构

如果构成汉字的基本字根之间保持了一定的距离，但各字根之间又没有发生相连和交叉，可以明显地看出是左右型、上下型、杂合型等，这种汉字结构就称为“散”结构，如“汕、泉、明、鱼”等。

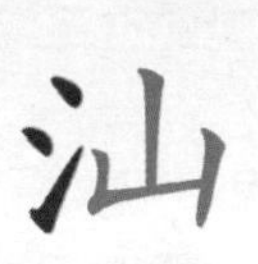
左右型

上下型

左右型

上下型

（3）“连”结构

如果一个汉字是由单笔画与基本字根相连组成的，它们之间没有明显距离，这种汉字就称为“连”结构。单笔画可以连前也可以连后，如“于、久、太、术”等。

（4）“交”结构

如果几个基本字根交叉套叠构成汉字，它们之间完全没有距离，这种汉字就是“交”结构，如“丰、串、巾、牛”等。

凡是“交”结构的字，由于字根之间是交叉套叠的，因此这种汉字只可能是杂合型汉字，不可能是上下型和左右型。

4 五笔汉字的3种字型结构

一个汉字可以拆分为若干个字根。从各字根间的关系来看，可以把汉字分为3种类型：即左右型、上下型、杂合型。按照各种类型拥有

汉字的多少给以代号，如下表所示。

字 型	图 示	例 字	数字代码
左右型		即 湘 所 渐 拜 树 拆 根	1
上下型		分 若 看 分 型 蕊 表 示	2
杂合型		圆 凶 边 司 乘 本 未 叉	3

在上面的汉字结构中，最难区分的是杂合型结构的汉字。在五笔中，对杂合型结构的汉字有如下特殊规定。

①内外型的汉字一律规定为杂合型。例如，“周、延、困”等汉字，每一个部分之间都是包围与被包围的关系，一律视为杂合型。

②单笔笔画与一个字根相连所构成的汉字规定为杂合型结构。例如，“户、卫、自、万”等汉字。

③一个基本字根与一个孤立点组成的汉字也规定为杂合型汉字。例如，“刁、勺、太、术”等汉字。

④几个基本字根交叉套叠后构成的汉字规定为杂合型结构。例如，“东、里、果、未、末”等汉字。

5.2.3 熟记五笔字根的诀窍

对于学者来说，记忆字根是一件比较头痛的事情。但是，只要找到记忆字根的方法和窍门，还是可以在短时间内记住全部字根的。

1 掌握字根在键盘上的分布规律

五笔字型字根的键盘分布看似杂乱无章，其实却是有规律可循的，掌握这些规律会更容易记住字根。在字根表中，基本字根的排列并不是随意的，主要遵循以下一些规律。

①大部分字根的首笔代号与它所在的区号相同。有许多字根都遵循这个规律，我们可以利用这种规律进行记忆。举例如下表所示。

字　根	首笔（区号）	字　根	首笔（区号）
王	横（1区）	豸	撇（3区）
西	横（1区）	立	捺（4区）
且	竖（2区）	衤	捺（4区）
刂	竖（2区）	彑	折（5区）
耂	撇（3区）	弓	折（5区）

②大部分字根的首笔区号加上次笔位号，与该字根所在的键位号一致。举例如下表所示。

字根	首笔（区号）	次笔（位号）	键　位	字根	首笔（区号）	次笔（位号）	键　位
王	横（1区）	横（1号键）	11（G）	鱼	撇（3区）	折（5号键）	35（Q）
犬	横（1区）	撇（3号键）	13（D）	门	捺（4区）	竖（2号键）	42（U）
止	竖（2区）	横（1号键）	21（H）	彑	折（5区）	折（5号键）	55（X）

③部分字根的笔画个数与它所在键的位号一致，即字根的位号与各键位上字根的笔画数保持一致。举例如下表所示。

字根	首笔（区号）	笔画数（位号）	键位	字根	首笔（区号）	笔画数（位号）	键位
一	横（1区）	1（1号键）	11(G)	𠂉	撇（3区）	2（2号键）	32(R)
二	横（1区）	2（2号键）	12(F)	彡	撇（3区）	3（3号键）	33(E)
三	横（1区）	3（3号键）	13(D)	丶	捺（4区）	1（1号键）	41(Y)
木	横（1区）	4（4号键）	14(S)	冫	捺（4区）	2（2号键）	42(U)
丨	竖（2区）	1（1号键）	21(H)	氵	捺（4区）	3（4号键）	43(I)
刂	竖（2区）	2（2号键）	22(J)	灬	捺（4区）	4（4号键）	44(O)
川	竖（2区）	3（3号键）	23(K)	乙	折（5区）	1（1号键）	51(N)
罒	竖（2区）	4（4号键）	24(L)	巜	折（5区）	2（2号键）	52(B)
丿	撇（3区）	1（1号键）	31(T)	巛	折（5区）	3（3号键）	53(V)

④外形相似、来源相同的字根在同一个键位上。举例如下表所示。

字 根	相似字根	键 位	字 根	相似字根	键 位
戈	弋	11（G）	四	罒 㓁 皿	24（L）
厂	ナ ナ 广	13（D）	已	己 巳	51（N）
刂	丿 刂	22（J）	阝	卩 㔾	52（B）

2 通过口诀理解记忆字根

为了便于记忆，把字根全部安排在对应的键位上，并配上助记词。我们背助记词的目的是为了在背顺口溜的同时，学会理解与记忆字根。因此，必须要知道每句助记词里面包含的字根信息（见下面）。换句话说，也就是要从助记词里找到字根。

G键（编码11）：“王旁青头戋五一”

其中，“王旁”为偏旁部首“王”；“青头”为“青”字的上部分“龶”；“戋五一”分别指字根“戋”、“五”和“一”。

字根组字举例：

理 表 浅 吾

F键（编码12）：“土士二干十寸雨，一二还有革字底”

其中，包括“土、士、二、干、十、寸、雨”几个字根，“一二还有革字底”是指在12键位上还有“革”字下半部分“㐄”字根。

字根组字举例：

培 仕 汗 什 付 雷 革

Q键（编码35）：“金勹缺点无尾鱼，犬旁留叉儿一点夕，氏无七”

其中，“勹缺点”指“勹”；“无尾鱼”指“鱼”字根；“犬”旁指字根“犭”；“留叉”指字根“乂”；“氏”去掉“七”为“𠂆”；另外记忆字根“夕”时注意字根“夕”；记忆字根“儿”时注意字根“儿”。

字根组字举例：

鍪铄勺鲜猫肴克流
见舛然久柳色乐

3 通过对比分析记忆字根

在五笔字型输入法的字根中，有很多字根结构、形状都大致相同，我们可以把这类字根放在一起对比，其记忆效果会更好。下表列出了大部分的相似字根。请读者仔细观察它们的异同，辨清每个字根的形状。

相似字根	键位	相似字根	键位	相似字根	键位	相似字根	键位
戈 弋	A	罒 冃 日	J	广 疒	H	阝 卩 巳	B
刂 丿丨 刂	J	川 川	K	夂 攵	T	已 己 巳	N
厂 ナ 尸	D	罒 皿 四	L	户 尸	N	冫 丷 䒑 丬	U
土 士	F	金 钅	Q	豸 犭	E	小 业	O
上 止 龰	H	夕 夕	Q	月 目	E	之 辶 廴	P
丨 亅 卜	H	人 亻	W	水 氺 氵 ⺌ 小 ⺍	I	纟 幺 纟	X

记忆字根的其他方法

知识加油站

中老年朋友在记忆五笔字根时，除了前面的方法外，还可以借助一些专业的打字练习软件，如五笔打字通、金山打字通等，通过上机练习来熟悉字根和键位。具体操作与应用可参见后面相关小节。

5.2.4 五笔汉字的拆字原则与录入方法

要掌握好五笔字型输入法，不仅要牢记字根，还要能熟练将汉字拆分为字根，然后对其编码输入。因此，汉字拆分就又成了五笔字型输入法的重要环节。要提高汉字输入速度，首先要能快速拆分汉字。

1 汉字的拆分原则

在使用“五笔输入法”录入时，一定要遵循五笔拆字原则和五笔汉字的编码原则。

（1）拆分出的字根必须是基本字根

“基本字根”就是指键盘字根表中的字根。在拆分汉字的时候，一定要看清楚拆出来的部分究竟是不是字根，如果拆出来的字根在字根表中都找不到，那么，很有可能这种拆分方法就是错误的。

例如，在拆分汉字“种”字时，将“种”字拆分成“禾”和“中”，“禾”可以在字根表中找到，而“中”肯定在字根表中找不到。因为“中”根本就不是基本字根，所以这种拆分方法肯定是错误的。记住，在拆分汉字时，一定要看看拆出来的字根是不是基本字根。

（2）“书写顺序”原则

一般书写汉字的顺序为：从左到右、从上到下，全包围汉字书写时应从外到内，半包围汉字书写时应从内到外。在五笔汉字拆分中，也要遵守这一规则，所以读者一定要记住。汉字拆分举例如下表所示。

例 字	拆分方法	是否正确	理 由
姓	姓 姓 姓	√	按照正确的书写顺序应从左到右进行拆分
	姓 姓 姓	×	拆分顺序错误，先右再左，不符合书写顺序

（3）“取大优先”原则

“取大优先”原则是在拆分汉字时，保证拆出的字根在字根表中是最大的字根。如果在分汉字时面临一个汉字有多种拆分方法，且每种拆分方法都保证拆分出来的是基本字根，也是按书写顺序来拆分的，那么要拆分出尽可能大的字根，且拆分字根个数最少的拆分方法才是正确的。汉字拆分举例如下表所示。

例 字	拆分方法	是否正确	理 由
员	员 员	√	由于“贝”字是基本字根，所以不能再拆分成“冂”和“人”字根
	员 员 员	×	

（4）“能连不交”原则

“能连不交”原则是指能拆分成互相连接的字根，就不要拆分成互相交叉的字根。汉字拆分举例如下表所示。

例 字	拆分方法	是否正确	理 由
告	告 告 告	√	第一种拆法字根之间是相连的结构关系，而第二种拆法字根之间是相交的结构关系
	告 告 告	×	

（5）“能散不连”原则

“能散不连”原则是指如果字根之间既可以拆分成散的结构，又可以拆成连的结构，我们就要把它统一拆分成“散”的结构。汉字拆分举例如下表所示。

例 字	拆分方法	是否正确	理 由
百	百 百	√	第一种拆法字根之间是散的结构关系，而第二种拆法字根之间是连的结构关系
	百 百	×	

（6）“兼顾直观”原则

“兼顾直观”原则和“取大优先”原则是相通的，该原则规定在拆分时笔画不能重复或截断，尽量符合一般人的直观感受。通俗地讲，就是要使每一个拆分出来的字根看起来不别扭。汉字拆分举例说明如下表所示。

例 字	拆分方法	是否正确	理 由
末		√	第二种拆法中，拆分成字根“二”和“小”不直观，因为“二”字应该是上短下长，这里是上长下短
		×	

2 键面字的录入方法

所谓“键面字”，指既是基本字根，又是汉字的字。这类汉字就是字根表中成汉字的字根，如“王、月、丁、西、耳、力、心、弓”等字。键面字又可以分为两类：一类是键名字，另一类是成字字根。

（1）键名字的录入方法

所谓“键名字”，指既是基本字根，又是每个字母键上第一个字根的汉字。键名字每个区都有5个，共有25个。其分布如下图所示。

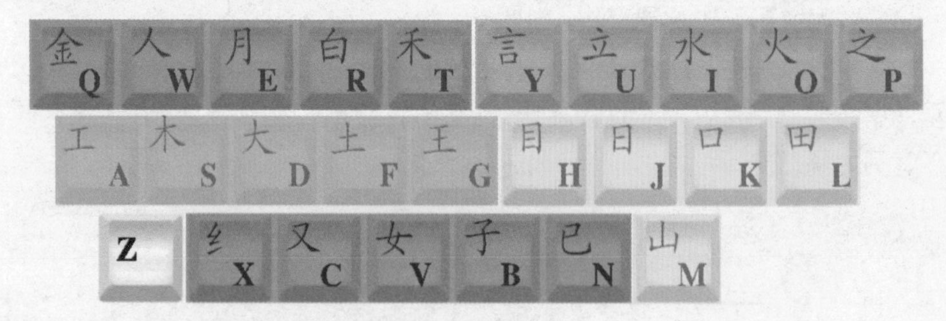

录入方法：连续敲该字根所在键4次。

举例如下：

（2）成字字根的录入方法

所谓“成字字根”，是指每个键位上除键名字以外成汉字的字根。如D键上的“三、古、厂”等字根，M键上的“几、由、贝”等字根。

录入方法：首先按下该字根所在键，称为“报户口”，再按照该字根的笔画顺序，分别敲第一笔画、第二笔画和最后一个单笔画所对应的键位。如果该字根的笔画数不足3个时，则后面用空格键补齐。

举例如下：

录入编码： 报户口F 首笔画G 次笔画H 末笔画Y

录入编码： 报户口A 首笔画G 次笔画N 末笔画T

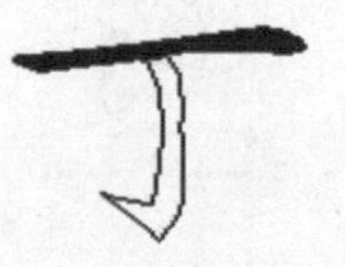 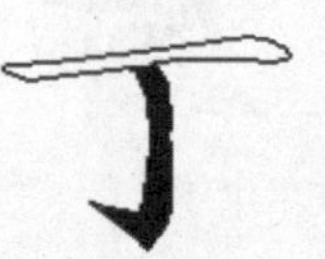 

录入编码： 报户口S 首笔画G 次笔画H 敲空格键

问：如何输入单笔笔画呢？

疑难解答 答："一、丨、丿、丶、乙"时，需要敲该笔画字根所在键两下，然后再加两个L键即可。例如，"一"：GGLL；"丨"：HHLL；"丿"：TTLL；"丶"：YYLL；"乙"：NNLL。

3 键外字的录入方法

由多个字根组成的汉字可称为"键外字"。这种汉字可以分为3种类型：汉字的字根个数多于4个、刚好4个和少于4个。下面分别介绍这3种汉字的录入方法。

（1）超过4个字根的汉字

由4个字根组成的汉字，称为刚好四码汉字，其录入方法如下。

录入方法：第一字根编码 + 第二字根编码 + 第三字根编码+ 末字根编码。

举例如下：

"藉"字的拆分字根依次为"艹、三、小、日"。

	第一字根	第二字根	第三字根	末字根
藉	A	D	I	J

"厨"字的拆分字根依次为"厂、一、口、寸"。

	第一字根	第二字根	第三字根	末字根
厨	D	G	K	F

“瓷”字的拆分字根依次为“冫、𠂉、人、乙”。

第一字根　第二字根　第三字根　末字根

U　Q　W　N

（2）刚好4个字根的汉字

由4个字根组成的汉字，称为刚好四码汉字，其录入方法如下。

录入方法：第一字根编码 + 第二字根编码 + 第三字根编码+ 第四字根编码。

举例如下：

“邀”字刚好拆分成4个字根“白、方、攵、辶”。

R　Y　T　P

“斯”字刚好拆分成4个字根“艹、三、八、斤”。

第一字根　第二字根　第三字根　第四字根

A　D　W　R

“凌”字刚好拆分成四个字根“冫、土、八、夂”。

（3）不足4个字根的汉字

字根个数少于4个的汉字可以分为两种：一是汉字由两个字根组成；二是汉字由3个字根组成。

①两个字根的汉字，录入方法如下。

录入方法：第一字根编码 + 第二字根编码 + 末笔交叉识别码 + 空格。

举例如下：

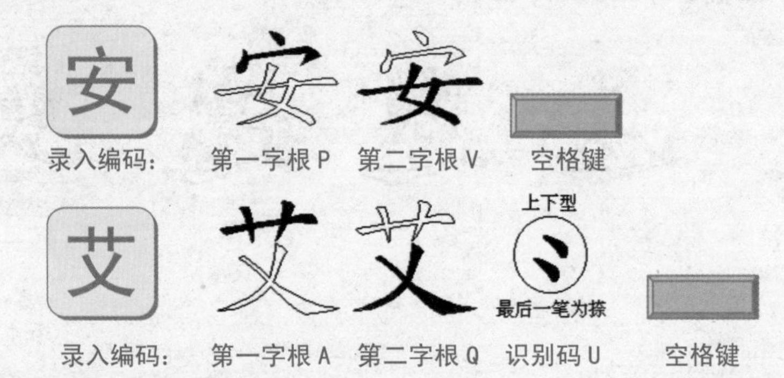

②3个字根的汉字，录入方法如下。

录入方法：第一字根编码 + 第二字根编码 + 第三字根编码 + 空格键（或末笔交叉识别码）。

举例如下：

4 正确添加末笔交叉识别码

在五笔输入法中，为了减少重码率，可以使用末笔交叉识别码来准确标识汉字。例如，几个完全相同的字根，由于字根的位置不同而构成不同的汉字（如“口”和“八”两字根可以构成“只”字，也可以构成“叭”字），就需要使用末笔交叉识别码来标识汉字。

（1）什么是末笔识别码

所谓“末笔交叉识别码”，是指用汉字末笔的笔画代码和该字的字型结构码组成的两位数字，十位上的数字与末笔画代码对应，个位上的数字与汉字的字型结构代码对应，把这个两位数看成是键盘上的区码与位码，该区位码所对应的英文字母键就是这个汉字的识别码。五笔汉字的末笔交叉识别码在键盘上的分布如下表所示。

结构 末笔笔画	左右型	上下型	杂合型
横区1	11 G	12 F	13 D
竖区2	21 H	22 J	23 K
撇区3	31 T	32 R	33 E
捺区4	41 Y	42 U	43 I
折区5	51 N	52 B	53 V

哪些汉字才加末笔交叉识别码

知识加油站

值得注意的是：只有少于4个字根的键外汉字，才需要添加末笔交叉识别码，并且识别码只与上表中的15个键有关。其他键面字、多于4个字根的汉字与刚好4个字根的汉字，都不需要添加末笔交叉识别码。

（2）如何正确添加汉字的识别码

为汉字添加末笔交叉识别码的方法如下。

第1步：末笔定区，根据该字的最后一笔笔画确定识别码在哪一个区。

第2步：结构定位，根据该字的结构确定识别码在该区的哪一个键上。

举例如下：

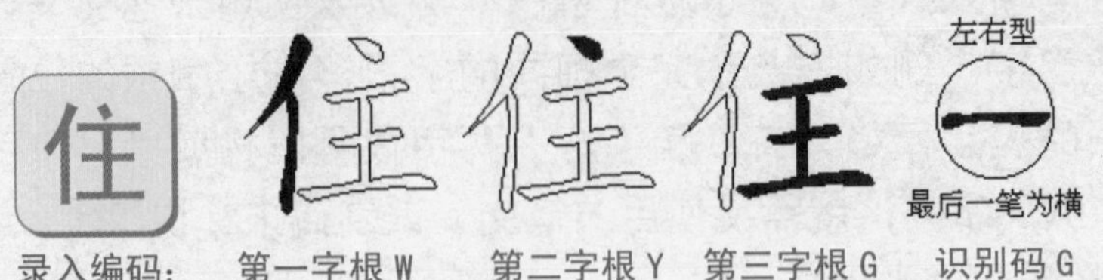

说明："住"字末笔是横，表示在第1区；结构是左右型，其代码为1，识别码键即是第1区的第1个键（G）。

说明："连"字末笔是竖，表示在第2区；结构是杂合型，其代码为3，识别码键即是第2区的第3个键（K）。

说明："浅"字末笔是撇，表示在第3区；结构是左右型，其代码为1，识别码键即是第3区的第1个键（T）。

说明："圆"字末笔是捺，表示在第4区；结构是杂合型，其代码为3，识别码键即是第4区的第3个键（I）。

（3）使用末笔识别码的特殊规定

在五笔输入法中，对某些汉字的末笔笔画进行了以下一些特殊规定。

① 对以“辶、廴”做偏旁的字和全包围字（如国、因），规定它们的末笔为被包围部分的末笔。

汉字	末笔	汉字	末笔	汉字	末笔
连	连	圆	圆	延	延

问：如果含有“辶”字根的汉字是左右结构或上下结构的汉字时，如何取识别码呢？

答：如果用“辶”包围一个字根组成的部分，位于另一个字根的后面或下面，所得到的字根末笔为“辶”字的末笔“丶”。例如，“链”字的末笔画为“辶”的末笔画“丶”，其结构为左右型，识别码为Y。

② 对“九、力、七、刀、匕”等字根，当它们参与“识别码”时，一律用“折笔”作为末笔。

汉字	末笔	汉字	末笔	汉字	末笔
旯	旯	叻	叻	仇	仇

③ 对“我、咸、浅、成、茂”等相似形状的字，取末笔为“丿”。

汉字	末笔	汉字	末笔	汉字	末笔
我	我	咸	咸	浅	浅

④ 有些字单独带一个点，如“太、刃、叉、头”等字，规定把“、”当做末笔。

汉字	末笔	汉字	末笔	汉字	末笔
太	太	叉	叉	刃	刃

（4）汉字结构的特殊规定

关于汉字的字型结构，还有以下规定。

① 凡单笔画与字根相连或单点与一个字根所构成的汉字，均视为杂合型，如“万、尤、自”等汉字。

② 字根相交的汉字为杂合型，如“果、未、末、本、东、丸”等汉字。

③ 带“辶”的汉字、内外型汉字都视为杂合型，如“连、延、国、母”等汉字。

④ 键面汉字不划分字型。

对于一些特殊笔画，做如下规定。

①“㇀”视为横，如“地、珍、执、冲、物”等汉字的左部末笔均为“㇀”。

②“、”均视为捺，如“文、寸、安、学”等汉字中的点一律视为捺。

5.2.5 通过简码与词组提高打字速度

在五笔输入法中，掌握简码与词组的录入方法，可以大大地提高打字速度。

1 掌握简码的录入

简码就是简化了的编码。在五笔汉字中，某些汉字除了可以按全码来输入外，输入它的一个或者两、三个编码也可以打出来，这类汉字就是简码汉字。五笔字型共有三类简码汉字，分别是一级简码汉字、二级简码汉字和三级简码汉字。

（1）一级简码

根据每一个键位上的字根形态特征，在5个区的25个键位上，每键安排一个使用频率较高的汉字，称为“一级简码”，即“高频字”。一级简码在键位上的分布如下图所示。

录入方法：简码汉字所在键 + 空格键。

举例如下：

（2）二级简码

二级简码汉字就是用该汉字的前两个编码键加一个空格键作为该汉字的录入编码。五笔字型输入法挑选了一些比较常用的汉字作为二级简码的汉字，二级简码大约有600个。

录入方法：第一个编码 + 第二个编码 + 空格键。

举例如下：

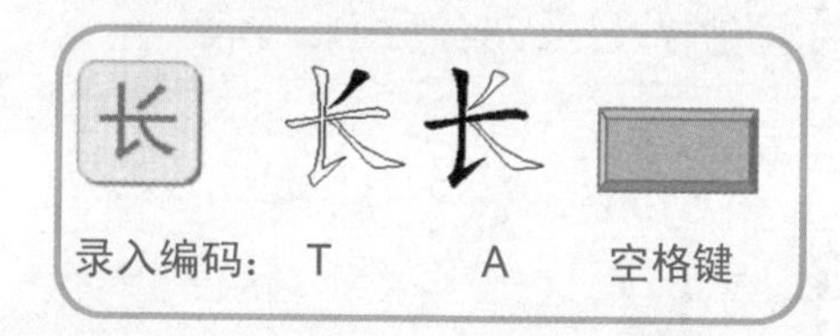

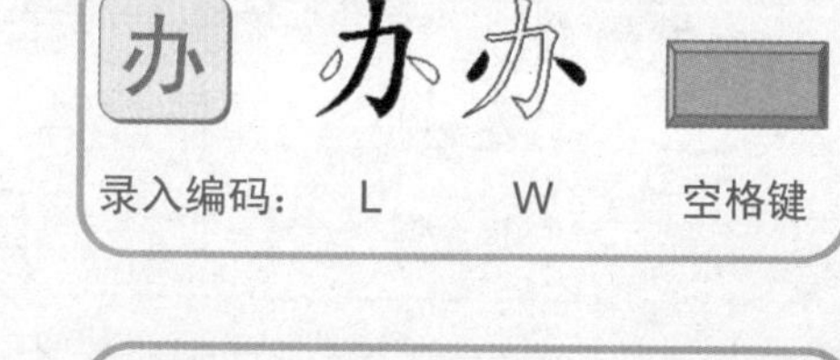

（3）三级简码

三级简码是用单字全码中的前3个字根来作为该字的录入编码。此类汉字输入时不能明显地提高输入速度，因为在打了前3个码后还必须打一个空格键，需要按下四次键。但由于省略了最后的字根码或末笔字型交叉识别码，所以对于提高速度也是有一定帮助的。

录入方法：第一个编码 + 第二个编码 + 第三个编码 + 空格键。

举例如下：

录入编码：Y　T　M　空格键

录入编码：O　A　T　空格键

录入编码：R　L　F　空格键

录入编码：A　F　P　空格键

2 掌握词组的录入

在五笔字型输入法中，可以通过输入词组来提高打字速度。这些词组又分为二字词组、三字词组、四字词组及多字词组，所有词组的编码一律为4码。下面将分别介绍它们的录入方法。

（1）两字词组的录入

具有两个汉字的词组，其录入规则如下：

第一个字的前两个字根编码 + 第二个字的前两个字根编码

举例如下：

录入编码：第一编码T 第二编码H 第三编码M 第四编码H

编辑

录入编码：第一编码X 第二编码Y 第三编码L 第四编码K

科研

录入编码：第一编码T 第二编码U 第三编码D 第四编码G

（2）三字词组的录入

具有3个汉字的词组，其录入规则如下：

第一个字的第一个字根编码 ＋ 第二个字的第一个字根编码 ＋ 第三个字的前两个字根编码

举例如下：

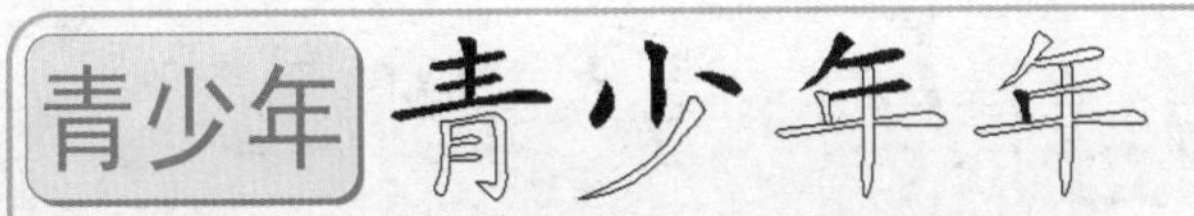

出版社 出 版 社 社

录入编码： 第一编码 B 第二编码 T 第三编码 P 第四编码 Y

（3）四字词组的录入

具有4个汉字的词组，其录入规则如下：

第一个字的第一个字根编码 ＋ 第二个字的第一个字根编码 ＋ 第三个字的第一个字根编码 ＋ 第四个字的第一个字根编码

举例如下：

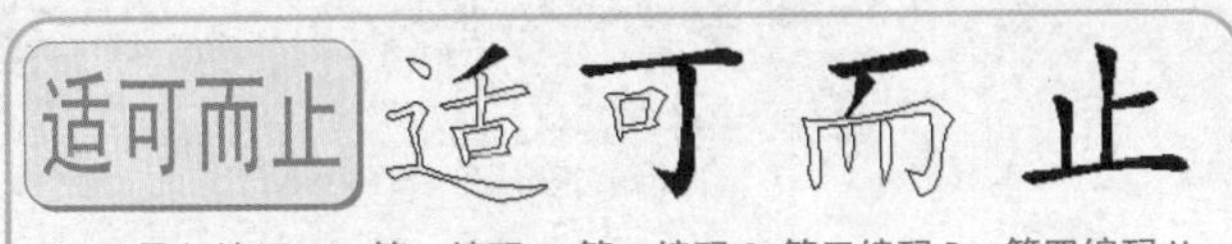

狐假虎威 狐 假 虎 威

录入编码： 第一编码 Q 第二编码 W 第三编码 H 第四编码 D

（4）多字词组的录入

具有多个汉字的词组，其录入规则如下：

第一个字的第一个字根编码 ＋ 第二个字的第一个字根编码 ＋ 第三个字的第一个字根编码 ＋ 最后一个字的第一个字根编码

举例如下：

深思熟虑 深 思 熟 虑

录入编码：第一编码 I 第二编码 L 第三编码 Y 第四编码 H

历史唯物主义 历 史 唯 义

录入编码：第一编码 D 第二编码 K 第三编码 K 第四编码 Y

打破沙锅问到底 打 破 沙 底

录入编码：第一编码 R 第二编码 D 第三编码 I 第四编码 Y

问：在词组中有键名字或成字字根时，如何进行取码呢？

疑难解答

答：在词组中，如果包含键面汉字，如键名字（月）或成字字根（四），那么在取码时按键名字或成字字根的录入规则来取即可。在后面的词组中，键名字与成字字根的取码规则相同，只是取码的个数不一样。

5.2.6 使用"金山打字通2010"软件练习五笔打字

"金山打字通 2010" 软件还为我们提供了五笔打字练习功能，既可以练习字根、汉字的录入，也可以进行简码、词组、文章的综合训练，具体操作方法如下。

光盘同步文件

同步视频文件：光盘\同步教学文件\第5章\5-2-6.avi

1 选择五笔打字

进入选择练习窗口，在窗口左侧单击“五笔打字”按钮，如下图所示。

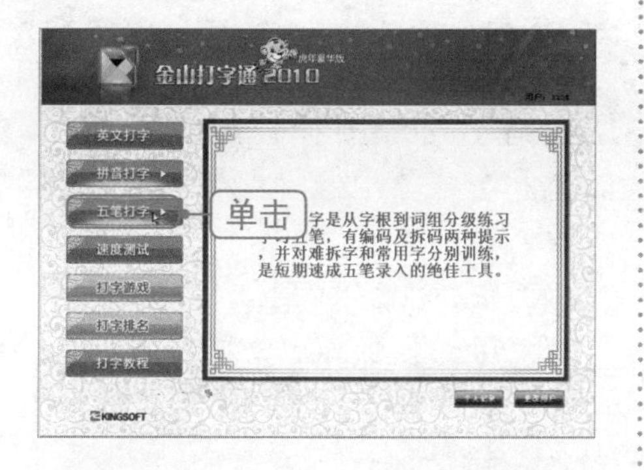

2 进行五笔打字练习

进入五笔打字练习窗口，❶选择练习模块；❷进入练习界面即可开始进行五笔打字的练习，如下图所示。

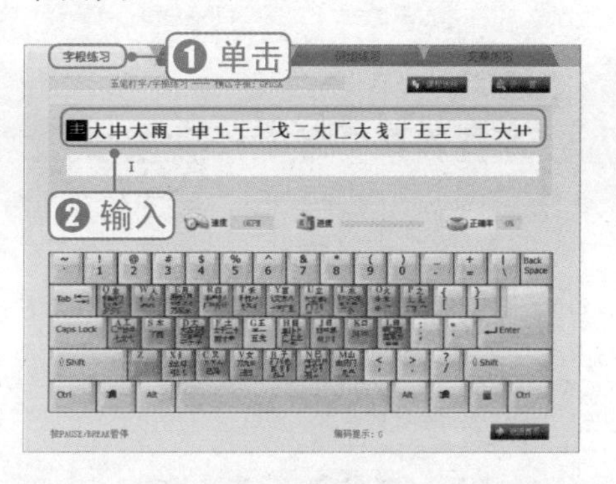

知识加油站

选择对象与指向对象的区别

和英文练习一样，如果要进行其他练习，可以单击界面上方的相关标签，如单字练习、词组练习、文章练习。单击“课程选择”按钮，则可以弹出“课程选择”对话框，在弹出的对话框中选择相关的课程进行练习。

5.3 掌握使用鼠标手写方式输入汉字

在某些汉字输入法中，除了为我们提供键盘输入的功能外，还提供了鼠标手写输入汉字的功能。

下面以常用的微软拼音输入法为例，给广大中老年朋友介绍如何使用鼠标手写方式来输入汉字。这种方法应对那些不认识的汉字或者通过其他输入法无法录入的汉字，是一个不错的选择方式。

光盘同步文件

同步视频文件：光盘\同步教学文件\第5章\5-3.avi

例如，打开“写字板”程序，学习如何通过微软拼音输入法的手写功能来输入汉字，具体操作方法如下。

1 打开“写字板”程序

❶单击“开始”按钮，❷指向“所有程序”命令，❸指向“附件”命令，❹单击“写字板”命令，打开“写字板”程序，如下图所示。

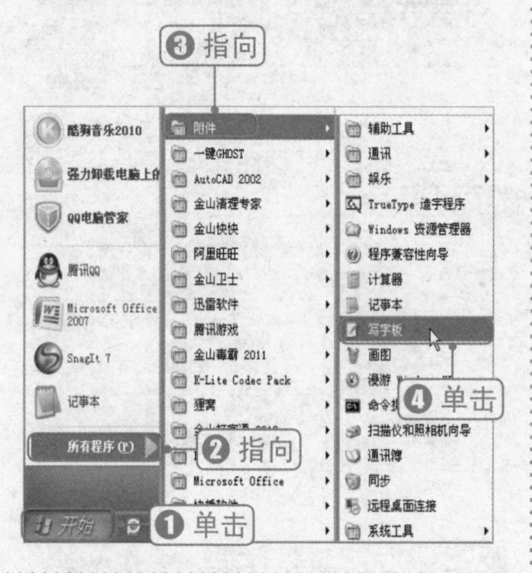

2 选择微软拼音输入法

❶在任务栏的右侧单击“输入法指示器”图标；❷在弹出的输入法菜单中选择所需要使用的输入法，如“微软拼音输入法2007”，如下图所示。

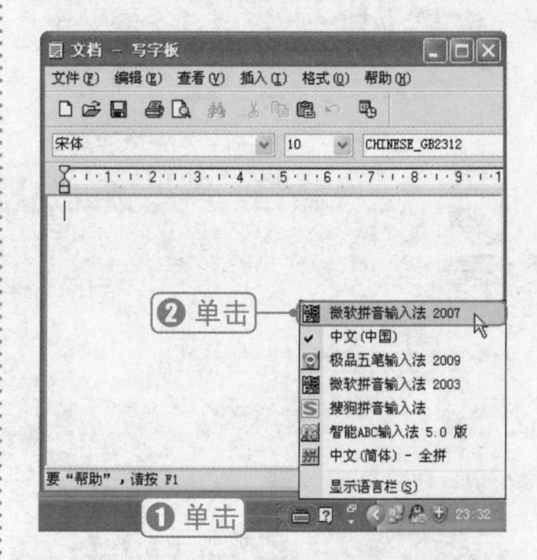

3 开启手写输入功能

经过上步操作，显示出微软输入法状态条，单击“开启/关闭输入板”按钮，如右图所示。

④ 用鼠标进行手写输入

❶在“输入板-手写识别”对话框左边的空白处，用鼠标拖动方式写出汉字，如“信”字；❷在中间同步显示的文字框中单击需要输入的文字即可，如下图所示。

⑤ 继续输入其他汉字

输入第1个汉字后，通过同样的方法再输入其他汉字即可，操作如下图所示。

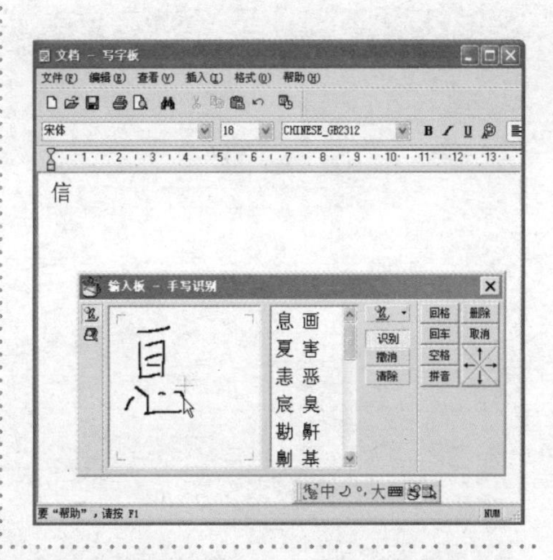

疑难解答

问：在使用鼠标手写汉字时，如果书写笔画错误或录入汉字错误怎么办呢？

答：在手写输入时，如果输入错误，可以单击“撤销”按钮或“清除”按钮取消错误的操作，然后再重新使用鼠标在文字框中进行书写。

Chapter 06

如何正确管理电脑中的文件资源

本章导读

电脑中所有信息都是以文件形式存放的，对电脑中的文件资源进行有效的管理，也是中老年人学电脑必须掌握的技能。了解电脑中文件资源的存放规律与特点，学习并熟练掌握电脑中文件和文件夹的管理技能，对于中老年朋友来说，是非常关键的。

知识技能要求

通过本章内容的学习，读者主要学会电脑中文件资源的有效管理方法及相关操作。学完后需要掌握的相关技能知识如下：

- ❖掌握什么是文件及文件夹
- ❖认识文件及文件夹的存放规律与特点
- ❖掌握如何创建文件及文件夹
- ❖掌握文件及文件夹的选择方法
- ❖掌握如何复制、移动与删除与重命名文件及文件夹
- ❖掌握文件及文件夹管理的高级操作技巧

6.1 文件管理的必备基础知识

在电脑中，所有的信息都是以“文件”方式进行保存的。要想熟练操作电脑就必须学会电脑中文件的管理操作，为此Windows XP提供了强大的文件管理功能。

6.1.1 什么是文件和文件夹

文件和文件夹是电脑中两个重要对象。对电脑中的资源进行管理操作，其实就是对文件及文件夹进行管理操作。在对文件夹和文件操作前，首先要认识文件和文件夹。

1 什么是文件

文件是Windows系统中信息组成的基本单位，是各种程序与信息的集合。文件可以是文本文档、图片或程序等。文件是电脑中存储信息资料的最基本方式。

当我们打开电脑中的磁盘（如硬盘、光盘或U盘等存储介质）时，就可以查看到相关的文件，如下图所示。

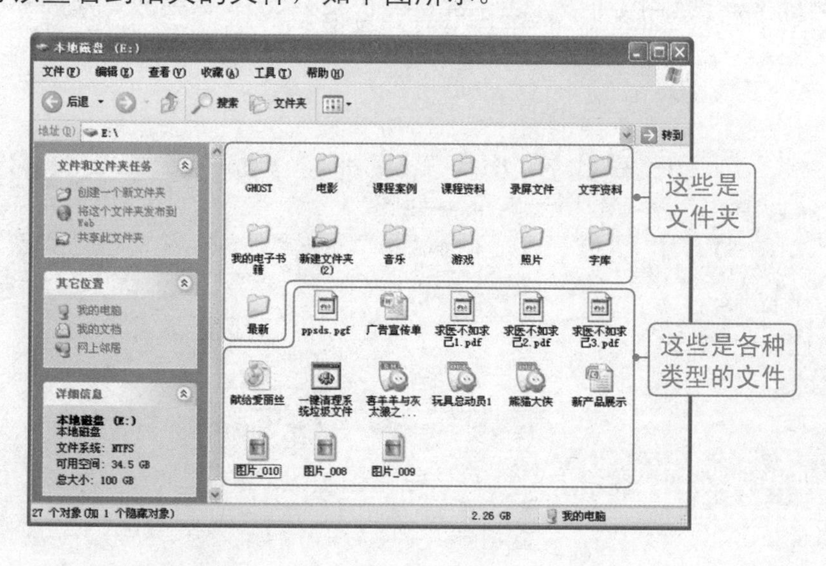

文件本身是通过文件名来识别的，我们只有通过辨识文件名，才能知道该文件中存放的是什么信息。一个文件的完整文件名是由主文件名和扩展名组成的，在主文件名与扩展名之间用“.”分隔。

主文件名用于标识当前文件的名称，我们在保存文件时一般就是给文件取主文件名；扩展名标识文件的类型。例如，下左图中的文件“中老年人营养必读.doc”，在文件名中的“中老年人营养必读”表示该文件的主文件名，而“.doc”表示该文件的扩展名，用于标识该文件类型是Word文档。不同类型的文件，其扩展名一般也不一样，文件如下图所示。

文件图标用于显示文件的外观样式。不同的应用程序，其文件图标一般不一样。

知识加油站

文件名的规定

文件名可由1~256个大小写英文字符或1~128个汉字组成。文件名中的字符可以是汉字、空格和特殊字符，但不允许“? \ / : * < >”等符号。

问：文件是如何生成的呢？为什么有些文件的外观图标一样，有些不一样呢？

疑难解答

答：电脑中的文件一般是通过相关的应用程序编辑保存而生成的。例如，我们可以通过“记事本”、“画图”等应用程序来创建文件。文件图标根据生成该文件的应用程序不同而不同，如用记事本生成的文件图标都为，用Word应用程序生成的图标都为。在电脑中，每一个文件都有一个图标和一个文件名。如果文件的图标外观样式相同，一般表示这些文件是同一种类型的文件；不同外观样式的文件图标，一般都表示不同类型的文件。

2 什么是文件夹

文件一旦很多，会给文件管理带来很大麻烦，这时就会用到文件夹。简单地说，文件夹是用来存放文件的“包”。

通常情况下，文件夹以图标表示，文件夹中可以同时包含文件和子文件夹。有了文件夹可以更方便地管理资源文件，例如，可以建立一个“音乐”文件夹，专门用来存放与音乐相关的文件；创建一个“照片”文件夹，专门用来存放与照片相关的文件。这样，文件资源分类就很清楚，并且容易管理查询。

知识加油站

文件与文件夹的关系

简单地说，电脑中的文件夹就像我们生活中的文件柜，而文件就像文件柜中存放的资料。

6.1.2 电脑中是如何存放文件资源的

电脑中的文件和文件夹并不是完全胡乱放置的，而是按照一定的结构分类存放。广大中老年朋友只有认识了电脑中文件资源的存放规律，才能正确有效地管理电脑中的文件。

1 认识磁盘驱动器

在电脑中，磁盘主要用来存放和管理电脑中的所有资料。要查看电脑中的磁盘，只要双击桌面上“我的电脑”图标，即可打开该窗口进行查看。

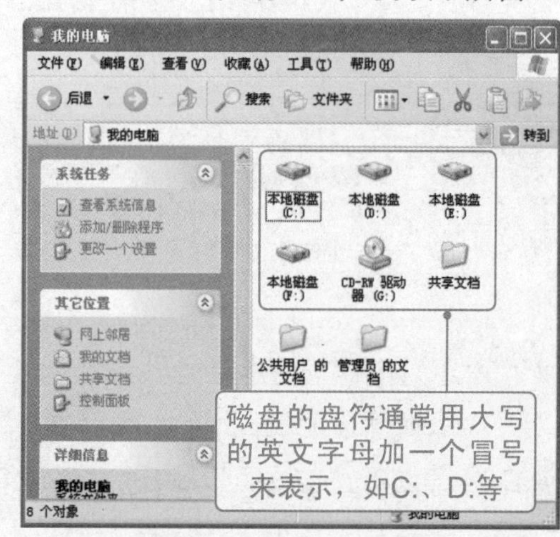

在“我的电脑”窗口中，显示出当前电脑中的所有盘符，如右图所示。一台电脑中通常包括下列类型的驱动器。

（1）硬盘驱动器

通常从C:开始来代表硬盘驱动器，简称C盘。如果我们的电脑中安装了不只一块硬盘，或者一块硬盘有多个分区，则会分别有D盘、E盘…。

（2）光盘驱动器

当电脑中安装有光盘驱动器（又称“光驱”），那么在“我的电脑”窗口中就会有光驱盘符。一般情况下，光驱盘符排在硬盘最后一个盘符的后面。

（3）U盘

目前，U盘是使用较为广泛的移动存储设备。当电脑中连接有U盘时，那么在“我的电脑”窗口就会有U盘的盘符。电脑中一般在U盘盘符中显示有“可移动磁盘”的标识文字。

2 文件资源的存放结构与规律

在电脑中，所有文件都是存放在“我的电脑”中各磁盘中的。因此，电脑中文件存放规律可以用右图所示结构来进行说明。

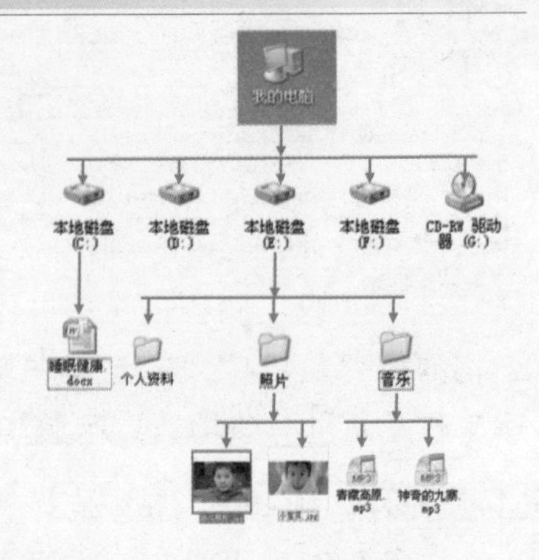

问：在磁盘中存放资源文件时，能不能直接将文件存放在磁盘里，或者保存在桌面上呢？

疑难解答

答：当然可以。在电脑中存放文件时，可以将文件直接存放在磁盘的根目录下，也可以将文件存放在磁盘的某个文件夹中。在文件夹中还可以存放文件，同时也可以存放子文件夹。另外，为了安全，一般不要在桌面上存放文件。

6.1.3 如何查看自己电脑中的文件

在电脑中，查看文件的途径有两种：一是可以通过“我的电脑”窗口进行查看，二是可以通过“资源管理器”窗口进行查看。

光盘同步文件

同步视频文件：光盘\同步教学文件\第6章\6-1-3.avi

1 通过“我的电脑”查看文件

例如，在“我的电脑”窗口中，双击打开某一磁盘盘符（如磁盘D），就可以查看到该磁盘中的文件及文件夹；在打开的磁盘中进一步双击打开某一文件夹，就可查看到该文件夹中的文件情况。操作如下所示。

① 打开“我的电脑”窗口

❶单击“开始”菜单按钮，❷单击“我的电脑”命令，如下图所示。

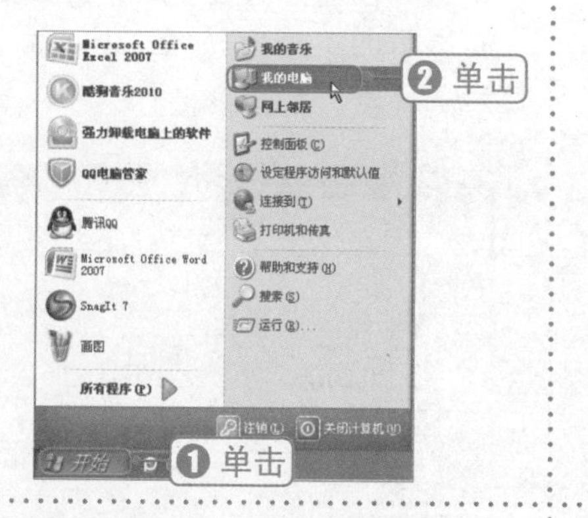

② 打开要查看文件的磁盘

在“我的电脑”窗口中，双击要查看文件的磁盘D，如下图所示。

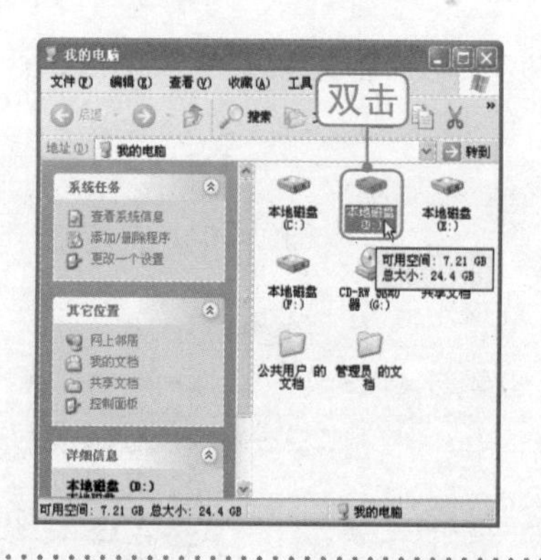

③ 打开要查看文件的文件夹

在打开的磁盘D中可以查看到文件或文件夹，如果还要查看文件夹中的内容，可以双击该文件夹图标，如下图所示。

④ 查看文件资料

经过上步操作，打开文件夹窗口，即可查看到该文件夹中的相关文件对象，效果如下图所示。

知识加油站

文件资源查看技巧

在查看文件资源时，我们可以单击“后退”、“前进”或“向上”按钮，选择查看文件资源的目标位置。

2 通过“资源管理器”查看文件

“Windows资源管理器”是很重要的一个文件管理工具，它的功能类似于“我的电脑”。打开“资源管理器”窗口的方法如下。

① 打开“资源管理器”窗口

❶单击“开始”菜单按钮，❷指向“所有程序”命令，❸指向“附件”命令，❹单击“Windows资源管理器”命令，如下图所示。

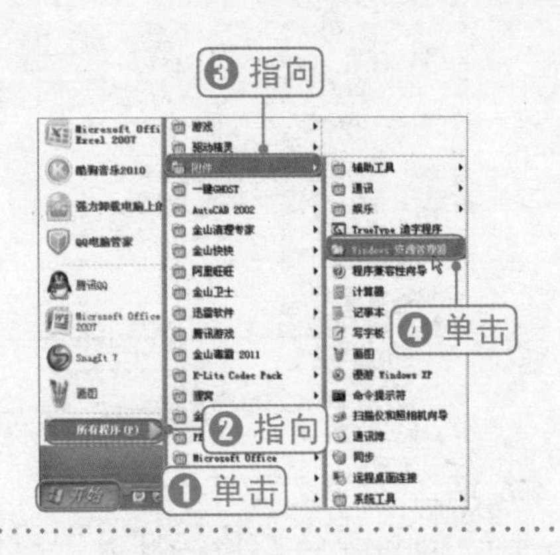

② 选择查看文件位置并显示文件资源

经过上步操作，打开“资源管理器”窗口，❶在窗格左侧单击要查看的位置，如磁盘D；❷在右边窗格中即可查看到磁盘D中的文件与文件夹，如下图所示。

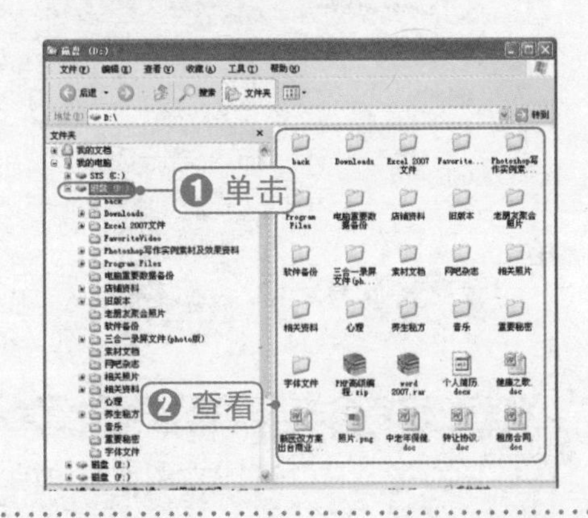

疑难解答

问：“资源管理器”窗口与“我的电脑”窗口有什么区别呢？

答：在“资源管理器”窗口中，左边窗格以树状结构形式显示出当前系统中的相关磁盘与文件夹。磁盘和文件夹左边有“⊞”标记的，表示该对象中有子文件夹，可以单击展开它，并在下面显示出包含的子文件夹，在右边窗格中将显示出展开对象的具体内容。当对带有“+”标记的对象展开后，“⊞”标记变成“⊟”标记，单击“⊟”又可以把展开的文件夹折叠起来。

在“资源管理器”窗口中，单击“标准工具栏”中的“文件夹”按钮，可让窗口在“我的电脑”窗口结构与“资源管理器”窗口结构之间切换。

6.2 电脑中文件管理的基本技能

了解了文件与文件夹，并掌握在电脑中查看文件的方法后，就需要学习电脑中文件夹的基本操作。只有掌握了文件操作，我们在以后使用电脑过程中才会更加轻松。

6.2.1 管理文件需要先学会选择文件（夹）

在电脑中，如果要对文件（夹）进行操作，首先需要选择要操作的文件或文件夹。文件与文件夹的选择方法有多种，下面分别介绍。

光盘同步文件

同步视频文件：光盘\同步教学文件\第6章\6-2-1.avi

1 选择单个文件（夹）

如果要对某一个文件（夹）进行选择，那么只需将鼠标指针指向要选择的文件（夹）图标上，单击鼠标左键即可。操作如下图所示。

问：选择文件或文件夹对象后，如何取消选择呢？

答：当选择文件（夹）对象后，文件（夹）的名称将变成蓝色。如果要取消该对象的选择，只需将指针指向文件（夹）的空白处，单击左键即可。

2 选择多个文件（夹）

有时候，需要同时对多个文件（夹）进行管理操作，就需要先选择要操作的多个文件（夹）。具体选择方法如下。

（1）全部选择

在窗口中如果要选择所有的文件（夹）对象，可以按以下方法进行操作。

1 选择“全部选定”命令

❶单击“编辑”菜单，❷单击“全部选定”命令，如下图所示。

2 选择该位置的全部对象

经过上步操作，即可将当前窗口中的文件与文件夹对象全部选定，如下图所示。

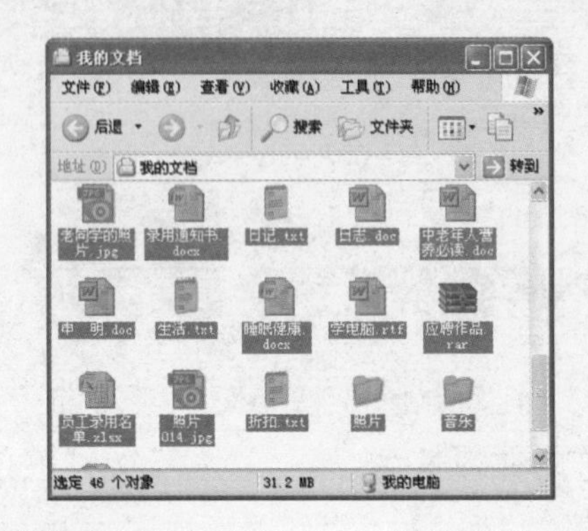

“反向选择”的作用

知识加油站

在“编辑”菜单中还有“反向选择”命令，该命令作用是选择几个对象后，执行“反向选择”命令，即可选择除先选择对象以外的其他对象。

（2）选择部分文件（夹）

在选择文件（夹）时，也可以使用鼠标拖动方法来快速选择多个文件（夹）对象。具体操作方法如下。

1 指向要选择对象的空白位置

将鼠标指针指向要选择对象的左上角空白处，如下图所示。

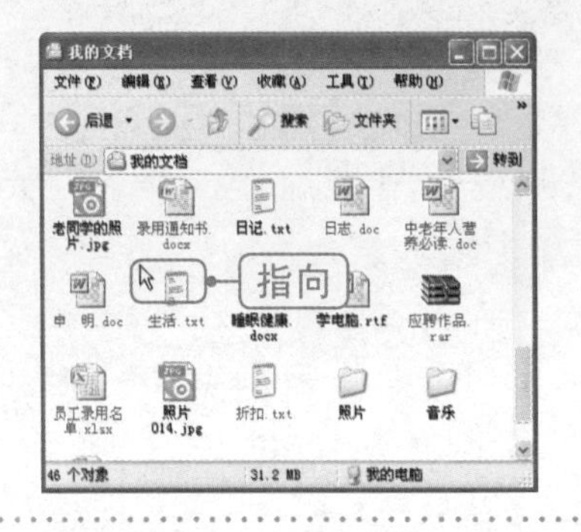

2 拖动鼠标选择部分对象

按住鼠标左键不放向右下角拖动，可将与虚框相交的文件（夹）选中，如下图所示。

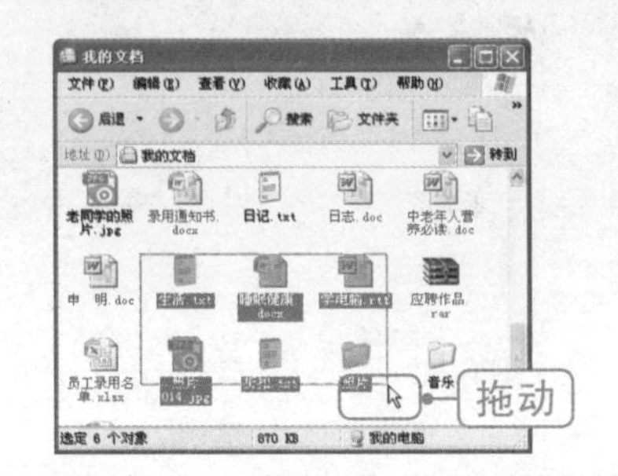

知识加油站

选择多个文件或文件夹的技巧

- 选择连续的多个文件（夹）：单击第一个文件（夹），然后按住Shift键不放，单击最后一个文件（夹），即可选择之间的所有文件（夹）对象。
- 选择不连续的多个文件（夹）：按住Ctrl键不放，然后用鼠标单击需要选择的文件（夹）对象，这样可以选择多个不连续的文件（夹）对象。

6.2.2 创建自己所需的文件（夹）

在电脑操作中，经常需要创建文件夹和文件。下面介绍文件夹与文件的创建方法。

光盘同步文件

同步视频文件：光盘\同步教学文件\第6章\6-2-2.avi

1 创建文件夹

例如，在磁盘D中，为自己创建一个名称为“老年人养生”的文件夹。在桌面上双击“我的电脑”图标，打开“我的电脑”窗口，然后按以下方法进行操作。

① 打开存储文件夹的磁盘

在“我的电脑”窗口中，双击“本地磁盘（D）”窗口，如下图所示。

② 选择“新建文件夹”命令

❶单击“文件”菜单，❷单击“新建→文件夹”命令，如下图所示。

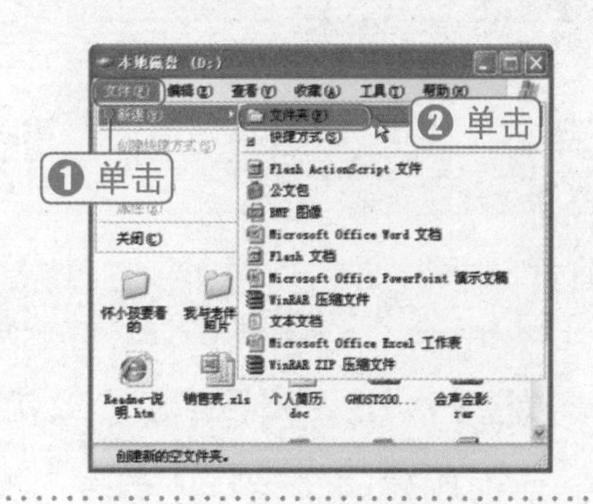

3 创建了一个默认文件夹

经过上步操作，就在磁盘D中创建了一个文件夹，其默认名称为“新建文件夹”，如下图所示。

4 选择输入法

可以对文件夹进行取名，❶单击任务栏右边的“输入法指示器”图标；❷在显示的输入法菜单中选择会用的输入法，如智能ABC输入法5.0版，如下图所示。

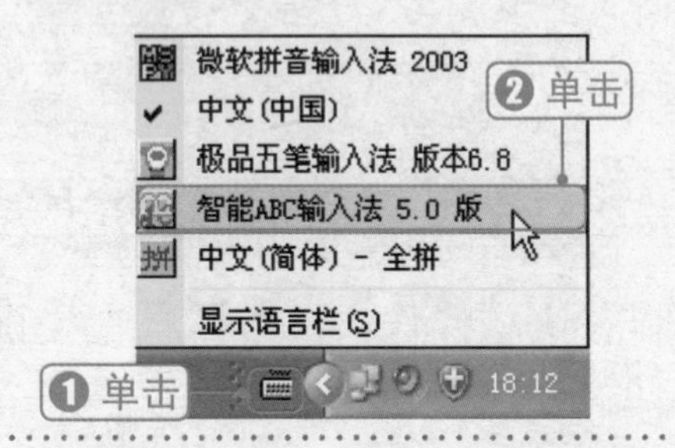

5 输入文件夹的名称

经过上步操作，进入文件夹名称输入状态，输入文件的新名称，如“老年人养生”，如下图所示。

6 完成新文件夹的创建

输入好文件夹的名称后，用鼠标单击窗口的空白处，或按键盘上的Enter键进行确认，如下图所示。

疑难解答

问：当创建好一个新文件夹后，文件夹中有内容吗？

答：初次新建好的文件夹，里面是空的。可以双击该文件夹图标，打开该文件夹进行查看，其文件夹中什么也没有。

2 创建文件

前面创建的“老年人养生”文件夹中是没有任何内容的，可以在该文件夹中存放自己创建的相关文件。

例如，打开“记事本”程序，输入相关内容，然后将文件以“养生资料”为文件名保存在前面创建的“老年人养生”文件夹中。

1 打开“记事本”程序

❶单击“开始”菜单按钮，❷选择“所有程序→附件” 命令，❸单击“记事本”命令，如下图所示。

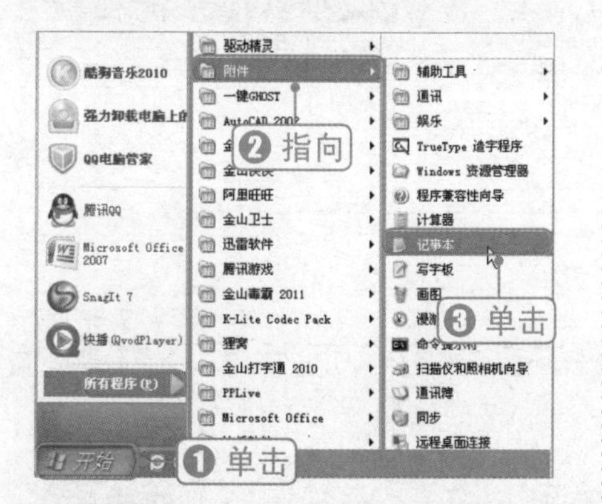

2 输入文字内容

经过上步操作，打开“记事本”程序窗口，选择相关的输入法，在“记事本”中输入相关的内容，如下图所示。

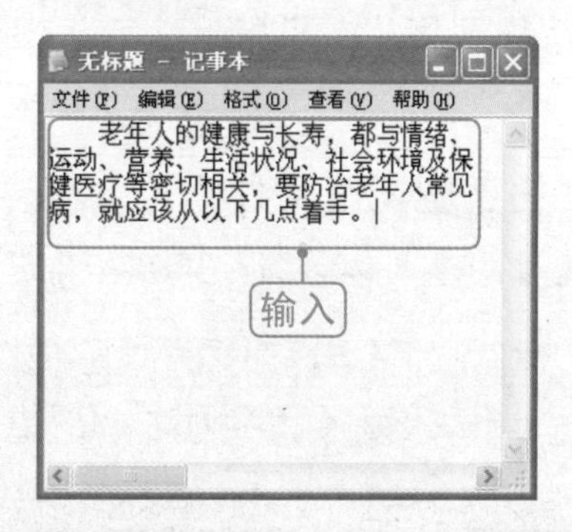

3 执行“另存为”命令

输入好内容后要进行保存，❶单击“文件”菜单，❷单击“另存为”命令，打开“另存为”对话框，操作如下图所示。

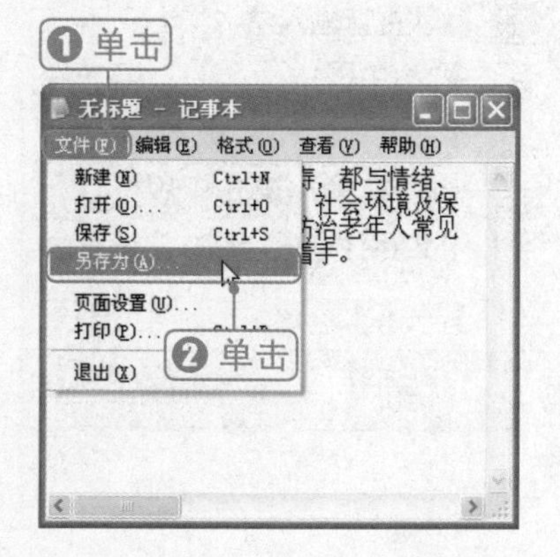

4 保存文件

❶单击“保存在”右边的按钮，选择文件的保存位置，如“老年人养生”文件夹；❷在“文件名”文本框中输入保存名称，如“养生资料”；❸单击“保存”按钮即可完成保存，如下图所示。

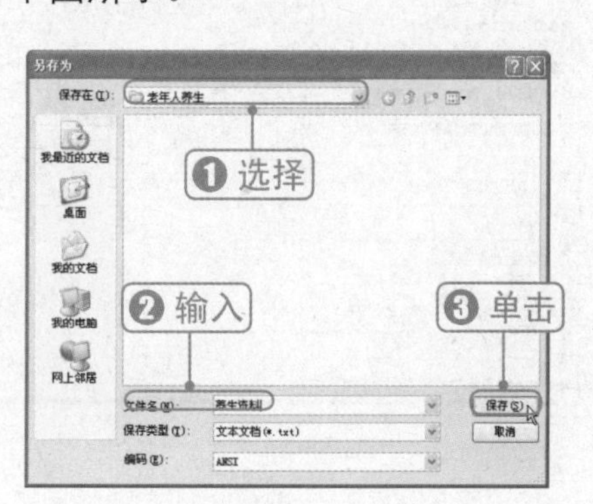

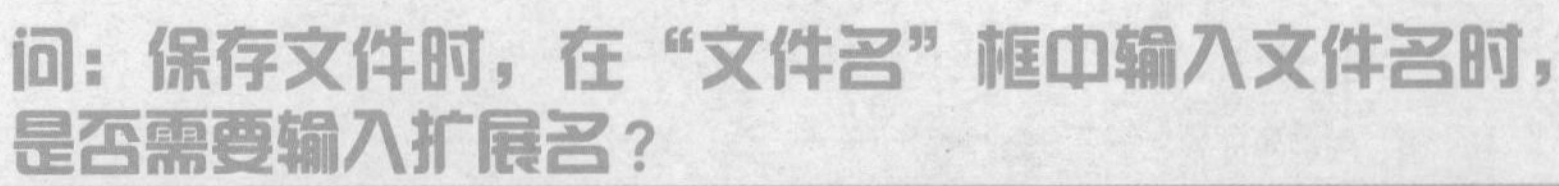

疑难解答

答：在保存文件时，我们在“文件名”文本框中输入的是主文件名，而扩展名是软件自动加上的，一般都不需要我们选择。通过任何一个应用程序创建文件时，都可以先打开应用程序，然后编辑内容，最后进行“保存”即可。

6.2.3 方便记忆对文件（夹）重新取名

在对电脑中的文件（夹）进行管理时，为了方便识别和管理，可以对已有文件及文件夹的名称进行重命名。

光盘同步文件

同步视频文件：光盘\同步教学文件\第6章\6-2-3.avi

例如，将电脑中的“秘方”文件夹重新命名为“老年三高预防措施”，具体操作方法如下。

1 执行“重命名”命令

❶选择要重命名的文件（夹），❷单击“文件”菜单，❸单击“重命名”命令，如下图所示。

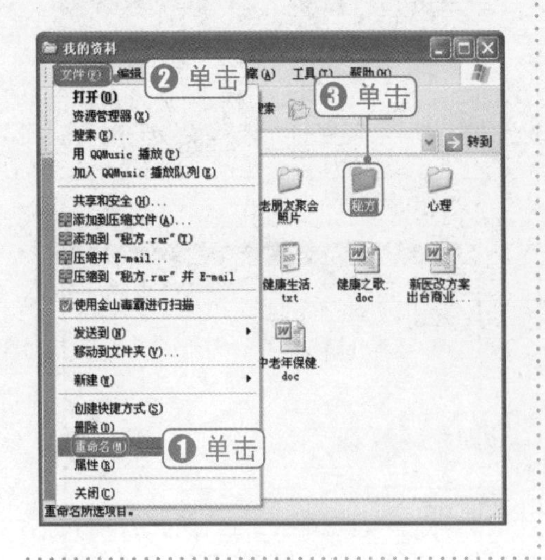

2 选择输入法

经过上步操作，进入文件名重命名状态，❶单击任务栏右边的“输入法指示器”图标；❷在显示的输入法菜单中选择会用的输入法，如“智能ABC输入法5.0版”，如下图所示。

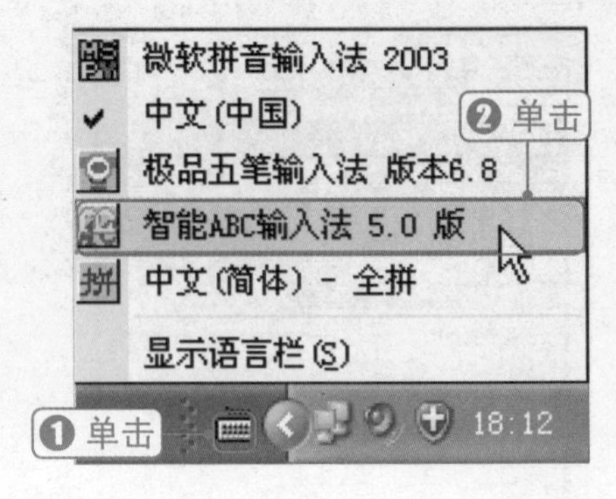

3 输入新名称

选择好输入法，直接输入文件或文件夹的新名称，然后按Enter键即可，操作如右图所示。

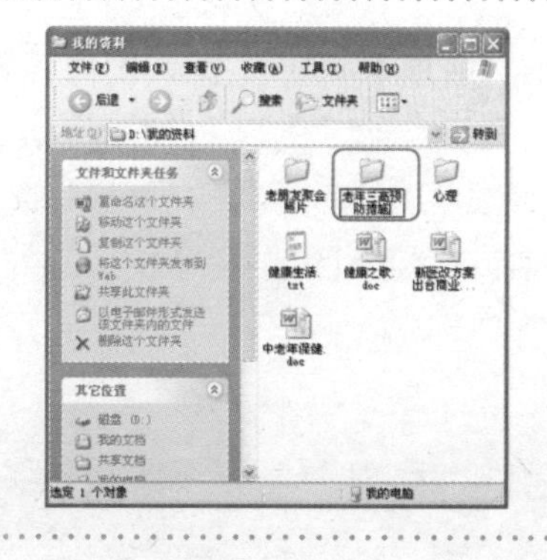

问：在对文件或文件夹进行重命名时，有什么原则或建议吗？

疑难解答

答：在给文件（夹）重命名时，应遵循一些原则：一是文件名不宜过长，以便查找和记忆；二是名称要有明确的意义；三是重新输入的名称不要与当前位置已有文件和文件夹的名称相同。

6.2.4 对存放位置不对的文件（夹）进行移动

移动文件或文件夹是指将文件或文件夹从一个位置移动到另一个目标位置。这项操作在电脑文件的管理中会经常应用到。

光盘同步文件

同步视频文件：光盘\同步教学文件\第6章\6-2-4.avi

例如，将磁盘D中创建的“秘密”文件移动到磁盘C中，具体操作方法如下。

1 选择文件并执行“剪切”命令

❶选择要移动的文件或文件夹，❷单击“编辑”菜单，❸单击“剪切”命令，如右图所示。

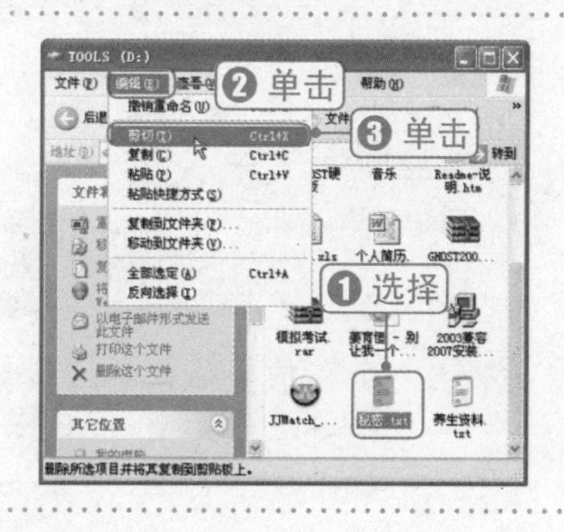

②选择文件存放的目标位置

❶单击“地址栏”右边的下三角按钮，❷在显示的列表中选择磁盘C，如下图所示。

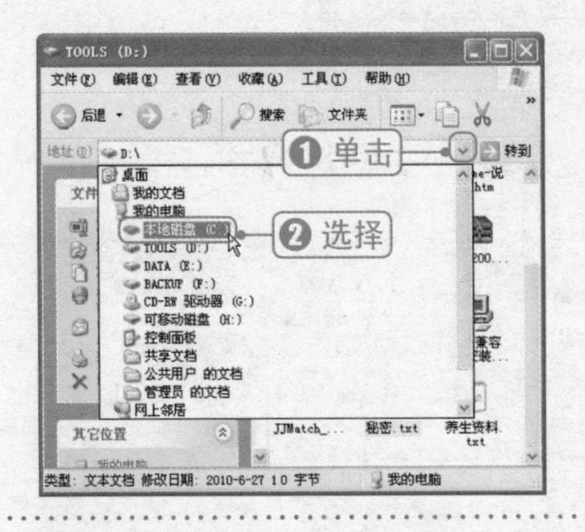

③执行“粘贴”命令

❶经过上步操作，打开存放移动文件的目标位置（磁盘C），单击“编辑”菜单，❷单击“粘贴”命令，即可将选择的文件或文件夹移动到当前位置，如下图所示。

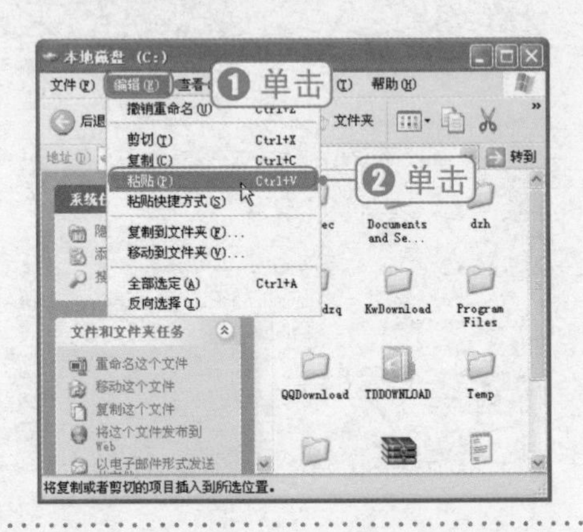

知识加油站

使用快捷键移动文件（夹）

选中要移动的对象，按Ctrl+X快捷键进行剪切，选择目标位置后按Ctrl+V快捷键进行粘贴，也可以将选中的文件或文件夹移动到目标位置处。

6.2.5 将重要的文件（夹）进行复制

对于电脑中的重要文件（夹），为了防止丢失或破坏，一般需要通过“复制”方法来进行备份。复制文件（夹）就是将一个文件（夹）复制成两个或两个以上。

光盘同步文件

同步视频文件：光盘\同步教学文件\第6章\6-2-5.avi

例如，将D盘中“我的资料”文件夹中的“中老年保健.doc”文件，复制一个存放到C盘中，具体操作方法如下。

1 选择文件并执行“复制”命令

❶选择要移动的文件或文件夹，❷单击“编辑”菜单，❸单击“复制”命令，如下图所示。

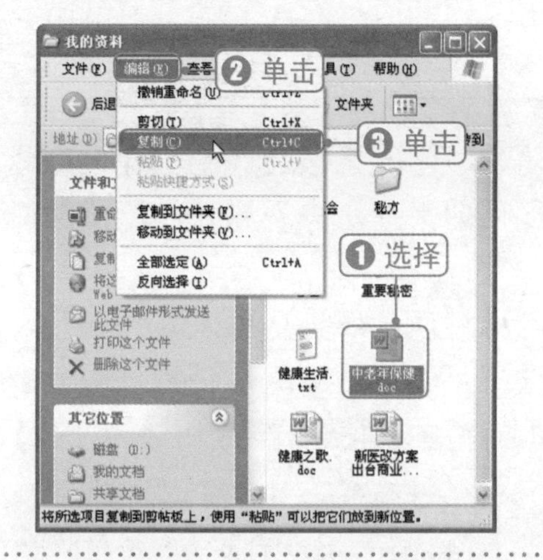

2 选择文件存放的目标位置

❶单击“地址栏”右边的下三角按钮；❸在显示的列表中选择磁盘C，如下图所示。

3 执行“粘贴”命令

经过上步操作，打开存放复制文件的目标位置（磁盘C），❶单击“编辑”菜单，❷单击“粘贴”命令，即可将选择的文件或文件夹复制到当前位置，如下图所示。

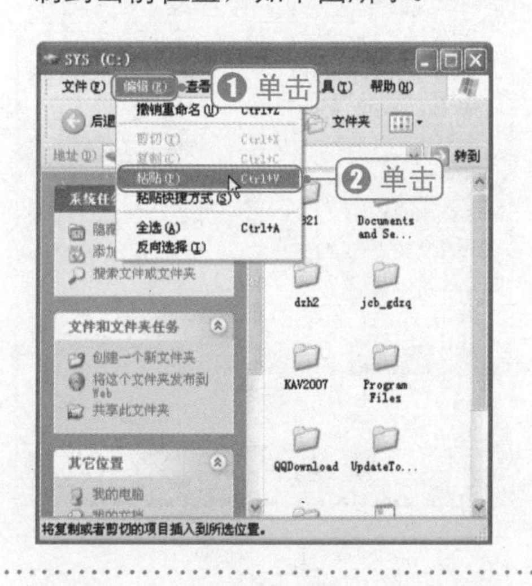

4 完成文件的复制操作

完成复制操作后，原来磁盘D位置的文件资料仍然存在，而在目标新位置C盘也同样有一个文件，如下图所示。

使用快捷键复制文件（夹）

知识加油站

选中要复制的对象，按Ctrl+C快捷键进行复制，选择目标位置后按Ctrl+V快捷键进行粘贴，也可以将选中的文件或文件夹复制到目标位置处。

6.2.6 删除电脑中无用的文件（夹）

在使用与操作电脑的过程中，随着时间的推移会产生一些过期或无用的文件，我们可以及时将这些无用的文件（夹）删除，以释放磁盘空间。

在电脑中，删除文件可以分为两种性质：一种是可恢复性删除，是指文件删除后可以还原；另一种是不可恢复性删除，是指从磁盘上彻底删除文件。下面介绍这两种性质删除的具体操作与应用。

光盘同步文件

同步视频文件：光盘\同步教学文件\第6章\6-2-6.avi

1 将文件（夹）删除到回收站中

可恢复性删除是指将文件（夹）放到回收站。具体删除操作方法如下。

① 选择文件并执行“删除”命令

❶选择要删除的文件或文件夹，❷单击“文件”菜单，❸单击“删除”命令，如右图所示。

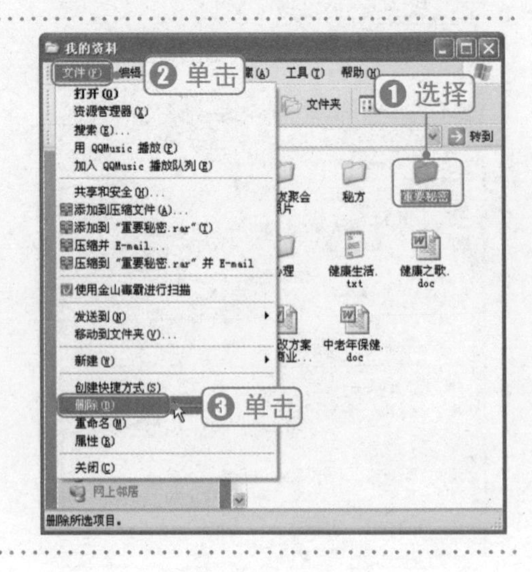

② 确认是否删除文件

经过上步操作，显示“确认文件夹删除”对话框，如果要删除该文件夹，单击“是”按钮，如下图所示。

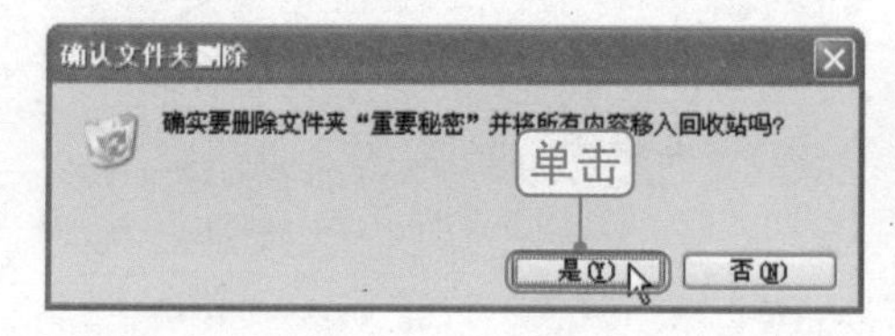

疑难解答

问：删除后的文件能查看到吗？

答：将文件（夹）删除后，只要双击桌面上的“回收站”图标，打开“回收站”窗口即可查看到已删除的文件（夹）。

知识加油站

删除文件（夹）的快捷方法

选中要删除的文件（夹），然后按下键盘上的Delete（删除）键，弹出确认删除对话框，单击“是”按钮也可以快速删除。

2 从磁盘中彻底删除不需要的文件（夹）

将文件（夹）删除到回收站后，并没有从磁盘中彻底删除。因此，回收站中的文件（夹）仍然会占用磁盘空间。如果这些文件资料确实不需要时，可以打开“回收站”窗口，按以下步骤进行删除。

① 选择文件并执行“删除”命令

❶选择要删除的文件或文件夹，❷单击“文件”菜单，❸单击“删除”命令，如右图所示。

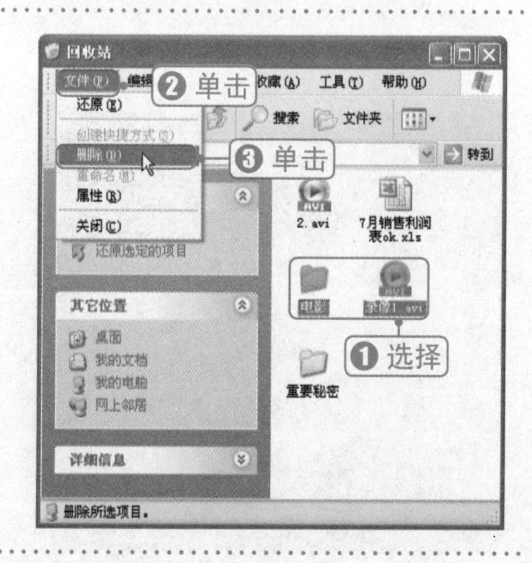

② 确认是否彻底删除

显示“确认删除多个文件”对话框，如果要彻底删除这些文件资料，单击“是”按钮，如下图所示。

问：从“回收站”删除后能还原吗？

疑难解答 答：不能还原。因此，从“回收站”中再次删除文件资源时，一定要确认是否可用。

6.2.7 将误删除的文件（夹）进行还原

将文件（夹）删除到回收站中后，如果发现该文件（夹）还有用时，那么，此时可以将错误删除的文件（夹）进行还原。

光盘同步文件

同步视频文件：光盘\同步教学文件\第6章\6-2-7.avi

从“回收站”中还原有用的文件（夹）的操作方法如下。

① 打开“回收站”窗口

在桌面上双击“回收站”图标，如下图所示，打开“回收站”窗口。

② 选择文件并执行“还原”命令

❶选择要还原的文件或文件夹对象，❷在窗口左侧的“操作导向栏”中单击“还原此项目”链接即可，如下图所示。

问：还原后的文件（夹）到哪里去查看呢？

答：执行“还原”命令后，就可将已删除的文件（夹）还原到原来存放的位置。例如，文件是从磁盘D中删除的，执行“还原”后将文件还原到磁盘D中。

6.2.8 如何快速找出忘记存放位置的文件（夹）

在电脑中，文件资源是非常多的。当需要使用某个文件（夹），但又不知道它们的具体位置时，就可以通过Windows XP的“搜索”功能，快速查找到需要的文件（夹）。

光盘同步文件

同步视频文件：光盘\同步教学文件\第6章\6-2-8.avi

例如，在“我的电脑”中查找文件名为“健康生活.txt”的文件，具体操作方法如下。

1 打开“搜索结果”窗口

❶单击“开始”菜单按钮，❷单击“搜索”命令，打开“搜索结果”窗口，如下图所示。

2 选择要搜索的类型

在“搜索结果”窗口的左侧“操作导向栏”中，选择要搜索的类型，如“所有文件和文件夹”链接，如下图所示。

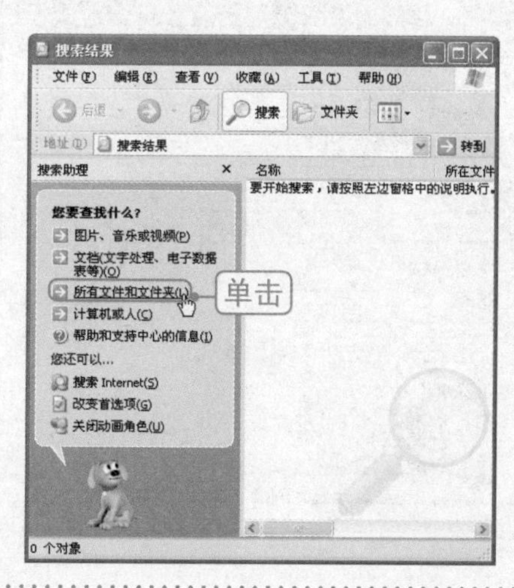

问：选择搜索参数时，各选项分别有什么意义？

疑难解答

答：在“搜索助理”窗口中，其搜索可选参数含义如下。

- 图片、音乐或视频：该选项表示搜索的结果将只限于图片、音乐和视频这几种类型的文件。
- 文档：用于搜索指定程序关联的文档文件，如Word文档、Excel文档和其他类型的文档等。
- 所有文件和文件夹：用于搜索所有的文件或文件夹。
- 计算机或人：搜索局域网中的计算机、通讯簿中的联系人。
- 帮助和支持中心的信息：搜索帮助信息，该功能与Windows“帮助”系统中的“搜索”选项相同。

③ 设置搜索内容、位置并执行搜索

❶在“全部或部分文件名”文本框中输入搜索文件的文件名，❷单击“在这里寻找”列表框，选择搜索的位置，❸单击“搜索”，按钮，如下图所示。

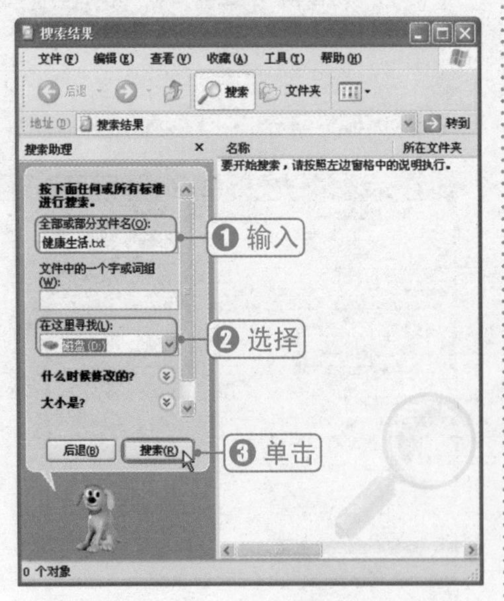

④ 搜索出符合条件文件（夹）

经过上步操作，Windows系统开始在选择的目标位置进行搜索，将搜索出满足条件的文件或文件夹显示在窗口的右边，效果如下图所示。

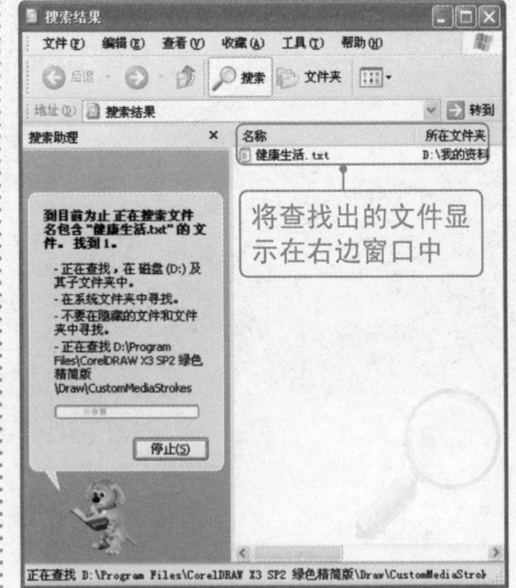

搜索文件的技巧

在输入查找文件的文件名时，可输入查找文件的全名，即主文件名和扩展名，也可输入部分文件名。在选择查找范围时，若知道文件所在的盘符，则可选择具体的盘符，这样可缩小查找范围；若不知道文件所在的盘符，可以选择“我的电脑”，让系统将电脑中所有的盘符都查找一遍。

6.3 电脑中文件管理的高级技巧

通过前面内容的学习，相信中老年朋友对文件及文件夹已经有所认识，也应该学会了文件及文件夹的一些基本管理操作。为了进一步提高电脑中资源文件的管理操作技能，下面介绍与本章内容相关的一些操作技巧。

6.3.1 在桌面上创建文件或文件夹的快捷方式

当一个文件或文件夹存放的路径较长时，那么每次打开该文件或文件夹就较为麻烦，需要先打开“我的电脑”窗口，然后不断地打开文件夹才能找到需要的文件或文件夹。为了方便这些文件或文件夹的打开操作，我们可以对电脑中文件或文件夹创建一种快捷方式存放到桌面上。以后需要打开这些文件或文件夹时，直接从桌面上双击快捷方式即可。

光盘同步文件

同步视频文件：光盘\同步教学文件\第6章\6-3-1.avi

例如，将“D:\老年人养生\”中的“运动养生”文件夹创建一种快捷方式存放到桌面上，具体操作方法如下。

1 选择要创建的对象

在“我的电脑”窗口中打开“老年人养生”文件夹，然后单击“运动养生”文件夹，操作如下图所示。

2 将选择的文件（夹）发送到桌面上

❶单击“文件”菜单，❷指向“发送到”命令，❸单击“桌面快捷方式”命令即可，操作如下图所示。

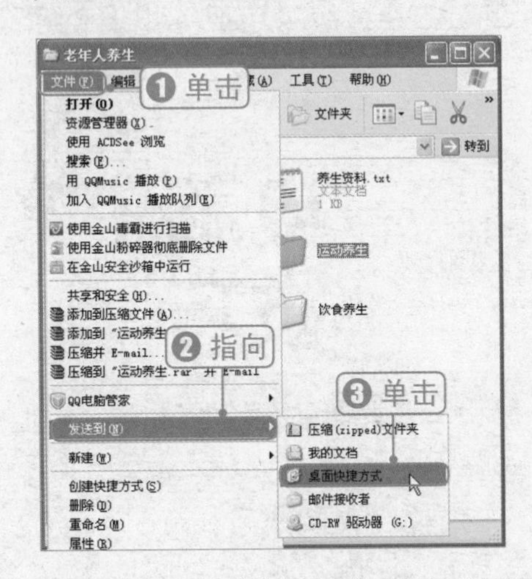

问：如果删除桌面上创建的快捷方式后，其文件夹中的对象会被删除吗？

答：删除桌面上的快捷方式，文件或文件夹本身并没有删除。这是因为快捷方式只一个指向磁盘中某个位置的一种链接，所以通过这种方式反而提高了文档的安全性。

6.3.2 将常用的文件夹添加到收藏夹中以便随时访问

要使用路径很长的文件夹，除了上面介绍的这种方法外，还可以将经常使用的文件夹添加到“收藏夹”中，以方便访问和使用。

光盘同步文件

同步视频文件：光盘\同步教学文件\第6章\6-3-2.avi

例如，将磁盘D中的“老年人养生”文件夹添加到收藏夹中，具体操作方法如下。

①打开目标并执行"添加到收藏夹"

在"我的电脑"窗口中打开磁盘D中的"老年人养生"文件夹，❶单击"收藏"菜单，❷单击"添加到收藏夹"命令，操作如下图所示，打开"添加到收藏夹"对话框。

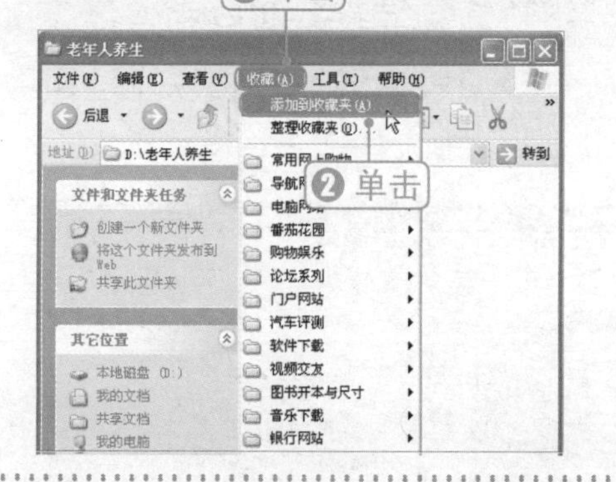

②设置收藏位置与名称

❶在对话框中的"名称"文本框中输入收藏对象的名称（一般默认），❷在"创建到"列表框中选择收藏的目标位置（也可以默认），❸单击"确定"按钮即可，操作如下图所示。

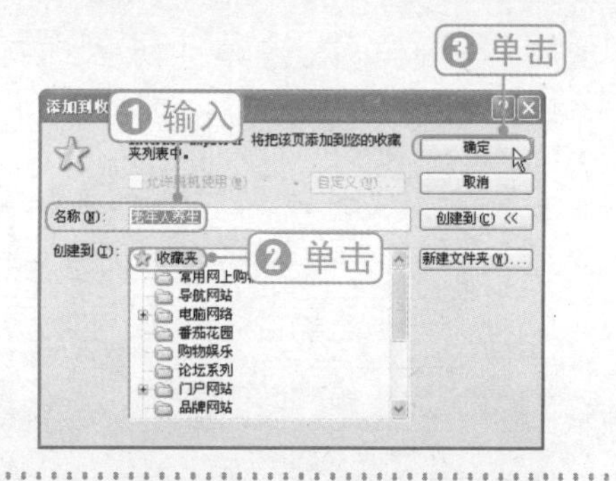

③从收藏夹中快速打开对象

❶将文件夹添加到收藏夹后，以后如果要打开该文件夹，无论当前窗口正在显示什么内容，只需打开"收藏"菜单，❷单击收藏的文件夹名称即可，操作如右图所示。

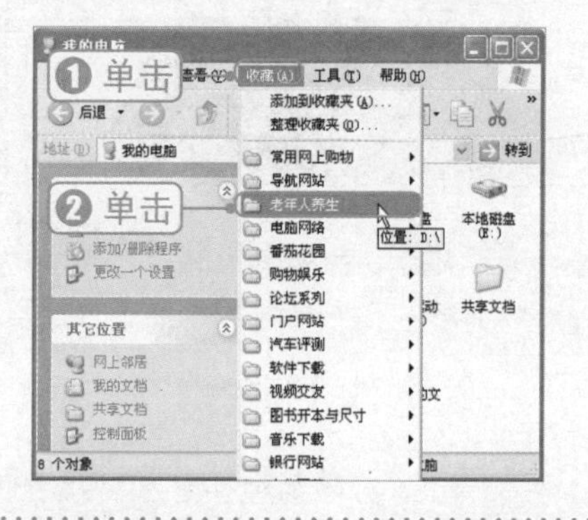

6.3.3 移动存储设备与电脑的连接及使用

这里的移动存储设备主要是指我们常用的U盘、移动硬盘、mp3/mp4/mp5、数码相机、数码摄像机、手机等存储设备。在日常使用中，经常需要将移动存储设备中的文件或文件夹复制到电脑上，或者是将电脑上的文件（夹）复制到移动存储设备中，以方便文件资源的转移或使用。

光盘同步文件

同步视频文件：光盘\同步教学文件\第6章\6-3-3.avi

1 将移动存储设备中的文件复制到电脑中

我们常用的移动存储设备主要有U盘和移动硬盘，其中U盘的使用是最多的。其实U盘和移动硬盘的使用方法基本一样，都是与电脑USB接口连接的。连接好后，电脑会自动识别并在“我的电脑”窗口中显示出可移动磁盘，如下图所示。把移动存储设备和电脑连接并识别后，我们可以像其他磁盘一样，对可移动磁盘进行各种操作，如前面讲的创建、复制或移动文件（夹）以及删除文件（夹）等。

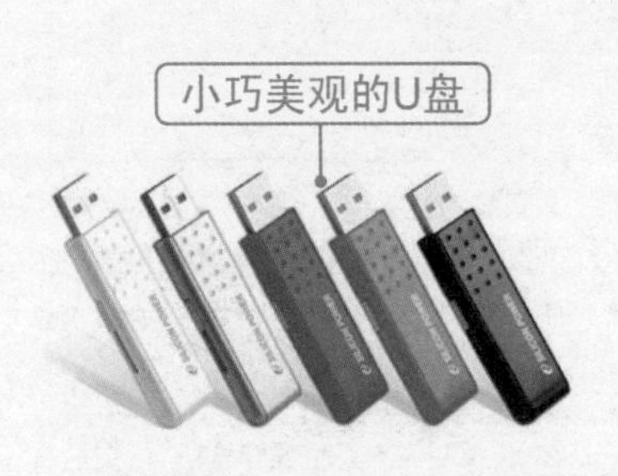

将U盘或移动存储设置与电脑连接后，我们就可以在电脑与移动存储设备之间相互复制文件了。下面介绍将移动存储设备中的文件（夹）复制到电脑中的方法。

① 查看是否连接成功

将移动存储设备（如U盘）连接到电脑主机箱的USB接口上，连接成功后，在桌面任务栏的通知区域会显示硬件连接标记，如右图所示。

② 打开移动磁盘

在桌面上双击“我的电脑”图标，打开“我的电脑”窗口。在窗口中将显示有可移动存储设备的磁盘，双击移动存储的盘符名称，打开磁盘窗口，如下图所示。

③ 选择对象并执行“复制”命令

❶指向要复制到电脑上的文件或文件夹（如音乐）并单击右键，❷在快捷菜单中单击“复制”命令，如下图所示。

④ 选择存放的目标位置

❶单击“地址栏”右边的下三角按钮，❷在显示的列表中单击磁盘E，如下图所示。

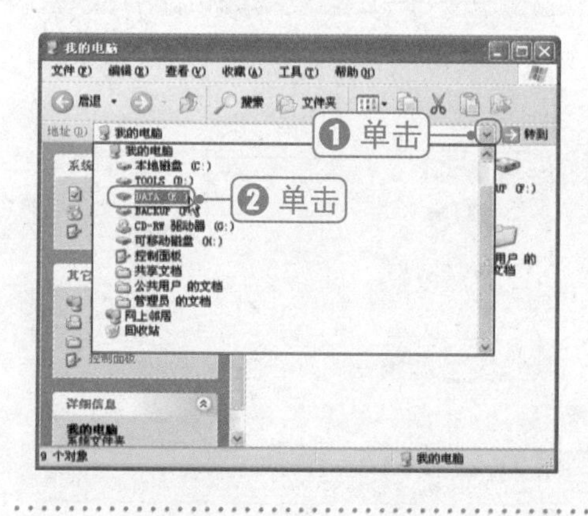

⑤ 执行“粘贴”命令

❶在打开的目标位置窗口中右击，❷在弹出的快捷菜单中单击“粘贴”命令即可开始复制文件，如下图所示。

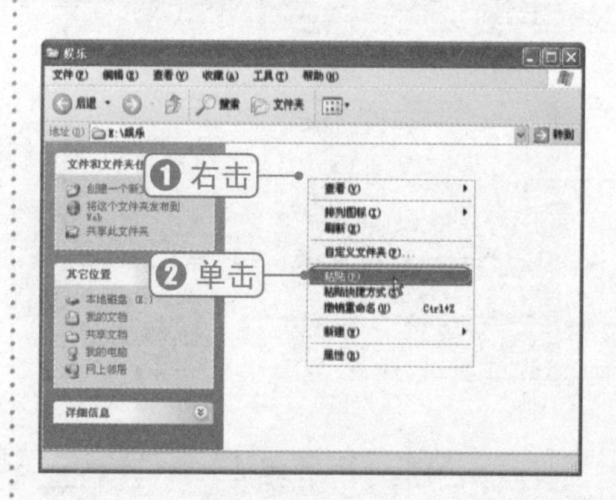

6 开始复制对象

如果复制的对象比较大，会弹出“正在复制”的提示对话框，在该对话框中会显示移动进度和剩余的时间数，如右图所示。

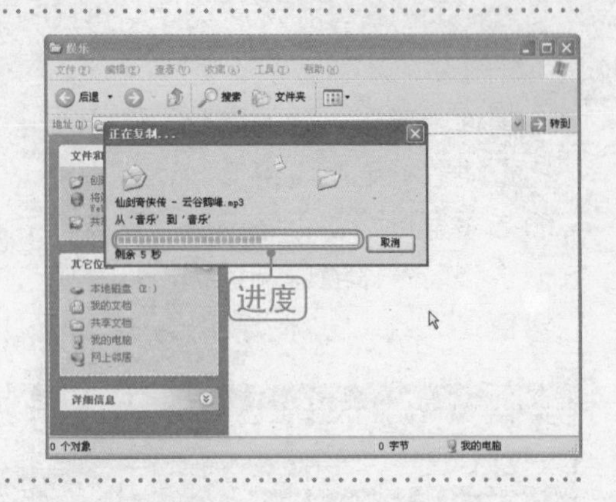

2 将电脑中的文件复制到移动存储设备中

有时，为了方便文件资源的转移，也可以将电脑硬盘中的文件（夹）复制到相关的移动存储设备中，具体方法如下。

1 选择文件并执行“发送到”命令

❶在“我的电脑”窗口找到需要复制的文件或文件夹并单击鼠标右键，❷在快捷菜单中选择“发送到”命令，❸在子菜单中单击“可移动磁盘（盘符号）”命令即可进行复制，如下图所示。

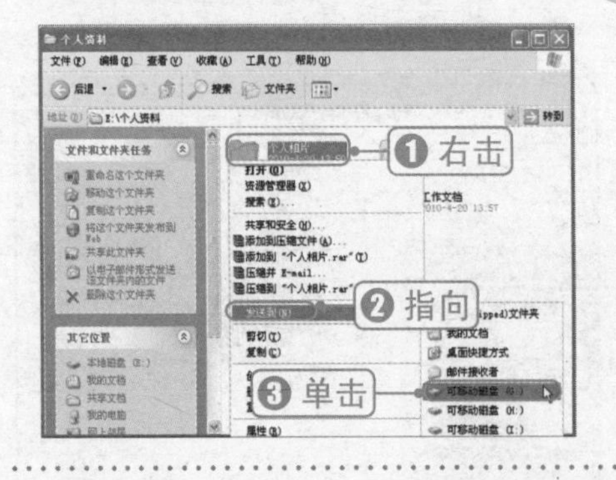

2 将文件复制到移动磁盘中

此时开始向移动存储设备磁盘中复制文件。复制完毕后，通过“我的电脑”窗口打开可移动磁盘，就可以看到复制后的文件了，如下图所示。

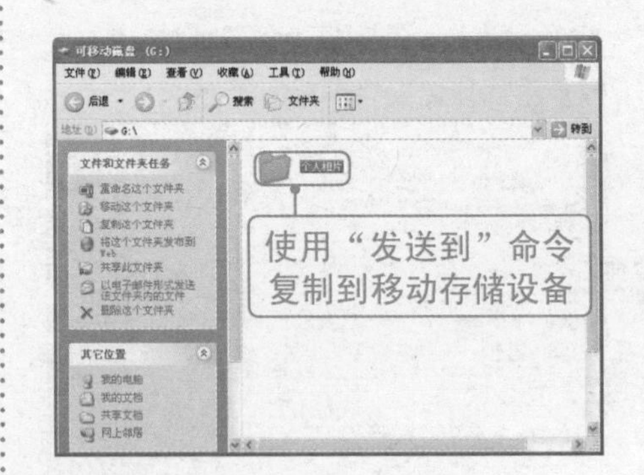

3 移动存储设备与电脑的正确断开

当在电脑中使用完移动存储设备后，要取消移动存储设备与电脑的连接，其正确方法如下。

1 选择“安全删除硬件”命令

❶指针指向任务栏右边的“安全删除硬件”图标，并单击左键；❷在显示的命令中单击“安全删除…”命令，如下图所示。

2 删除完毕安全地拔出硬件设备

经过上步操作后，系统自动删除该硬件设备与系统的连接，显示如下图所示的提示信息，此时将设备与电脑的连接线从电脑的USB接口中拔下即可。

疑难解答

问：为什么我在卸载U盘时，有时显示无法移除呢？

答：在断开移动存储设备连接前，需要将所有关于移动存储设备的窗口全部关闭，如文件窗口或者“我的电脑”窗口，如果没有关闭的话，电脑会提示我们无法停止设备。

Chapter 07

电脑娱乐与Windows附件的使用

本章导读

电脑除了可以为我们工作带来方便外，而且还可以用电脑来进行娱乐，中老年朋友可在休闲之余，用电脑来听听歌、看看电影、玩玩游戏，这样有利于身心健康。另外，Windows系统还提供了很多实用的小工具，可以方便中老年朋友进行数据计算、写日记、编文章等操作。

知识技能要求

通过本章内容的学习，让中老年朋友学会电脑娱乐操作与实用小工具的使用。学完后需要掌握的相关技能知识如下：

- ❖学会如何通过电脑听音乐
- ❖学会如何播放影片
- ❖学会使用录音机进行录音的方法
- ❖学会Windows系统中小游戏的玩法
- ❖掌握常见小程序（“记事本”）等的使用
- ❖掌握放大镜与屏幕键盘的使用

7.1 利用听音乐、看电影愉悦心情

Windows XP系统自带了多媒体娱乐工具，在空闲之余，可以听听音乐、看看影片，以此来放松自己的心情、愉悦身心。下面介绍使用电脑进行娱乐的相关知识。

7.1.1 播放自己想听的音乐

Windows XP系统为我们提供了一个多媒体播放器工具（Windows Media Player），可以通过该程序来播放音乐。

光盘同步文件

同步视频文件：光盘\同步教学文件\第7章\7-1-1.avi

1 打开媒体播放器程序

❶单击“开始”菜单按钮，❷指向“所有程序”命令，❸指向“附件”命令，❹指向“娱乐”命令，❺单击Windows Media Player命令，如下图所示。

2 执行“打开”命令

经过上步操作后，打开Windows Media Player程序窗口，❶单击“文件”菜单中的❷“打开”命令，如下图所示。

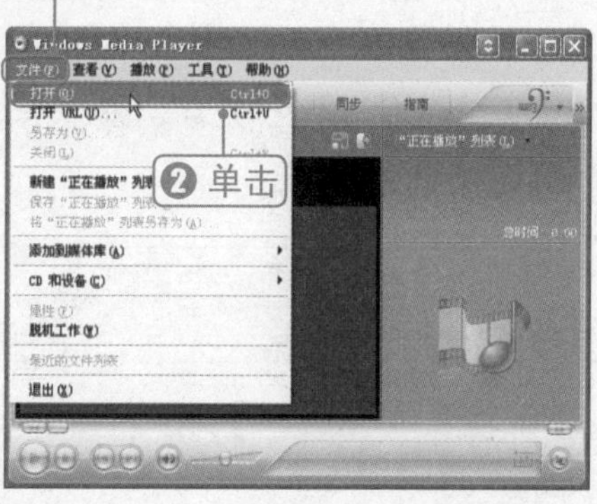

③ 选择要播放的音乐文件

弹出“打开”对话框，❶单击“查找范围”列表框选择音乐文件的位置，❷选择要打开的音乐文件，❸单击“打开”按钮，如下图所示。

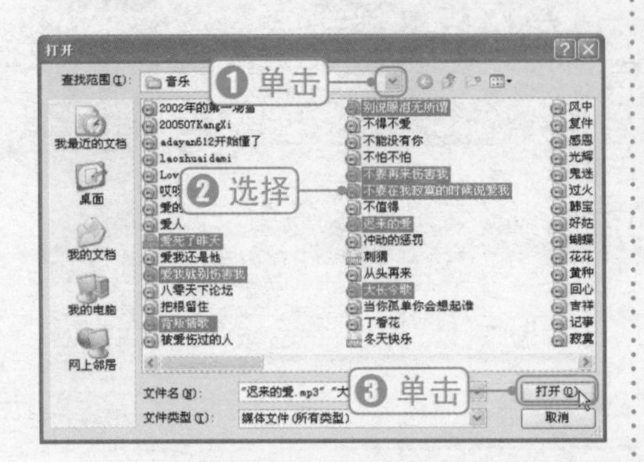

④ 开始播放音乐

经过上步操作后，Windows Media Player程序开始播放打开的音乐文件，如下图所示。

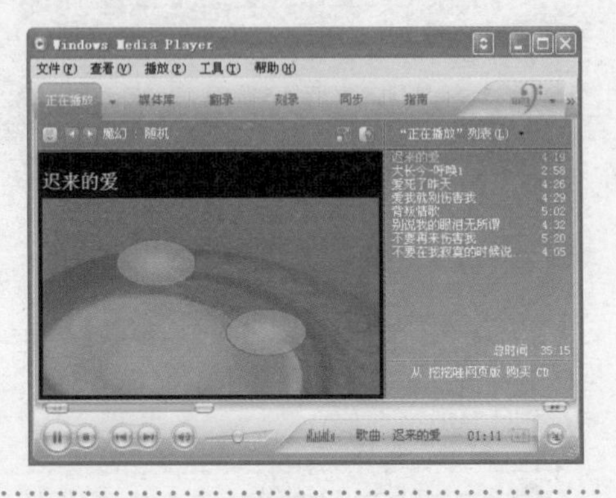

问：在音乐文件夹中有很多音乐文件，如何只播放自己喜欢的相关音乐文件呢？

疑难解答

答：在选择播放音乐文件时，可以按住Shift键不放，单击左键选择连续的多个音乐文件；或者按住Ctrl键不放，单击左键选择多个不连续的音乐文件。

7.1.2 播放自己想看的影片

Windows Media Player除了可以用来听音乐外，还可以看电影。使用电脑放电影前，我们可以先从网上下载或者通过其他方式将视频文件复制到自己电脑中，然后使用Windows Media Player进行播放并欣赏。具体操作方法如下。

光盘同步文件

同步视频文件：光盘\同步教学文件\第7章\7-1-2.avi

① 执行"打开"命令

在Windows Media Player程序窗口中单击"文件"菜单中的"打开"命令，如下图所示。

② 选择要播放的视频文件

弹出"打开"对话框，❶选择要播放的视频文件，❷单击"打开"按钮，如下图所示。

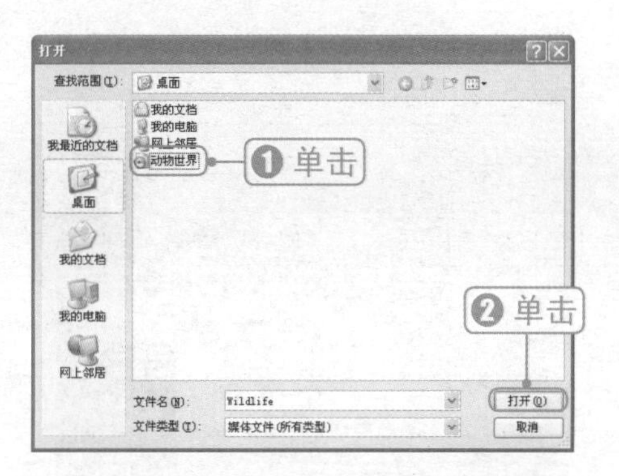

③ 开始观看视频

经过上步操作后，Windows Media Player程序开始播放打开的视频文件，如右图所示。

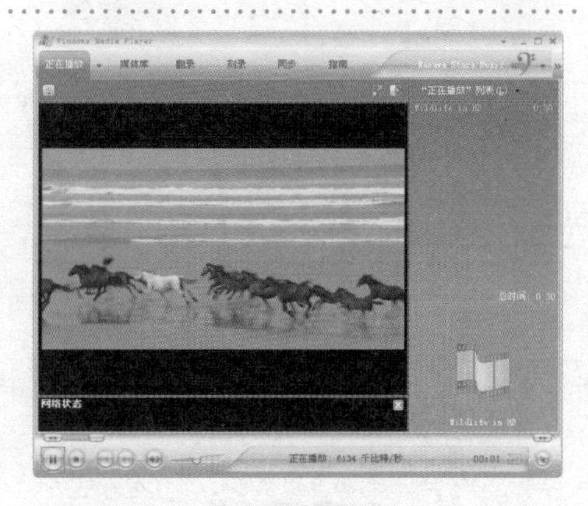

7.1.3 将自己的声音录制下来

在Windows XP系统中，还为我们提供了"录音机"程序。通过该程序，可以将我们的声音录制下来，还可以保存在电脑中。

光盘同步文件

同步视频文件：光盘\同步教学文件\第7章\7-1-3.avi

1 录下自己的声音

要使用"录音机"程序进行录音，其具体方法如下。

1 打开“录音机”程序

❶单击“开始”菜单按钮，❷指向“所有程序”命令，❸指向“附件” 命令，❹指向“娱乐”命令，❺单击“录音机”命令，如下图所示。

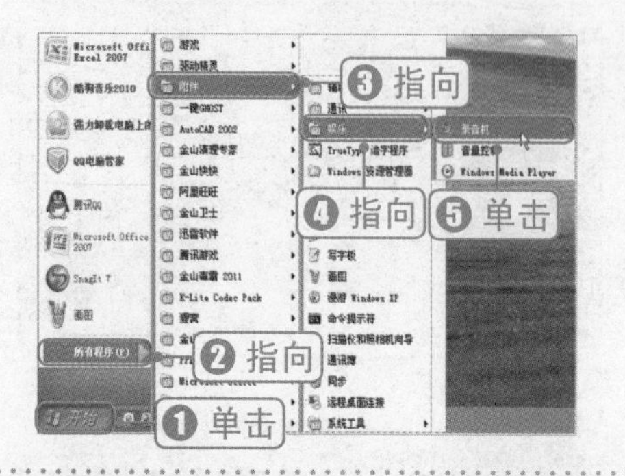

2 单击“录音”按钮

经过上步操作后，打开“录音机”程序，单击“录音”按钮 ●，如下图所示。

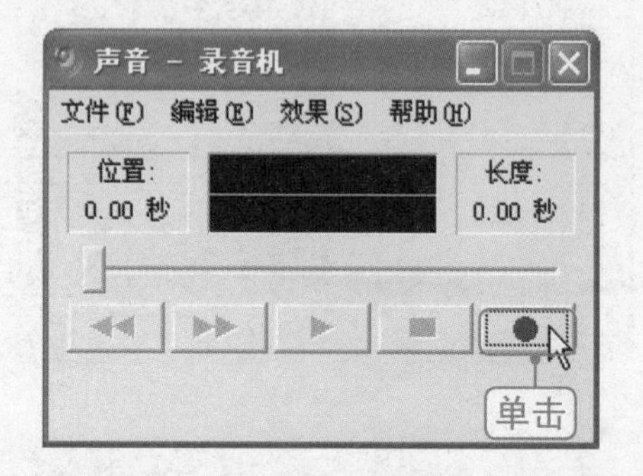

3 开始录制声音

经过上步操作，进入录音状态后，中老年朋友对着麦克风进行讲话，即可将声音录制下来，如下图所示。

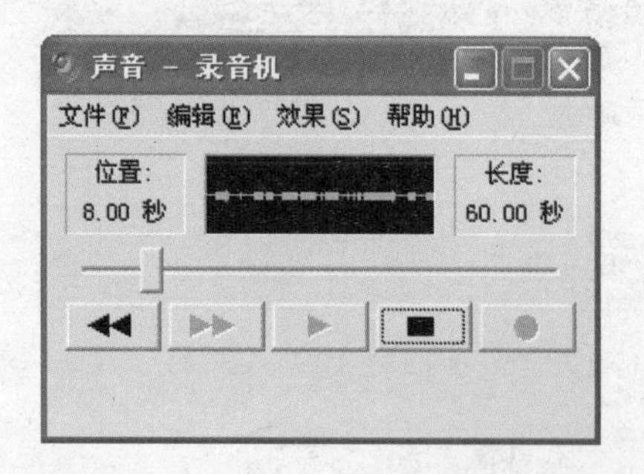

4 暂停声音的录制

声音录制完毕后，单击“停止”按钮 ■，停止声音的录制，如下图所示。

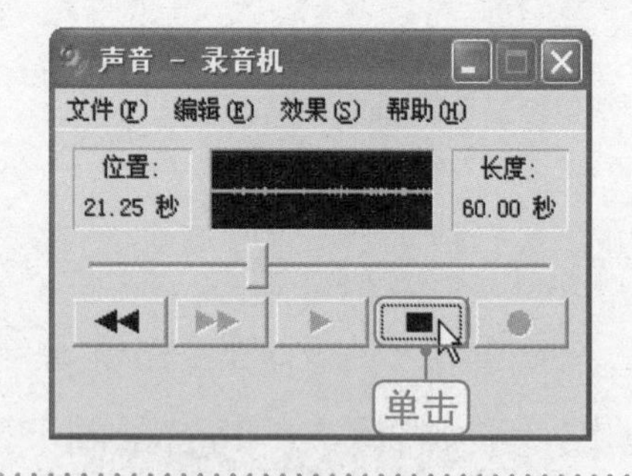

5 播放已录的声音

如果要播放自己录制的声音，只需单击“播放”按钮 ▶，即可听到录制的声音，如右图所示。

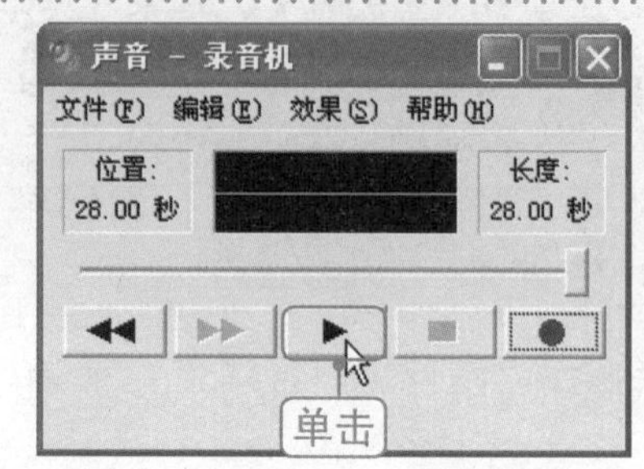

2 保存录下的声音

我们还可以将录制的声音以“文件”方式保存起来，方便以后进行播放或使用。具体方法如下。

1 执行“保存”命令

❶单击“文件”菜单，❷单击“保存”命令，如下图所示，打开“另存为”对话框。

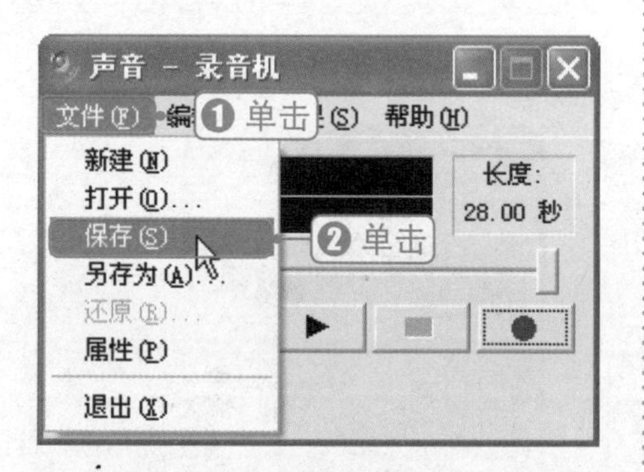

2 保存录制的声音文件

在“另存为”对话框中，❶单击“保存在”下拉列表按钮，选择文件的保存位置，❷输入文件名，❸单击“保存”按钮，如下图所示。

7.2 玩玩小游戏益寿延年

Windows XP系统除了为我们提供有多媒体娱乐工具外，还为我们提供了一些简单有趣的小游戏。广大中老年朋友们，也可以在空闲之余来玩玩游戏，具有益智健脑的效果。

7.2.1 玩扫雷游戏

“扫雷”游戏是Windows XP系统自带的小游戏。当安装好Windows XP系统后，就会自动安装好该游戏。

在玩该游戏前，首先要认识和了解该游戏的玩法及规则。

1 游戏规则及玩法

“扫雷”游戏的目标是尽快找到雷区中的所有地雷，而不许踩到地雷。关于该游戏，需要注意的事项如下。

①游戏区包括雷区、地雷计数器和计时器。

②通过单击即可挖开方块。如果挖开的是地雷，则您输掉游戏。

③如果方块上出现数字，则表示在其周围的8个方块中共有这么多颗地雷。

④要标记您认为可能有地雷的方块，就用右键单击该方块以进行标记。当在雷区正确地将所有地雷标记完成后，就赢得了该游戏。

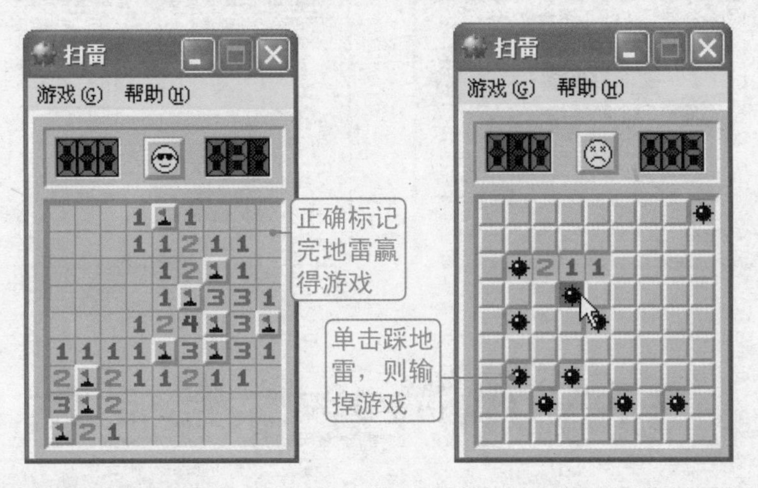

2 游戏策略与技巧

如果无法判定某方块是否有雷，请用右键单击两次给它标记一个问号（?）。以后，您可以用鼠标右键单击方块一次将该方块标记为地雷或用鼠标右键单击方块两次去掉标记。如果某个数字方块周围的地雷全都标记完，可以指向该方块并同时点击鼠标左右键，将其周围剩下的方块挖开。如果编号方块周围地雷没有全部标记，在同时使用两个按钮单击时，其他隐藏或未标记的方块将被按下一次（即闪烁一下）。

在玩该游戏时，寻找常见的数字组合，这通常会指示地雷的常见组合。例如，在一组未挖开的方块边上相邻的3个数字为 2-3-2 ，表示这3个数旁边应有一排3个的地雷。

扫雷游戏技巧

在挖掘雷区中的地雷时，一定要结合相关数字进行判断，可以根据方块周围数字情况，同时按鼠标左右键来进行智能排雷，提高完成游戏的速度。

7.2.2 玩纸牌游戏

“纸牌”游戏的目标是利用左上角叠牌中所有的牌，在右上角组成以 A 打头，从 A 到 K 顺序排列的四套花色叠牌。

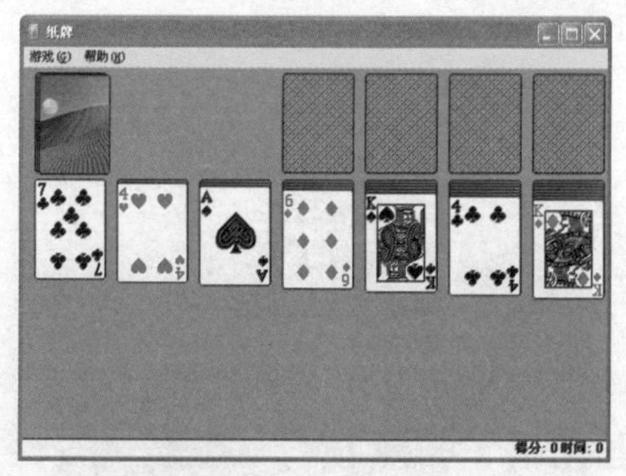

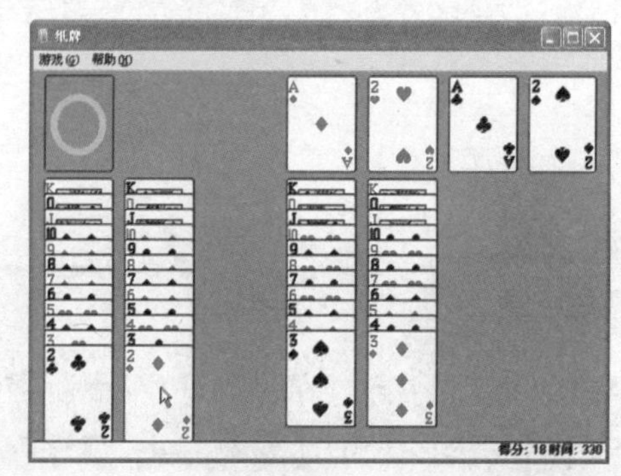

纸牌游戏的规则与玩法介绍如下。

1 游戏规则

在“游戏”菜单上，单击“发牌”即可开始游戏。双击七叠纸牌中最上面的任意一个 A，将其移到屏幕右上角的空位中，然后在下面的纸牌显示面板中，将其他可移动的纸牌按顺序进行排列（规则：红K-黑Q-红J-黑10…）。当面板上所有的牌都已无法移动时，单击左上角的牌叠开始翻牌，并同样按规则“红K-黑Q-红J-黑10…”的顺序进行组合排列。

2 游戏技巧

在玩纸牌游戏时，了解如下一些技巧。

- 在翻纸牌时，可以设置一次“翻三张牌”或一次“翻一张牌”。单击“游戏”菜单中的“选项”命令即可进行设置。
- 要将一张或一叠牌从一个纸牌叠移到另一个纸牌叠，单击并拖动这张牌或这一叠牌即可。

- 要将牌从发牌叠或纸牌叠中移动到花色叠，请双击该纸牌。
- 要将所有可玩的纸牌移动到各自花色叠中，请用右键单击游戏板或按Ctrl + A快捷键。
- 当您将牌从一个纸牌叠移到一个花色叠或者另一个纸牌叠后，单击下一张牌将其翻转过来。
- 当纸牌叠打开（牌叠中没有牌）时，可以将 K（与在其牌叠中的任何牌一起）移动到打开的纸牌叠中。

在Windows XP系统中，除了这两种游戏外，还提供了三维弹球、当空接龙、红心大战，以及多个网上在线游戏项目。中老年朋友自己可以查看各个游戏的帮助信息来了解游戏的玩法。

7.3 实用小工具随意用

Windows XP系统为我们提供了很多实用小工具，通过这些小工具程序可以满足一些日常操作所需，如使用“计算器”进行数据计算、使用“记事本/写字板”记录一些文字信息、使用“画图”程序进行画画等。下面给中老年朋友介绍这些工具的基本使用方法。

7.3.1 使用计算器进行数据计算

Windows XP为我们提供了一个非常好用的计算器，在使用电脑过程中如果需要计算数据，直接打开计算器计算即可。

光盘同步文件

同步视频文件：光盘\同步教学文件\第7章\7-3-1.avi

Windows中计算器的使用方法和我们日常用的计算器是一样的。下面就一起来看看计算器的使用。

1 打开"计算器"程序

❶单击"开始"按钮，❷指向"所有程序"命令，❸指向"附件"命令，❹单击"计算器"命令，如下图所示。

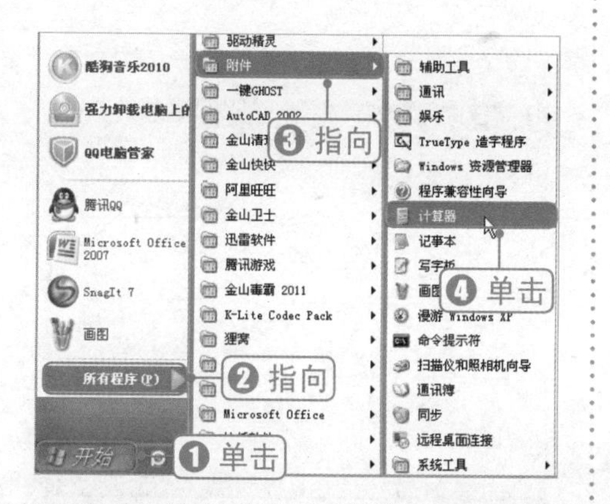

2 计算相关数据

经过上步操作，打开"计算器"程序窗口，只要依次单击数字或运算符号按钮进行计算即可，如下图所示。

疑难解答

问：在使用"计算器"进行数据计算时，其运算符号有什么规定？

答：电脑中是以"*"代替"×"，以"/"代替"÷"，所以需要输入乘号"×"时，直接按"*"；需要输入除号"÷"时，直接按"/"。

7.3.2 使用"记事本/写字板"编写日记

在Windows系统中，提供了"记事本"与"写字板"两个文本信息处理工具。下面介绍这两个工具的具体使用。

光盘同步文件

同步视频文件：光盘\同步教学文件\第7章\7-3-2.avi

1 学用"记事本"程序

"记事本"软件是Windows操作系统附带的一个简单文本编辑软件，只具备最基本的编辑功能。但它具有体积小巧，启动速度快，占用内存低，使用简单等特点。

1 打开"记事本"程序

❶单击"开始"按钮，❷指向"所有程序"命令；❸指向"附件"命令，❹单击"记事本"命令，如下图所示。

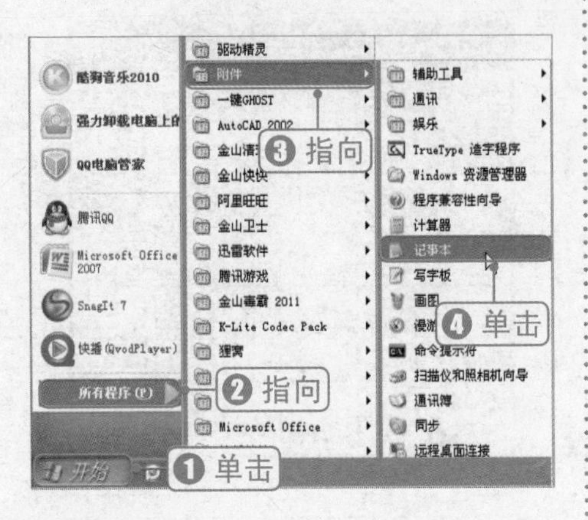

2 输入内容

经过上步操作，打开"记事本"程序窗口，切换到相应输入法，在编辑区中输入文字，如下图所示。

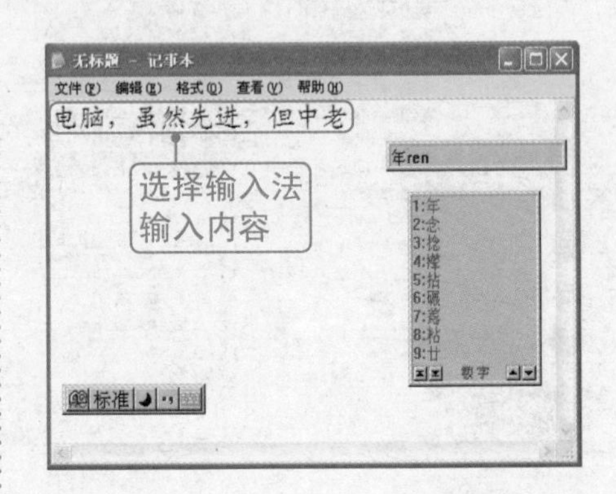

3 执行"保存"命令

❶单击"文件"菜单，❷在打开的菜单中单击"保存"命令，如下图所示。

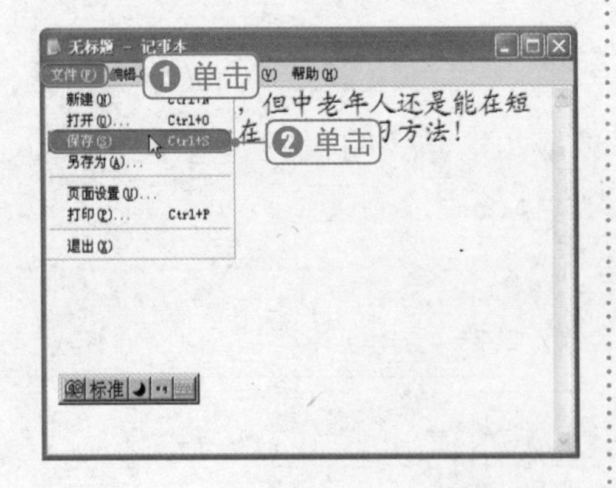

4 保存自己输入的内容

打开"另存为"对话框，❶选择保存位置，❷输入文件名，❸单击"保存"按钮进行保存，如下图所示。

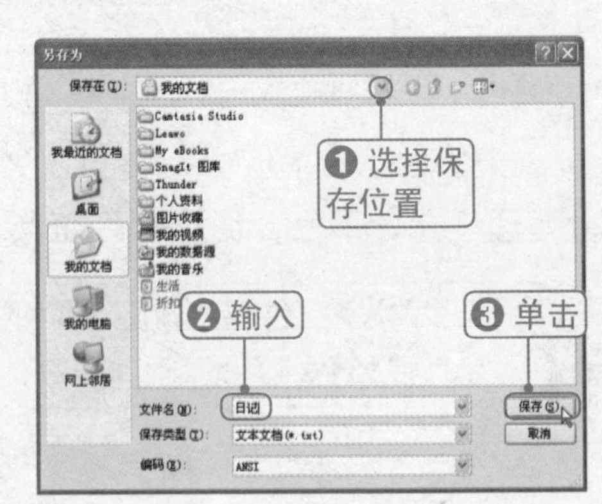

知识加油站

在记事本中让内容自动换行

有的中老年朋友可能会发现，当在记事本输入文字后，文字只会在1行中无限延续，这样我们在窗口中就不能同时看到所有的文字内容，该怎么办呢？其实很简单，只要单击“格式”命令，在菜单中选择“自动换行”就可以了。

2 学用“写字板”程序

“写字板”也是Windows XP自带的文字编排工具。相对“记事本”而言，“写字板”提供了更丰富的格式设置功能，能够让我们编排出更漂亮的文档。“写字板”同样位于“附件”菜单中，选择“写字板”命令后，就可以打开“写字板”程序窗口。

1 输入内容

打开“写字板”程序窗口后，切换到相应输入法，在编辑区中输入文字，如下图所示。

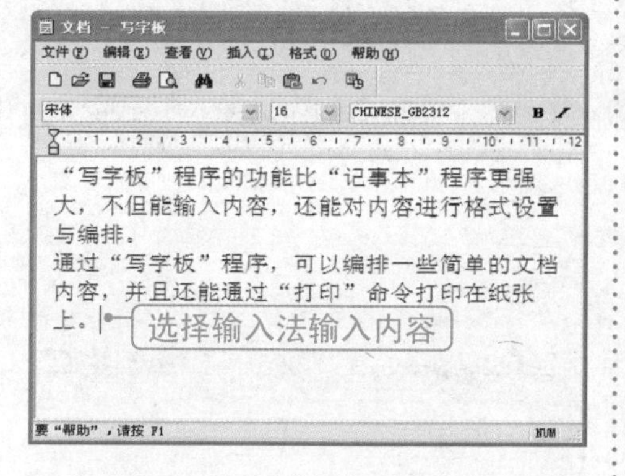

2 设置内容的格式

❶输入好文字内容后，还可以拖动鼠标选择相关内容；❷单击“格式”工具栏中的相关按钮设置文字格式，如字体、字号、字形及字符颜色等，如下图所示。

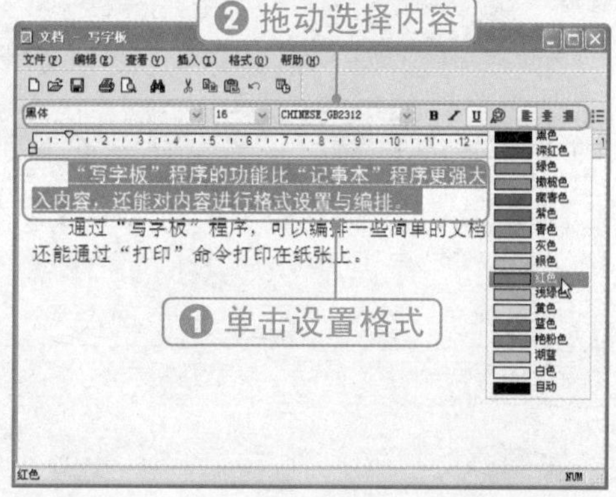

3 执行“保存”命令

❶单击“文件”菜单，❷在菜单中单击“保存”命令，如右图所示。

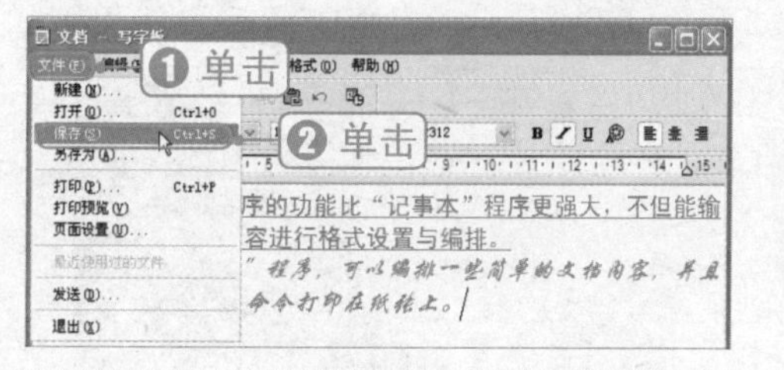

④ 保存自己输入的内容

打开“另存为”对话框，❶选择保存位置，❷输入文件名，❸单击“保存”按钮进行保存，如右图所示。

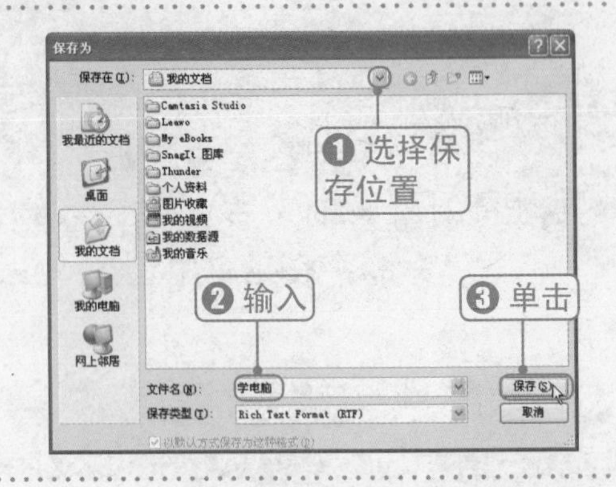

7.3.3 使用“画图”程序画画

“画图”工具也是Windows XP中自带的一款绘图工具。我们在使用电脑之余，可以用“画图”工具来随意绘画，或者把自己的照片美化一下。

光盘同步文件

同步视频文件：光盘\同步教学文件\第7章\7-3-3.avi

“画图”工具也位于“附件”菜单中，我们只要在菜单中选择“画图”命令，就可以启动“画图”工具。在其中既可以随意绘制图形，也可以打开图片进行简单处理。其操作方法如下。

① 打开“画图”程序

❶单击“开始”菜单按钮，❷指向“所有程序”命令，❸指向“附件”命令，❹单击“画图”命令，如下图所示。

② 熟悉界面组成

经过上步操作后，打开“画图”程序窗口，其界面组成如下图所示。

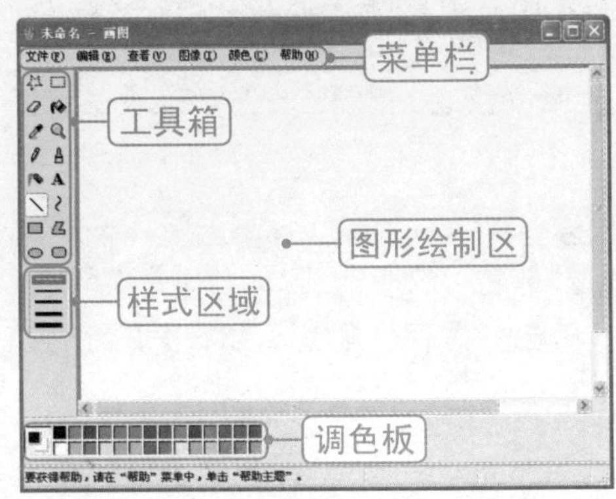

③ 执行“打开”命令

❶在“画图”窗口中单击“文件”菜单，❷单击“打开”命令，如下图所示，弹出“打开”对话框。

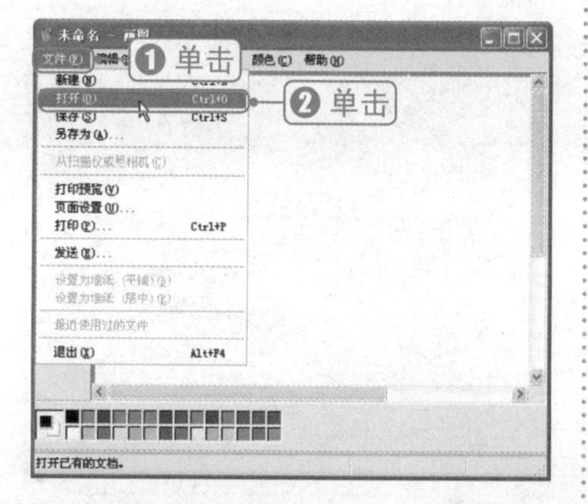

④ 打开要处理的图片

在“打开”对话框中，❶单击“查找范围”下拉列表中位置，❷选中一张照片，❸单击“打开”按钮，如下图所示。

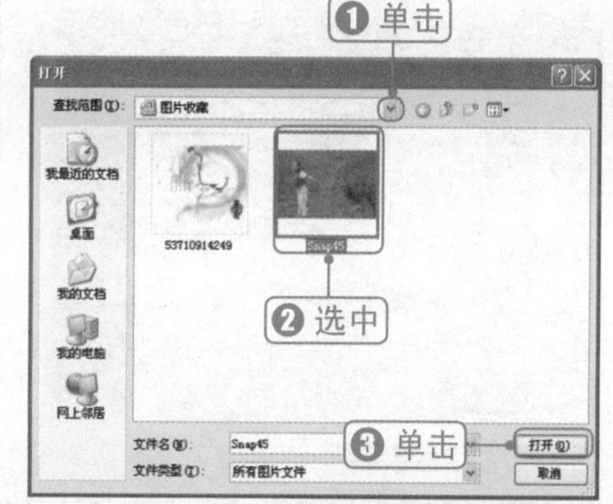

⑤ 单击文字工具

在画图中打开照片文件，单击工具面板中的“文字”按钮，如下图所示。

⑥ 确定文字输入位置

在照片中要添加文字的位置拖动鼠标绘制一个线框，线框表示文字的添加范围，如下图所示。

Chapter 01
Chapter 02
Chapter 03
Chapter 04
Chapter 05
Chapter 06
Chapter 07
Chapter 08

7 输入文字并设置格式

❶在拖动出的虚框中直接输入文字内容；❷单击“字体”工具栏对文字格式进行设置，如下图所示。

8 完成文字的输入

用鼠标单击照片其他部分，可以看到文字已添加到照片上了，如下图所示。

9 保存处理后的图片

在“文件”菜单中选择“保存”命令，打开“另存为”对话框，❶选择保存位置；❷输入保存名称并在“保存类型”下拉列表中选择保存格式；❸单击“保存”按钮，如下图所示。

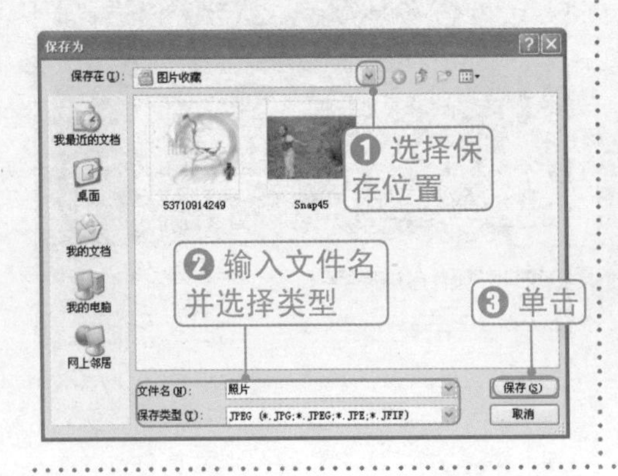

10 查看处理后的图片

以后需要查看时，只要双击图片文件图标，就会直接打开图片了，如下图所示。

7.3.4 使用“放大镜”工具方便查看

在Windows XP系统中，还为视力不好的用户提供了“放大镜”功能。可以通过“放大镜”工具将操作界面进行适当放大，以方便操作。

光盘同步文件

同步视频文件：光盘\同步教学文件\第7章\7-3-4.avi

使用“放大镜”工具的操作方法如下。

1 打开“放大镜”程序

❶单击“开始”按钮，❷指向“所有程序”命令，❸指向“附件”命令，❹指向“辅助工具”命令，❺单击“放大镜”命令，如下图所示。

2 设置放大倍数

打开“放大镜设置”对话框，❶单击“放大倍数”下拉按钮，选择放大倍数，如2；❷根据需要设置“跟踪”和“外观”选项，即可对屏幕内容进行放大显示，如下图所示。

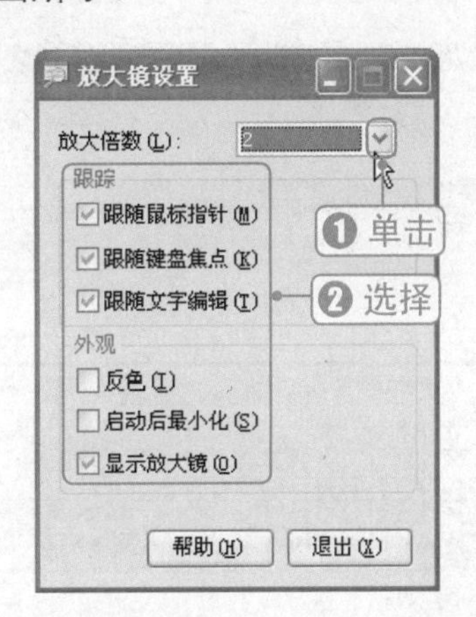

知识加油站

放大镜的使用注意事项

当启动“放大镜”工具后，就会在屏幕的上方自动建立一个放大显示区域，为我们提供鼠标跟踪的操作，并将鼠标操作区域进行放大显示。

7.3.5 使用“屏幕键盘”工具方便输入

屏幕键盘就是在电脑屏幕中虚拟一个键盘，通过鼠标单击虚拟键盘上的按键，就能够实现键盘的功能，如输入文字。当键盘不好用或晚上光线太暗时，我们就可以使用屏幕键盘来代替键盘。以在“记事本”中输入文字为例，屏幕键盘的使用方法如下。

光盘同步文件

同步视频文件：光盘\同步教学文件\第7章\7-3-5.avi

① 打开“屏幕键盘”

打开“记事本”程序后，在“附件”菜单中的“辅助工具”子菜单中，单击选择“屏幕键盘”命令，即可在屏幕上显示出屏幕键盘，如下图所示。

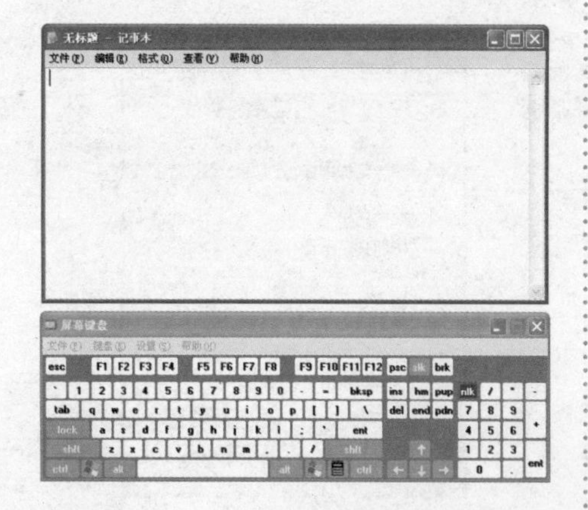

② 使用屏幕键盘输入内容

用鼠标单击屏幕键盘上的相关按键，即可在“记事本”中输入对应的字母。如果要输入中文，只要先选择一种中文输入法，然后进行输入即可。和键盘的使用是一样的，如下图所示。

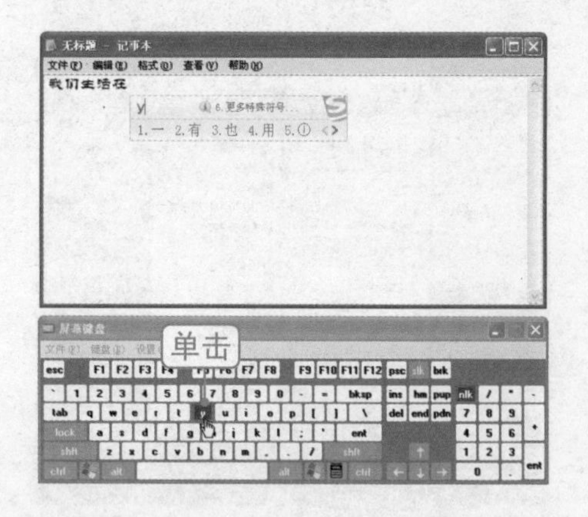

问：屏幕键盘遮挡住操作界面时怎么办呢？

答：打开屏幕键盘后，屏幕键盘会总是显示在最前方，而不会受到任何窗口影响。如果屏幕键盘遮挡住了后面窗口的内容，就可以将屏幕键盘移动到屏幕中的其他位置。

Chapter 08

软件的安装/删除与常用工具的使用

本章导读

要使用电脑为我们的生活或工作带来方便，那么只有电脑硬件设备是无法发挥作用的，必须在电脑中安装相应的软件，才能为我们解决相关问题。本章主要给初学电脑的中老年朋友介绍中软件的安装与删除方法，以及一些常用工具软件的使用。

知识技能要求

通过本章内容的学习，中老年朋友学完后需要掌握的相关技能知识如下：

- ❖掌握如何查看电脑中软件
- ❖认识电脑软件的获得途径与安装注意事项
- ❖学会常用软件的安装流程与方法
- ❖掌握软件的删除方法
- ❖学会文件压缩/解压软件（WinRAR）的使用
- ❖学会看图软件（ACDSee）的使用
- ❖学会数码照片处理软件（光影魔术手）的使用

8.1 软件的安装方法

在电脑中，无论是系统软件还是应用软件，都必须进行安装才能使用。本节主要给中老年朋友介绍软件的安装方法。

8.1.1 查看电脑中安装的软件

当电脑中安装了相关的软件后，可以通过以下两种途径来查看和了解已安装的软件。

光盘同步文件

同步视频文件：光盘\同步教学文件\第8章\8-1-1.avi

1 通过“开始”菜单中的“所有程序”列表来查看

每当我们在电脑中安装好一个软件后，就会在Windows XP的“所有程序”列表中增加一个程序列表。要查看电脑中安装的软件，可以通过以下步骤进行操作。

❶单击  菜单按钮，❷选择“所有程序”命令即查看到已安装的相关软件列表，如右图所示。

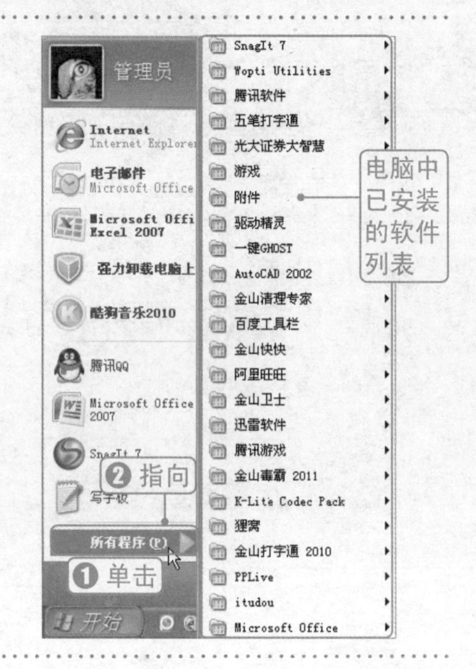

问：在“所有程序”列表中，有些程序后面有“▶”符号表示什么含义？

疑难解答

答：有▶表示该程序列表后面还有子菜单，只要指向某一个程序项，即可显示出程序的子菜单列表。

2 通过“添加或删除程序”组件窗口来查看

另外，也可以通过“控制面板”窗口中的“添加或删除程序”组件来查看和了解当前电脑中安装了哪些软件。具体操作方法如下。

① 选择“控制面板”命令

❶单击 开始 菜单按钮，❷在菜单中单击“控制面板”命令。

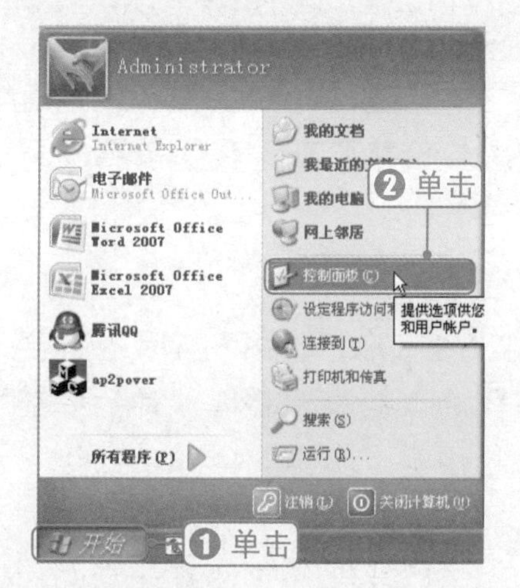

② 显示“控制面板”窗口

打开“控制面板”窗口，双击“添加或删除程序”图标，如下图所示。

③ 查看安装的软件

打开“添加或删除程序”窗口，❶单击“更改或删除程序”按钮，❷即可在右边列表窗口中显示出当前电脑中安装的相关程序。

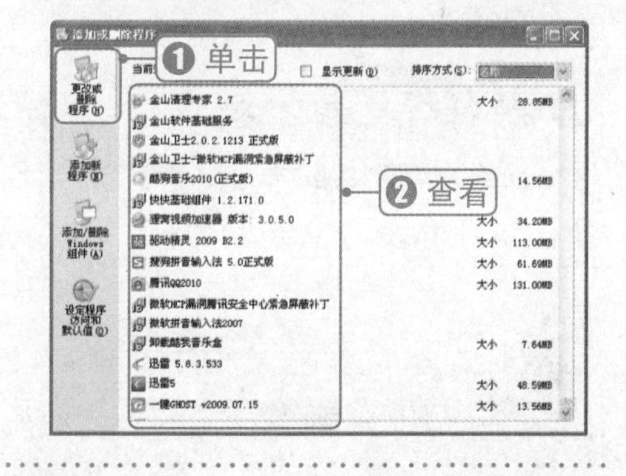

知识加油站

设置程序显示的排列方式

在“添加或删除程序”窗口中，可以单击“排列方式”下拉按钮，然后选择程序的显示与排列方式，如名称、大小、使用频率等。

8.1.2 如何获取要安装的软件

要在电脑中安装需要的软件，首先需要获取到软件的安装文件，或称为安装程序。目前获取软件安装文件的途径主要有以下3种。

1 购买软件光盘

这是获取软件最正规的渠道。当软件厂商发布软件后，即会在市面上销售软件光盘，我们只要购买到光盘，然后放入电脑光驱中进行安装即可。这种途径的好处在于能够保证获得正版软件，能够获得软件的相关服务，以及能够保证软件使用的稳定性与安全性（如没有附带病毒、木马等）。当然，一些大型软件价格不菲，我们需要支付一定的费用。

2 通过网络下载

这是很多用户最常用的软件获取方式。对于联网的用户来说，通过专门的下载网站、软件的官方下载站点都能够获得软件的安装文件。通过网络下载的好处在于无须专门购买，不必支付购买费用（共享软件有一定时间的试用期）。缺点在于软件的安全性与稳定性无法保障，可能携带病毒或木马等恶意程序，以及部分软件有一定的使用限制等。

3 从其他电脑复制

如果其他电脑中保存有软件的安装文件，那么就可以通过网络或者移动存储设备复制到电脑中进行安装。

知识加油站

软件的分类和常用的软件下载网站

目前的软件可以分为免费软件与共享软件两种，免费软件是指允许免费获取并使用的软件；共享软件则是指需要付费购买的软件，同时提供试用期。一些小工具软件，多为免费软件。

目前，国内大型的下载网站有：华军软件园下载（http://newhua.com）；天空软件下载（http://www.skycn.cm）；太平洋软件下载（http://dl.pconline.com.cn）等。也可以自行在网上搜索下载，但要注意在一些不知名的网站下载的软件可能含有病毒。

8.1.3 安装电脑软件的注意事项

在电脑中安装软件时，中老年朋友需要注意以下几点。

①在电脑中安装软件时，注意软件的安装位置，最好统一在一个盘符中。当然，除系统软件外。

②在安装软件时，一定要注意该软件对电脑硬件的环境要求，不要安装一些电脑硬件条件不支持的软件。

③除特殊需要外，为了节省系统资源与磁盘空间，并且为了避免发生冲突，一般同类型的软件在电脑中最好只安装一款软件，如杀毒软件。

④安装软件时，一定要注意软件的可靠性和安全性。

8.1.4 在电脑中安装需要的软件

应用软件的安装方法，几乎都差不多。下面以常用的Office 2010办公应用软件为例，介绍软件的安装方法。

光盘同步文件

同步视频文件：光盘\同步教学文件\第8章\8-1-4.avi

Office是目前使用最为广泛的办公软件，电脑用户几乎都会用到Office软件。Office的新版本为Office 2010，获取安装文件或安装光盘后，就可以在电脑中安装了。具体操作方法如下。

1 启动安装程序

❶打开“我的电脑”窗口，找到Office 2010的安装文件夹，再在文件夹中找到安装文件；❷双击安装文件图标，如右图所示。

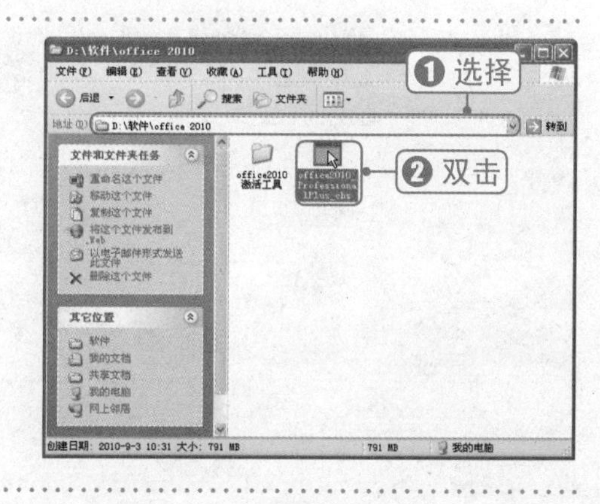

② 开始准备安装

弹出准备安装对话框，显示安装程序正在准备安装的必要文件，如下图所示。

③ 接受安装条款

弹出“阅读Microsoft软件许可证条款”对话框，❶选择“我接受此协议的条款”复选框；❷单击“继续”按钮，如下图所示。

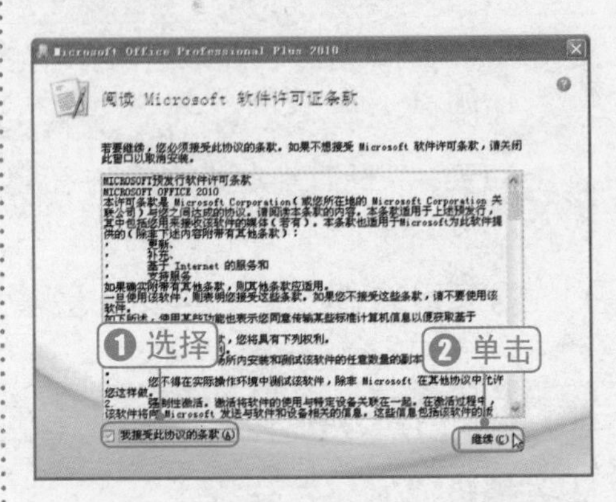

④ 执行“自定义”命令

打开“选择所需的安装”对话框，单击“自定义”按钮，如下图所示。

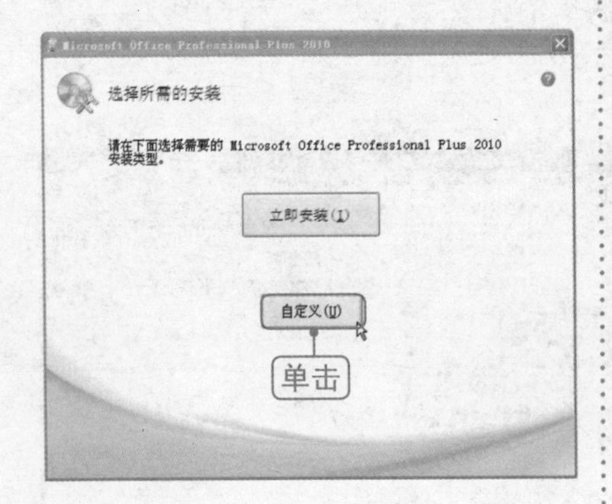

问：选择“立即安装”与“自定义”有何区别？

答：如果用户的计算机是第一次安装，对话框将出现“立即安装”和“自定义安装”两个选项；如果用户的计算机中已经有了老版本，则对话框出现的是“升级安装”和“自定义安装”两个选项。“立即安装”：指直接进入Office组件中所有程序的安装。“自定义”：指用户可以根据自己的办公需要进行选择性安装Office组件中的程序。

5 选择要安装的组件

打开“安装选项”对话框，❶单击“安装选项”标签；❷单击不需要安装的组件名称左侧的下拉按钮；❸在弹出的列表中单击“不可用”命令，如下图所示。

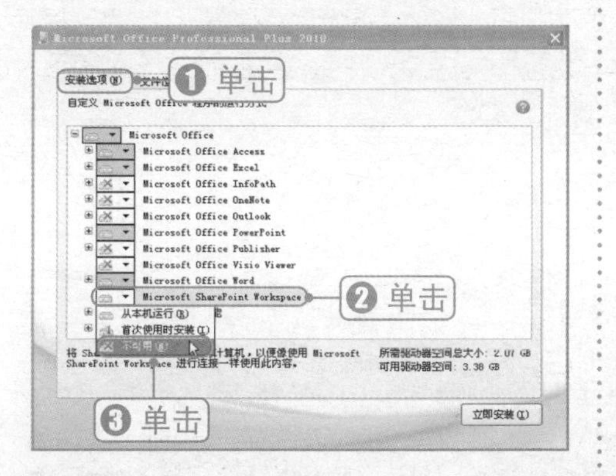

6 选择安装位置

❶单击“文件位置”标签；❷选择软件的安装位置，如E盘；❸单击“立即安装”按钮，如下图所示。

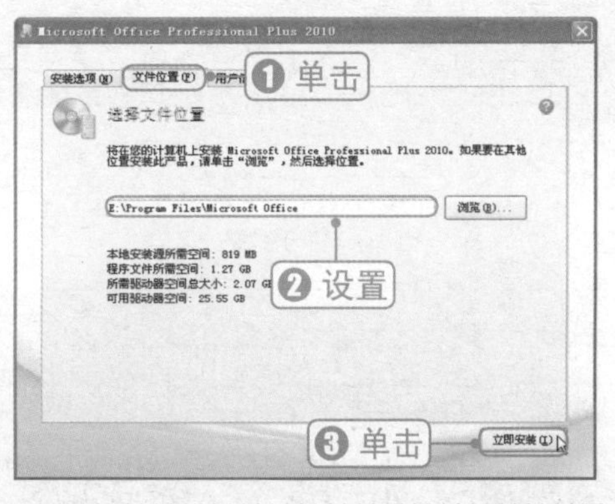

知识加油站 安装Office 2010时，更改安装路径

在对Office 2010进行安装时，如果单击“立即安装”而不选择安装路径和安装选项，该程序将把Office 2010自带的所有组件直接安装在C盘中。由于Office软件较大且组件较多，C盘安装的是Windows系统文件，因此在安装Office 2010时建议用户只选择安装有用的组件和除C盘外的其他磁盘分区。

7 开始复制文件并安装

打开“安装进度”对话框，显示软件的安装进度，如右图所示。

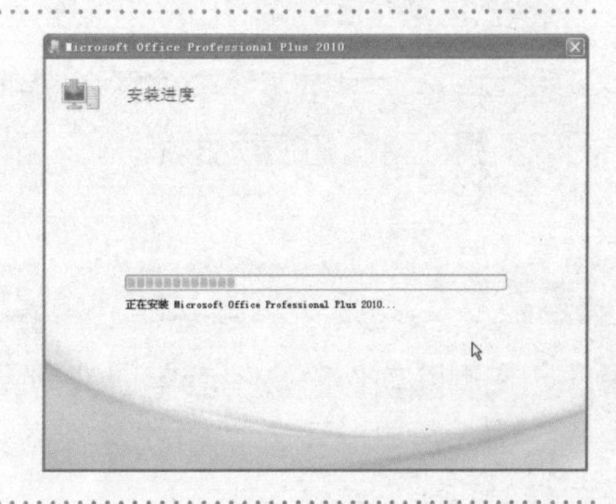

8 完成Office 2010的安装

打开“完成安装”对话框，单击“关闭”按钮完成软件的安装，如右图所示。

疑难解答

问：在安装软件时，为什么有些软件需要输入注册序列号呢？

答：软件安装时一般都需要注册，只有输入注册码才能成功安装该软件。这里值得注意的是，并不是所有软件在安装时都有序列号，一般大型软件为了防止盗版，才需要输入。具体情况可以查看光盘或软件安装说明。

软件的注册码有两种方式存在：一种是在软件光盘的包装盒上；另一种是以“文件”方式存放在光盘上，文件名一般是SN.txt、SerNuber.txt、CD-Key.txt、Readme.txt、安装说明.txt等。可打开存放序列号的这些文件，记下该软件的序列号，以方便后面软件安装注册时使用。

8.2 软件的删除方法

当系统中不需要某些软件时也可以进行删除，释放磁盘的空间，提高电脑的使用性能。

8.2.1 软件删除的注意事项

在删除软件时，中老年朋友需要注意的事项如下。

①一般电脑中安装的软件都是由许多文件组成的。因此，在删除软件时不能只删除某些文件。

②在“开始”菜单的“所有程序”菜单中，都会显示出当前电脑中已安装的相关软件。在删除软件时，并不是将“所有程序”菜单中的程序命令删除，就表示将该软件已删除掉。这里的程序命令只是一种快捷方式，包括在桌面上的程序图标，也是一种快捷方式。

③删除电脑中的软件时，一定要注意该软件是否有用。

8.2.2 软件删除的方法

从电脑中删除软件的方法也有两种：一是通过“添加或删除程序”组件进行删除；二是通过软件自带的删除程序进行删除。下面分别给中老年朋友进行介绍。

光盘同步文件

同步视频文件：光盘\同步教学文件\第8章\8-2-2.avi

1 通过“添加或删除程序”组件进行删除

可以通过“控制面板”窗口中的“添加或删除程序”组件来删除不需要的软件。具体操作方法如下。

1 选择“控制面板”命令

❶单击 开始 菜单按钮；❷在菜单中单击“控制面板”命令。

2 显示“控制面板”窗口

打开“控制面板”窗口，双击“添加或删除程序”图标，如下图所示。

③ 选择要删除的程序

打开“添加或删除程序”窗口，❶选择要删除的程序；❷单击“删除”按钮，如下图所示。

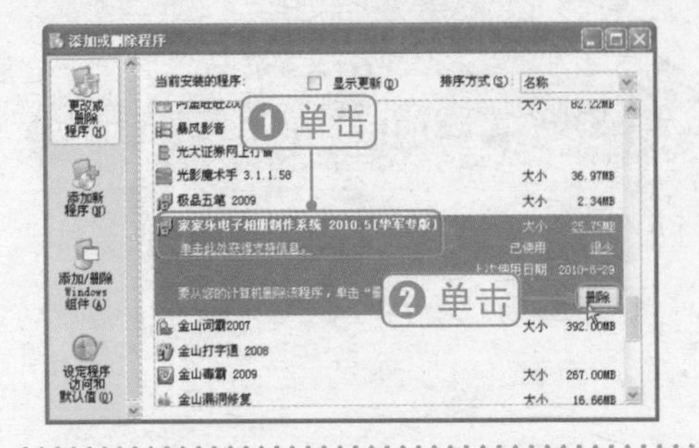

④ 确认软件的删除

经过上步操作，显示软件删除的确认对话框，单击“是”按钮，即可进行删除，如下图所示。

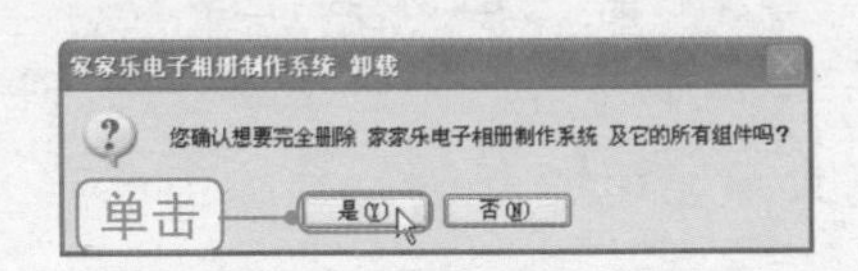

2 通过软件自带卸载程序删除

在删除软件时，也可以通过一些应用程序自带的“卸载程序”命令来删除。例如，要删除“金山卫士”软件，具体操作方法如下。

① 选择“卸载程序”命令

❶单击 开始 菜单按钮，❷在菜单中选择“所有程序”命令，❸在显示的软件列表中选择要删除的程序并单击“卸载……”命令，如右图所示。

② 确认软件的删除

经过上步操作，显示软件删除的确认对话框，单击“是”按钮，即可进行删除，如右图所示。

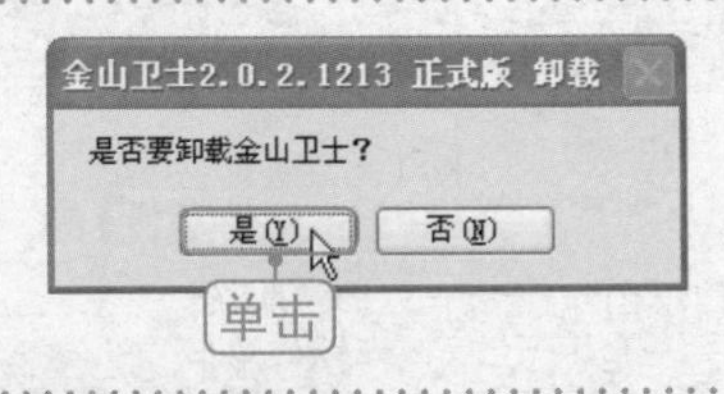

疑难解答

问：是不是所有的软件都可以通过这种方法来删除呢？

答：并不是所有软件程序都可以通过反安装程序命令来删除，只有该软件本身带有反安装程序命令，才能通过这种方法删除。反安装程序命令一般是“删除……、卸载……、添加/删除……、Uninstall……”等。如果某个程序自带有反安装程序命令，那么在“开始”菜单中的程序列表中将会显示；反之，如果不提供反安装程序命令，则无法通过这种方法来删除软件。

8.3 常用工具软件一学即会

为了提高中老年朋友的电脑操作技能，本节主要介绍一些常用工具软件的使用与操作方法。这些软件的应用与操作都很简单，只要按着书中的讲解一步一步地操作就能一学即会。

8.3.1 文件压缩与解压工具WinRAR

WinRAR是目前使用最广泛的压缩/解压缩工具，主要用于将电脑中的多个文件或文件夹压缩为一个文件，便于文件的传输与存储。

另外，通过WinRAR还可以对压缩后的文件进行加密，从而确保文件的安全。我们可以通过在网上下载或购买光盘来获取WinRAR的安装文件，然后进行安装即可。

下面主要给中老年朋友介绍一下WinRAR软件的相关使用。

光盘同步文件

同步视频文件：光盘\同步教学文件\第8章\8-3-1.avi

1 对大量资料文件或文件夹进行压缩

如果要给对方发送文件或者为了节约磁盘空间，可以通过WinRAR软件对相关文件资源进行压缩打包。具体操作方法如下。

① 选择“添加到压缩”命令

❶指向需要压缩的文件或文件夹并单击鼠标右键；❷在快捷菜单中单击“添加到压缩文件”命令，如右图所示。

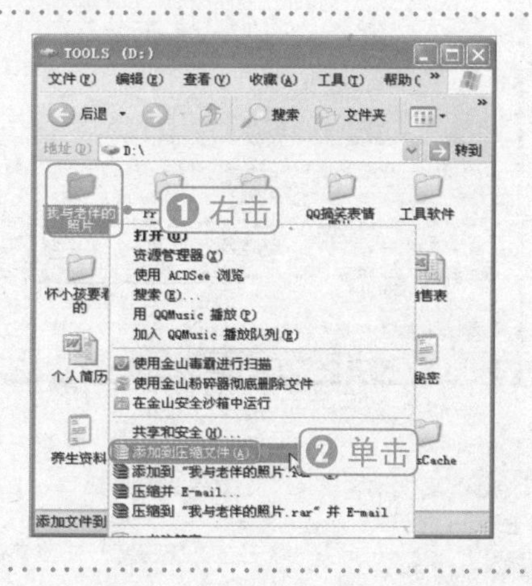

② 设置压缩参数

打开“压缩文件名和参数”对话框，❶输入压缩文件名（一般默认），❷选择压缩文件格式及方式，❸根据需要选择压缩选项，❹单击“确定”按钮，如下图所示。

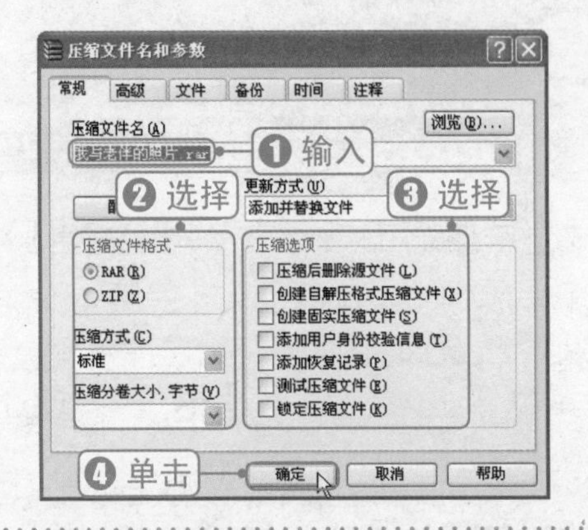

③ 开始压缩文件

经过上步操作，WinRAR开始对文件进行压缩，如下图所示，用户需要等待，其等待时间长短与压缩文件的大小有关。

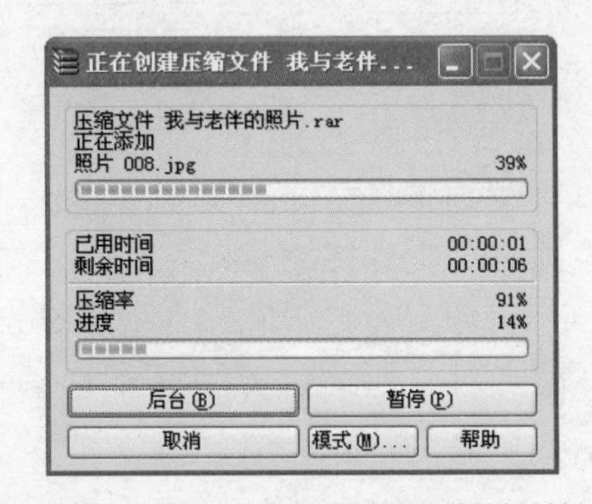

④ 查看并显示压缩包

压缩完毕后，即可查看到已压缩的文件包，如下图所示。

知识加油站　快捷压缩方式

右击文件或文件夹，在弹出的快捷菜单命令中，其相关压缩命令含义如下。

- 添加到压缩文件：单击会弹出压缩窗口，用户可以自己设置压缩文件的文件名及保存路径。
- 添加到×××.rar：单击该命令，压缩软件会自动生成一个与用户所选文件的文件名相同的压缩文件，并将压缩文件存放在与选择文件相同的位置。
- 压缩并E-mail：单击该命令，表示压缩所选文件资源并发送电子邮件。

通过压缩软件对文件或文件夹进行压缩后，原文件及文件夹并没有删除，这种方式也可用于对文件资源的备份操作。压缩文件资源后，用户可选择原文件查看其大小，再选择压缩后的文件查看其大小，观察文件大小是否发生变化。

知识加油站

对文件资源进行加密压缩

如果是对重要的文件资料进行压缩时，还可以进行加密压缩。具体方法：

在“压缩文件名和参数”对话框中，❶单击“高级”标签，❷单击“设置密码”按钮，在弹出的对话框中设置好密码，❸单击“确定”按钮进行加密压缩即可。

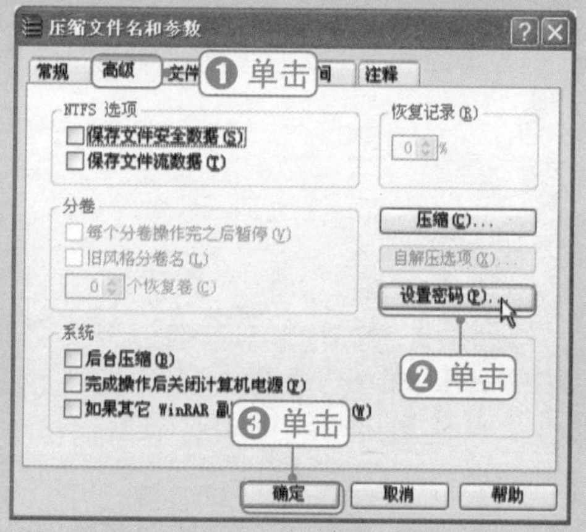

当对文件资料进行加密压缩后，在解压时需要输入正确密码才能进行解压。

2 对压缩包进行解压

在使用已压缩的资源时，必须先对压缩包进行解压操作，然后才能查看和使用文件资源。要对压缩包进行解压，其具体方法如下。

1 选择“解压文件”命令

❶指向需要解压的压缩包文件并单击鼠标右键；❷在快捷菜单中单击“解压文件”命令，如右图所示。

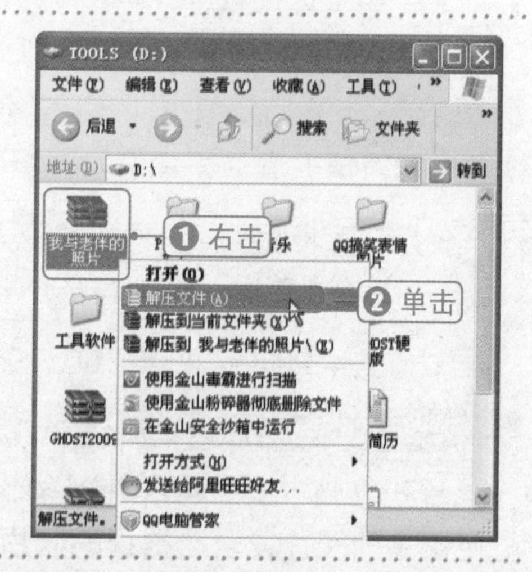

②设置解压位置并解压

打开“解压路径和选项”对话框，❶在左侧选择解压方式，❷在右侧选择解压文件的存放位置，❸单击“确定”按钮即可开始解压缩，如右图所示。

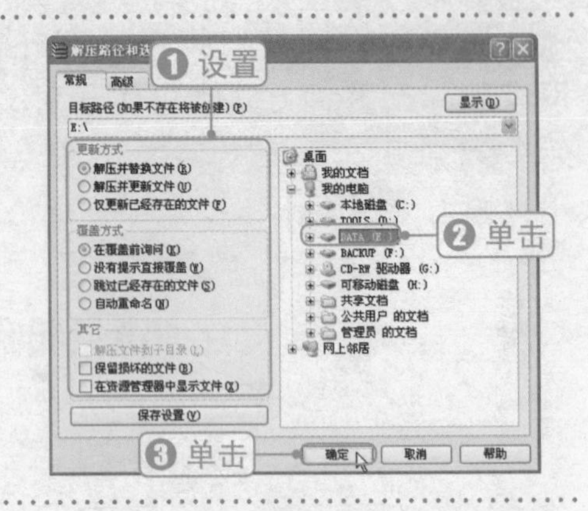

知识加油站

选择快捷解压方式

右击压缩文件，在弹出的快捷菜单命令中，其相关解压命令含义如下。

- 解压文件：单击会弹出解压窗口，用户可以自己设置解压文件的存放位置。
- 解压到当前文件夹：单击该命令，直接将压缩包中的文件资源解压存放在当前位置。
- 解压到×××：单击该命令，表示生成一个与压缩包同名的解压文件夹。

同样，对压缩包解压后，原有的压缩包文件并没有删除，还可以多次进行解压使用。

8.3.2 图片查看与管理工具ACDSee

ACDSee是一款功能强大、操作简单的图片浏览工具。随着数码相机等设备广泛使用，电脑中存储的照片和图片，都可以通过ACDSee方便地浏览、查看以及编辑。

光盘同步文件

同步视频文件：光盘\同步教学文件\第8章\8-3-2.avi

下面给中老年朋友介绍ACDSee的基本操作与使用。

1 快速浏览电脑中的图片

当在电脑中安装好ACDSee软件后，就可以通过它非常方便地浏览电脑中的图片或自己拍摄的照片。具体方法如下。

1 启动ACDSee程序

在桌面上双击ACDSee程序快捷图标，如下图所示，即可打开ACDSee程序窗口。

2 选择图片浏览的位置

❶在窗口左上角区域的“文件夹”窗口内，单击选择要浏览图片的位置；❷在中部区域内显示出该位置的相关图片，可以双击要查看的图片，如下图所示。

3 快速浏览图片

打开ACDSee编辑窗口，可以单击“上一个”按钮、“下一个”按钮快速浏览图片，如下图所示。

4 设置自动播放图片

单击窗口工具栏中的“自动播放”按钮，即可让ACDSee采用幻灯片播放方式自动浏览图片，如下图所示。

将图片设置为桌面背景

知识加油站

在浏览图片的过程中，随时可以将自己喜欢的照片或图片设置为桌面背景。具体操作方法：将鼠标指针指向图片上单击右键，在快捷菜单中选择“墙纸”命令，然后单击墙纸的显示方式，如平铺或居中。

2 图片的调整与编辑

ACDSee软件除了可以方便图片浏览与查看外，还具有非常简单且实用的图片编辑与处理功能。下面给中老年朋友进行介绍。

（1）旋转与翻转图片

如果觉得拍摄照片的显示角度不对时，可以根据需要进行旋转或任意角度调整。举例如下：

1 选择“旋转/翻转”命令

❶单击“修改”菜单，❷在菜单中单击“旋转/翻转”命令，如右图所示。

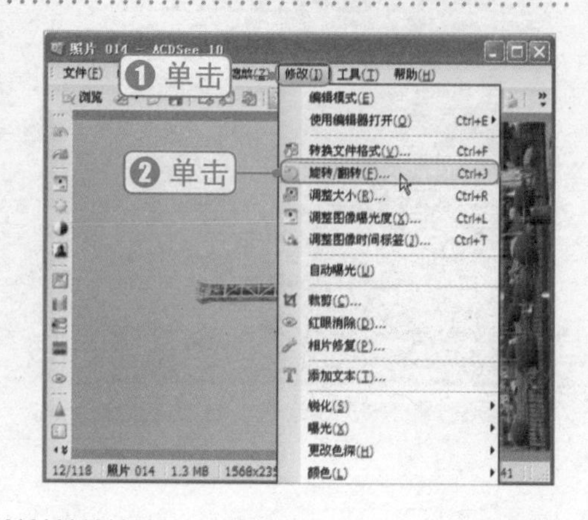

2 设置旋转方式

打开“批量旋转/翻转图像”对话框，❶选择照片旋转方式，❷单击“开始旋转”按钮即可，如右图所示。

（2）裁剪图片

对于拍摄的照片，还可以通过“裁剪”功能进行二次构图。举例如下：

1 选择“裁剪”命令

❶单击“修改”菜单，❷在菜单中单击“裁剪”命令，如下图所示。

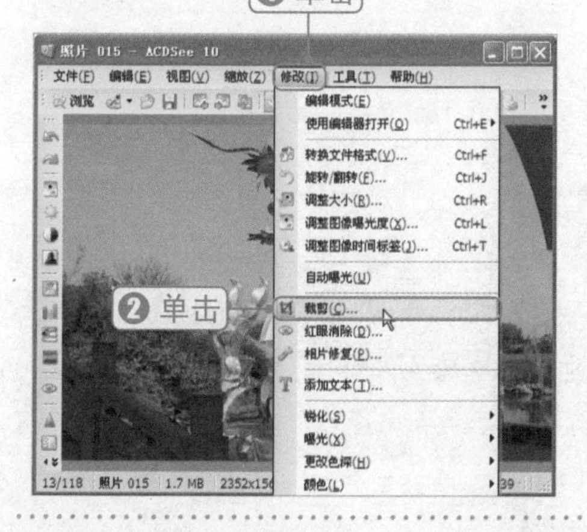

2 设置照片裁剪范围

打开“编辑面板：裁剪”窗口，❶在照片区域内拖动控制块设置裁剪范围，❷单击“完成”按钮即可，如下图所示。

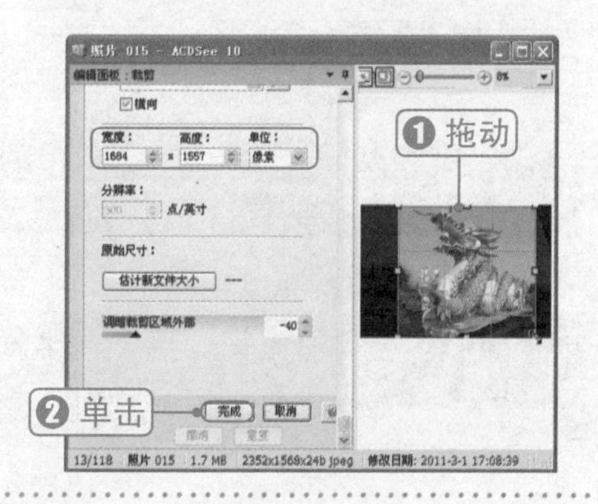

（3）修复红眼

在拍摄人物时，由于拍摄环境因素或者操作不当，有时可能导致出现“红眼”效果的照片，此时就可以通过ACDSee进行修复挽救。

1 选择“红眼消除”命令

❶单击“修改”菜单，❷在菜单中单击“红眼消除”命令，如下图所示。

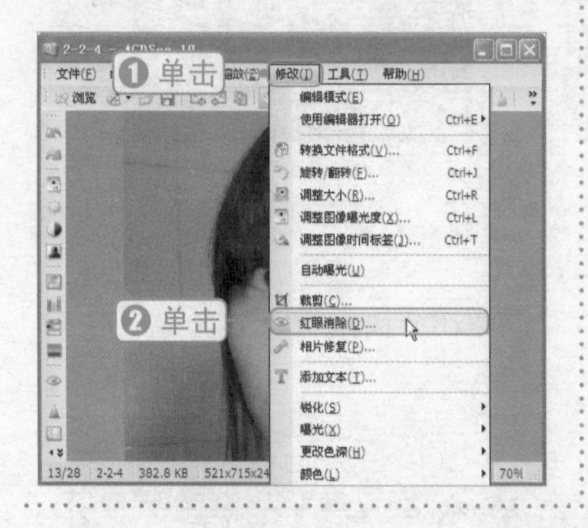

2 消除眼部红眼

打开“编辑面板：红眼消除”窗口，❶设置“消除强度”值，❷指向人物红眼部分拖动鼠标并框住红眼即可消除，如下图所示。

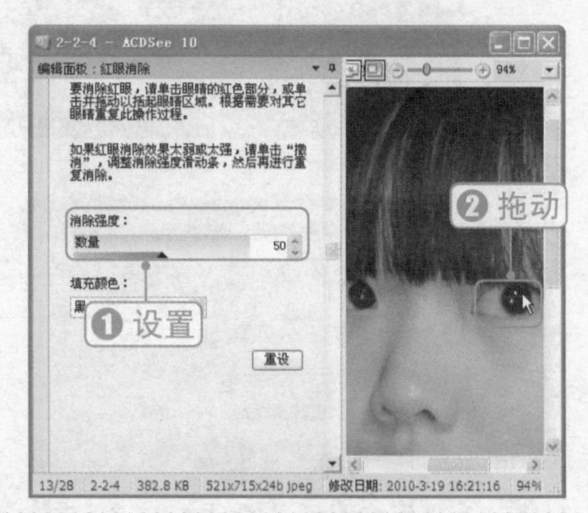

知识加油站 其他图片处理与编辑功能

在ACDSee中，提供了丰富的图片处理与编辑功能（如转换图片格式、调整曝光度、修复照片、添加艺术效果等），这些功能的使用都很简单，由于篇幅有限，这里就不一一介绍。中老年朋友可以自己动手试一试。

8.3.3 数码照片处理与修饰工具“光影魔术手”

“光影魔术手”功能很强大，可以对数码照片的画质进行改善、创建各种影像效果、添加各种精美的相框等。它的最大优点在于操作简单、好学易用，不需要任何专业的图像处理技术知识，只要认识了该软件的各种功能，任何人都可以制作出漂亮的艺术照片。

光盘同步文件

同步视频文件：光盘\同步教学文件\第8章\8-3-3.avi

下面给中老年朋友介绍“光影魔术手”软件的常用操作。

1 熟悉“光影魔术手”的界面

当在电脑中安装好“光影魔术手”软件后，可以双击桌面上的“光影魔术手”程序快捷图标，或者通过开始菜单中的“所有程序”列表来启动“光影魔术手”程序，其界面组成如下图所示。

显示与隐藏界面对象

知识加油站

在“光影魔术手”程序窗口中，其界面中的对象可以通过单击“查看”菜单，然后在菜单中选择需要显示的窗口对象，命令前有“√”表示在窗口中已显示出该对象，否则表示隐藏该对象。

2 常见照片处理技术

很多中老年朋友都喜欢使用数码相机进行拍照。有时，由于拍摄环境或自身技术原因，导致某些照片总是让人感觉到有点遗憾。其实，这些遗憾可以使用“光影魔术手”软件来挽救和避免。下面给中老年朋友介绍使用“光影魔术手”处理数码照片的一些基本常用技能。

（1）修复曝光不足的照片

在拍摄照片时，如果由于环境因素而导致照片曝光不足，那么可以通过“光影魔术手”软件进行数码补光。举例如下：

具体操作方法如下。

1 执行“打开”命令

在“光影魔术手”程序窗口中，单击“打开”按钮，如下图所示。

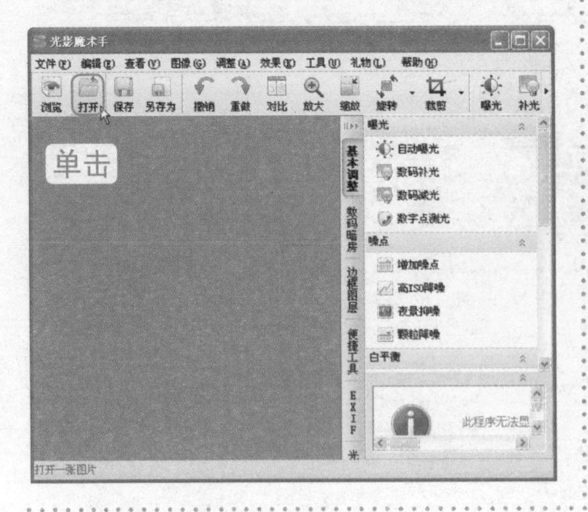

2 打开数码照片

弹出“打开”对话框，❶选择要打开的数码照片，❷单击“打开”按钮，如下图所示。

③执行“数码补光”命令

❶打开照片后单击“右侧栏”中的“基本调整”选项，❷在显示的命令中单击“数码补光”命令，如下图所示。

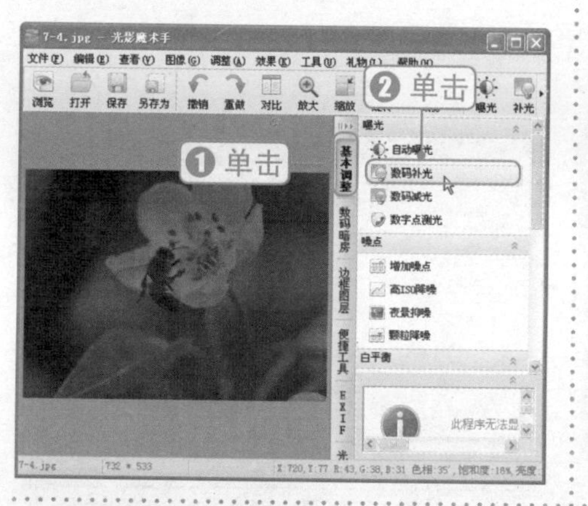

④设置补光参数

打开“数码补光”对话框，❶根据需要设置补光范围、亮度及强度，❷单击“确定”按钮完成补光操作，如下图所示。

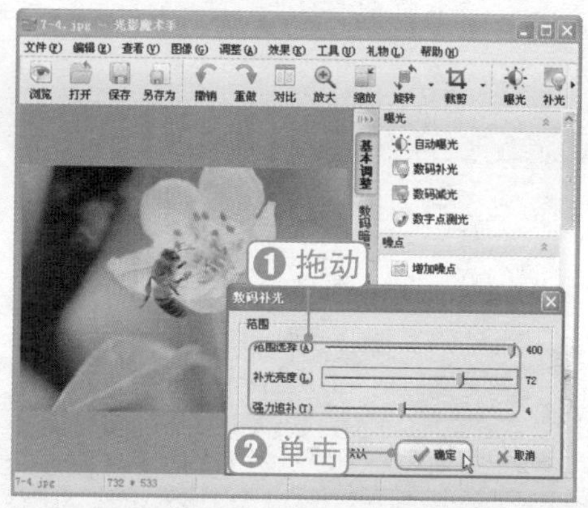

调整曝光过度的照片

知识加油站 上面介绍的是曝光不足照片的处理方法。其实，在“光影魔术手”中，也可以调整曝光过度的照片，只需在“右侧栏”中单击“基本调整”选项，然后单击“数码减光”命令即可进行调整。

（2）人像美容

“光影魔术手”还提供了人像照片后期处理的功能，如人像磨皮功能。可以自动识别人像的皮肤，把粗糙的毛孔磨平，令肤质更细腻、白皙，看上去会让人年轻许多。举例如下：

具体操作方法如下。

① 执行“人像美容”命令

❶打开照片，❷单击“右侧栏”中的“数码暗房”选项，❸在显示的命令中单击“人像美容”命令，如下图所示。

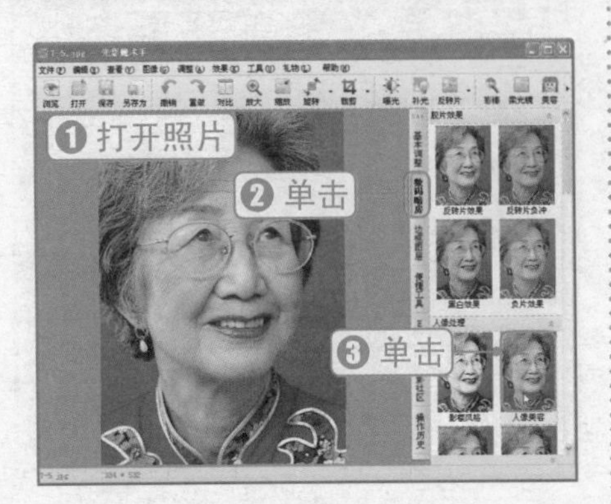

② 对人像进行美容操作

打开“人像美容”界面，❶根据需要设置磨皮力度、亮白及范围参数值，❷单击“确定”按钮完成人像美容操作，如下图所示。

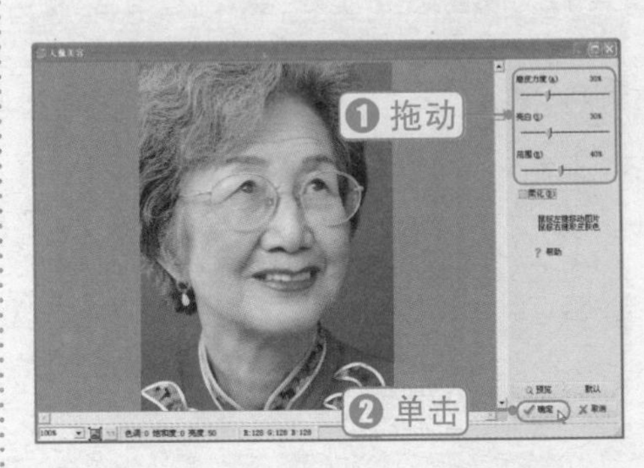

（3）给照片添加花样边框

想给自己的照片添加一个精美的相框吗？花样边框功能一键轻松搞定，还可以自己制作属于自己的个性边框。举例如下：

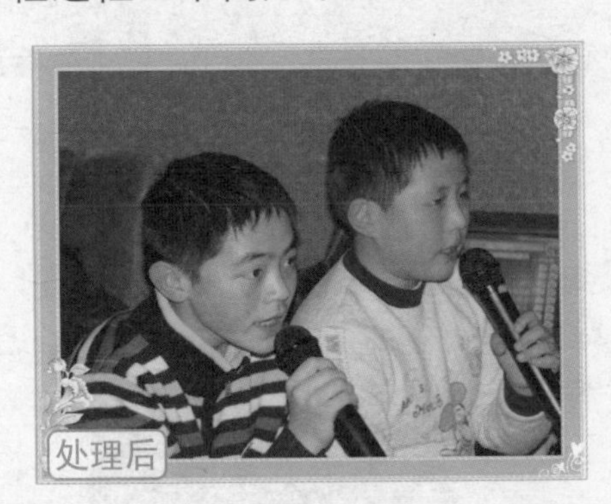

具体操作方法如下。

1 执行“花样边框”命令

❶打开照片，❷单击“右侧栏”中的“边框图层”选项，❸在显示的命令中单击“花样边框”命令，如下图所示。

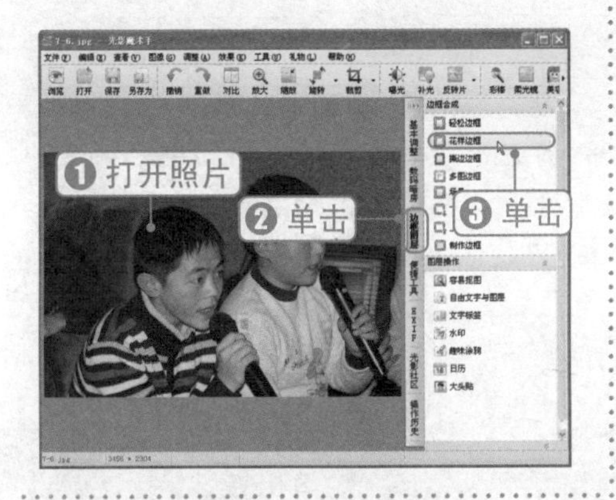

2 给照片添加边框

打开“花样边框”对话框，❶根据需要在右侧选择边框样式，❷在左侧设置照片裁剪及边框显示区域，❸设置好后，单击“确定”按钮完成照片边框的制作，如下图所示。

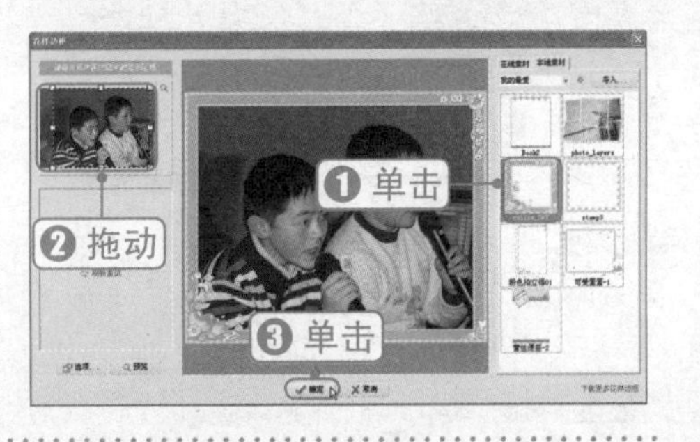

知识加油站

其他数码照片处理功能应用

“光影魔术手”软件为我们提供了丰富的照片处理功能，无论是照片的修饰修复，还是艺术效果处理，都提供了功能强大而操作简单的命令。中老年朋友自己可以动手试一试。

Chapter 09

走近精彩的互联网世界

本章导读

互联网，又称为Internet，是目前世界上最大的一个电脑网络。在互联网上，有着丰富的信息资源，为我们的生活与工作提供了极大的方便。广大中老年朋友可以将电脑连接到互联网上，这样就可以在网上查询信息、读书看报、网上娱乐等。在本章中，主要介绍网上冲浪的基本操作，以及网上资源信息的搜索与下载方法。

知识技能要求

通过本章内容的学习，让中老年朋友掌握网上冲浪的基本操作与应用。学完后需要掌握的相关技能知识如下：

- ❖掌握如何将电脑连接到互联网
- ❖掌握IE浏览器的基本操作
- ❖掌握网上信息的搜索方法
- ❖掌握网上资源的下载方法

9.1 网上冲浪一点通

将电脑连接到互联网上，我们就可以非常方便地浏览和享用网络中丰富的信息，并体验互联网带来的乐趣。

9.1.1 将电脑连接到互联网上

电脑接入Internet的方式有多种，既可以有线接入，也可以无线接入；既可以通过电话线拨号连接，也可以通过社区宽带直接连接。下面介绍两种常见的接入方式，我们可以根据自己实际情况选择合适的上网方式。

1 通过电话线ADSL拨号连接

ADSL拨号上网是目前比较常见的、应用较广泛的一种上网方式，特别适合家庭用户。电脑使用ADSL连接上网，必须先要安装一部电话。

ADSL拨号上网具有传输速率快，接入方便等优点。它与普通电话共存于一条电话线上，互不影响。其连接示意图如下图所示。

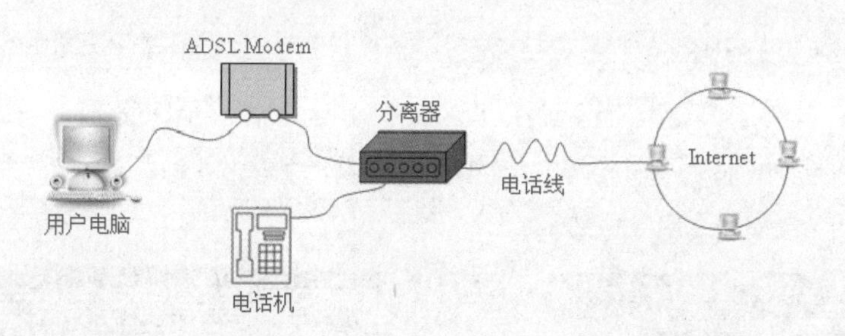

问：在电信部门（如电信、联通、移动等）申请后，如何安装相关硬件设备呢？

答：在电信部门申请ADSL拨号上网业务后，一般在规定的时间内电信部门会派技术人员上门为用户安装上网的相关设备，并帮助用户调试好。不过，用户也可以查看说明书，自己动手进行安装。

2 通过社区宽带连接

目前，有许多网络运营商将上网宽带安装在社区中，通过社区的宽带与家中的电脑相连，即可让电脑上网。

这种接入方法不需要安装电话，只需在用户的电脑中安装一块网卡，然后由运营商派技术人员上门安装，用一根网线将用户电脑与社区宽带的路由器相连即可。其连接示意图如下图所示。

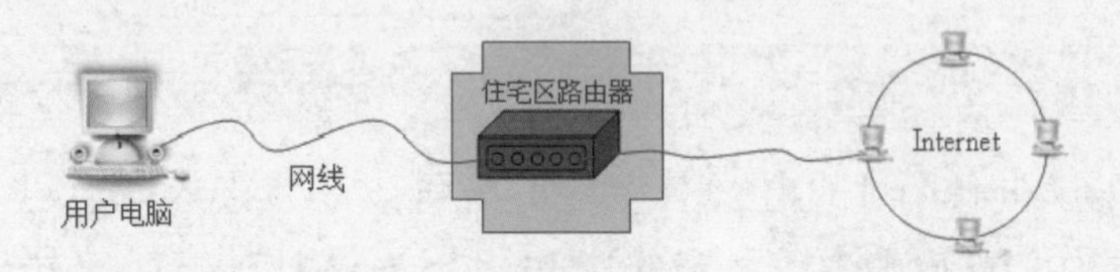

9.1.2 打开IE浏览器登录网站

“浏览器”是上网必需的工具，通过它才能看到网上的相关信息。目前，最常用的是微软公司的IE浏览器（Internet Explorer）。

光盘同步文件

同步视频文件：光盘\同步教学文件\第9章\9-1-2.avi

使用浏览器登录网站的方法如下。

1 选择IE浏览器

❶单击“开始”按钮，❷在菜单中单击Internet命令，如下图所示。

2 输入网址

打开IE浏览器窗口，在“地址栏”中输入网址，按Enter键，即可登录到网站，如下图所示。

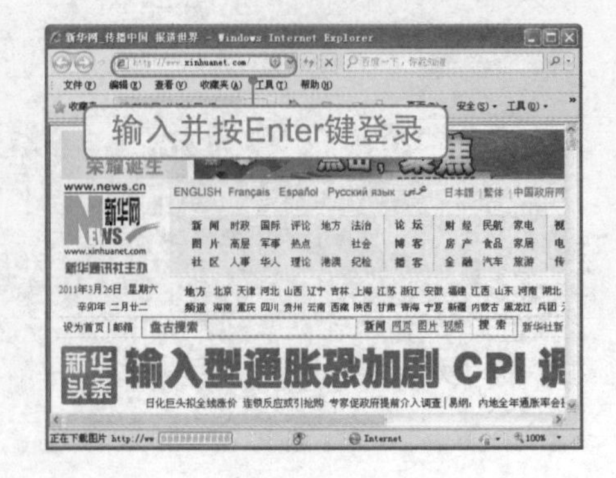

知识加油站

登录网站的其他方法

当通过IE浏览器访问了多个网站后，IE浏览器会自动保存我们访问过的网站网址。因此，可以直接单击“地址栏”下拉列表框右边的按钮，在显示的列表中单击网址来登录需要访问的网站。操作方法如右图所示。

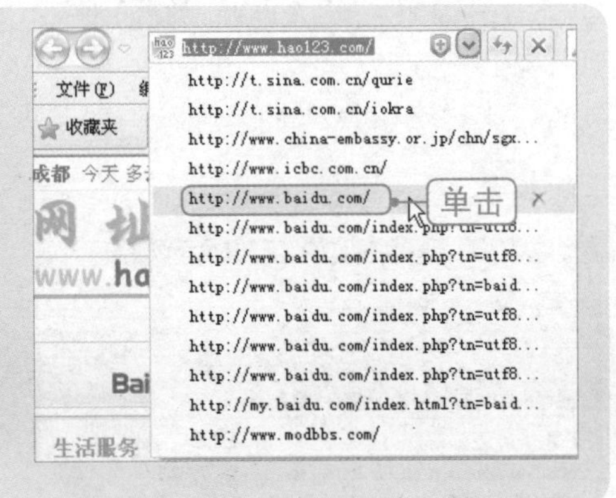

9.1.3 浏览网上的信息

1 浏览页面信息

登录到网站后，当鼠标指针指向网页中的某一段文字或某一幅图片上时，鼠标指针会变成“”形状，表示此处文字或图片具有超链接功能。单击这些文字或图片，即可对网站中的内容进行浏览。

光盘同步文件

同步视频文件：光盘\同步教学文件\第9章\9-1-3.avi

例如，要在页面中浏览新闻内容，具体操作方法如下。

1 单击“新闻”链接

在打开的“新华网”页面中，单击“新闻”链接，如右图所示。

②单击要访问的新闻标题

打开“新闻”页面，单击要查看的新闻标题链接，如下图所示。

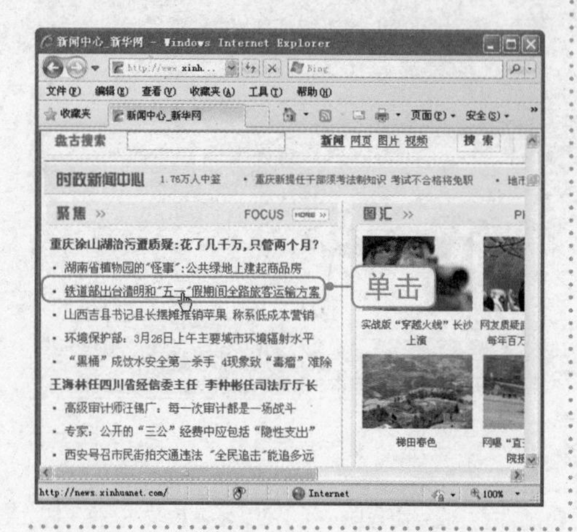

③查看新闻内容

经过上步操作后，打开选择的新闻内容页面即可进行查看，如下图所示。

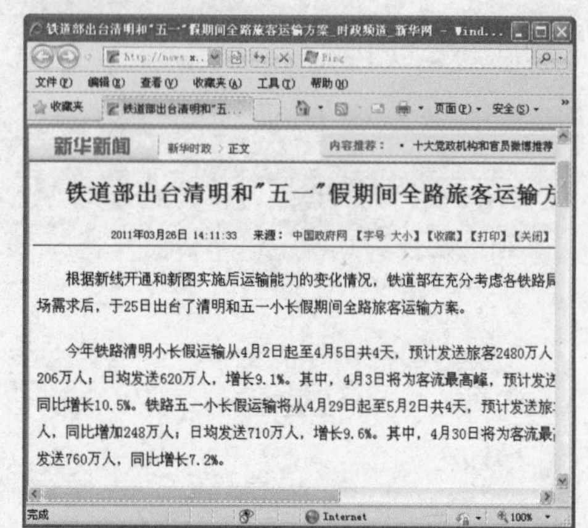

停止与刷新页面

知识加油站

①停止打开网页：打开IE浏览器后，如果网站页面不是自己需要的，就可以单击“标准”工具栏上的“停止”按钮，让浏览器终止正在打开的页面。

②刷新页面信息：网站上的信息变化是非常快的，随时可能会有最新的信息发布到网站上。要访问到最新的页面信息，可以单击“标准”工具栏上的“刷新”按钮。“刷新”操作特别适合网上在线直播等情况下使用。

2 后退与前进页面

前进与后退页面是我们在上网浏览时的常用操作。

①后退页面：“后退”按钮位于IE浏览器的“标准”工具栏中，其作用是让IE浏览器显示已访问过的上一个网页。

单击“后退”按钮旁边的向下箭头，将弹出已经访问过的网页列表，我们可以从中选择要后退的目标网页。

②前进页面：“前进”按钮位于“后退”按钮的右边。“前

进”按钮的作用与“后退”按钮的刚好相反，当后退页面后，可以单击“前进”按钮向前跳转。在使用“前进”按钮时，必须已经使用过“后退”按钮才有效。

9.1.4 将自己经常要访问的网站添加到收藏夹中

通过IE浏览器提供的“收藏夹”可以随时将自己常用的网站或页面收藏起来，以方便日后访问，而不必每次重复输入复杂的网址。

光盘同步文件

同步视频文件：光盘\同步教学文件\第9章\9-1-4.avi

例如，将“中华医药”网站进行收藏。在页面中打开“中华医药”网站，然后按以下方法进行操作。

1 执行“添加到收藏夹”

❶单击“收藏夹”菜单，❷在菜单中单击“添加到收藏夹”命令，如下图所示。

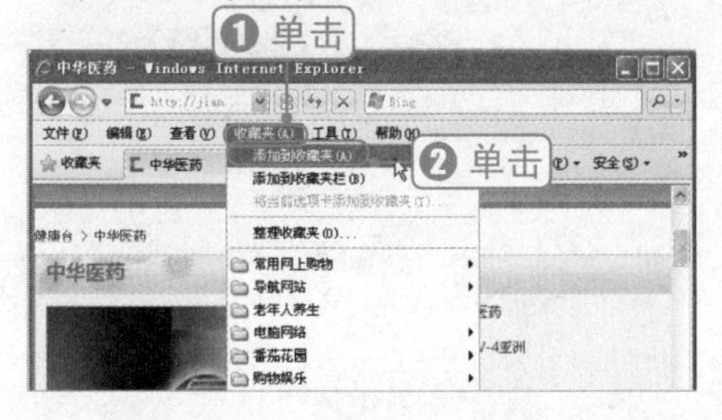

2 设置收藏名称与位置

打开“添加收藏”对话框，❶输入收藏的名称，并选择添加的位置，❷单击“添加”按钮即可，如下图所示。

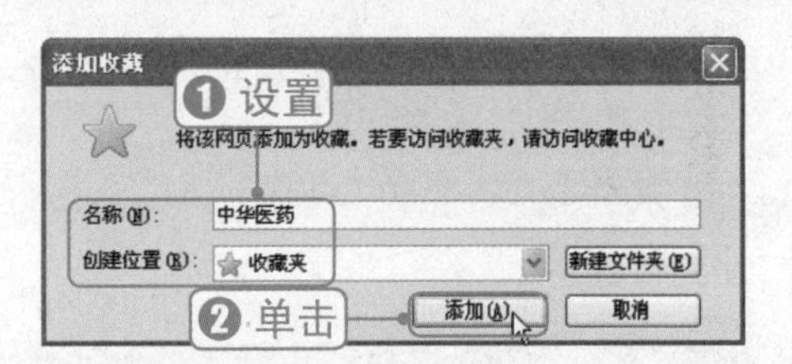

3 快速访问收藏的网站

将网站添加到收藏夹中后，要访问该网站时，❶单击“收藏”菜单；❷单击需要访问的网站即可，如右图所示。

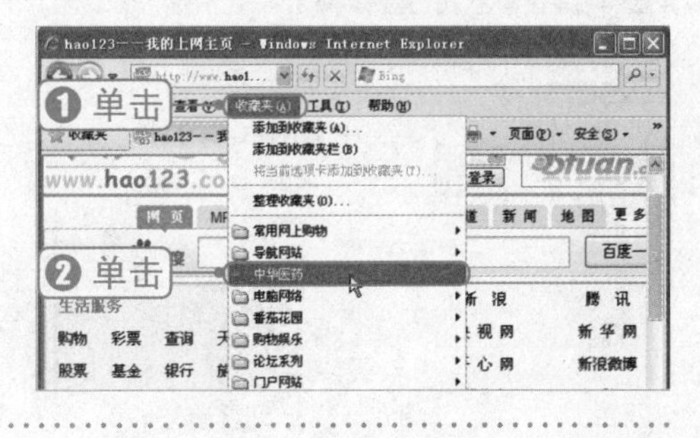

分类存放收藏的内容

知识加油站

当收藏的信息或网站越来越多时，为了方便管理与访问，可以在上图中的"添加收藏"对话框中单击"新建文件夹"按钮，新建一个分类的文件夹，如"养生保健"，然后在"创建位置"下拉列表中选择创建的分类文件夹，即可将收藏的网站存放在该文件夹中。

9.1.5 将需要的信息保存在自己的电脑中

在浏览网上信息时，可以将需要的信息保存在自己的电脑中，以方便使用。

光盘同步文件

同步视频文件：光盘\同步教学文件\第9章\9-1-5.avi

例如，在网上查看到自己有用的信息时，可以将该页面进行保存。具体方法如下。

1 执行"另存为"命令

❶单击"文件"菜单，❷在菜单中单击"另存为"命令，打开"保存网页"对话框，如下图所示。

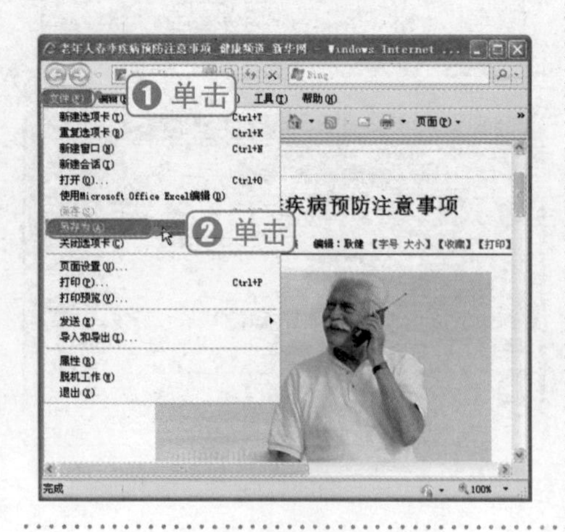

2 选择保存位置

❶在"保存网页"对话框中，选择保存位置，❷输入保存的名称，❸单击"保存"按钮即可，如下图所示。

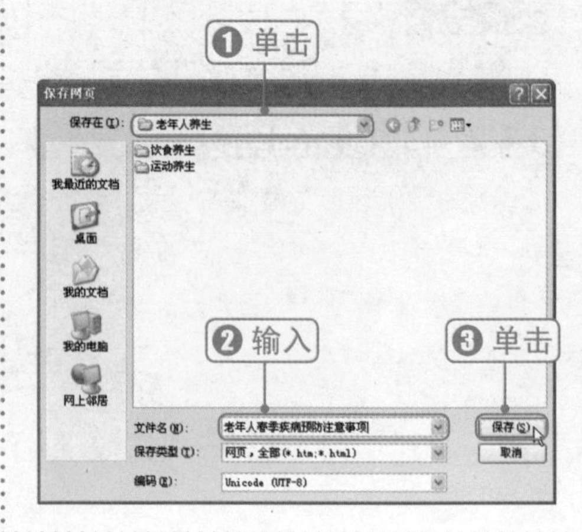

当保存好后，以后要访问或要使用该页面信息时，只要打开保存位置（上图中选择的磁盘或文件夹），然后打开文件即可访问。

疑难解答

问：在网上看到漂亮的图片，如何将图片保存在自己的电脑中呢？

答：只需指向要保存的图片上并单击鼠标右键，在弹出的快捷菜单中单击“图片另存为”命令就可打开保存对话框进行保存。通过浏览器直接保存图片时，只能保存的图片格式为.JPG、.GIF、.PNG等格式，而一般网页中常见的Flash动画图片是无法直接通过IE保存的。中老年朋友在判断图片是否可以保存时，最简单的方法是右击页面中的图片，在快捷菜单中有“图片另存为”命令，就表示可以将该图片保存在电脑中。

9.1.6 让浏览器一打开就登录到自己要访问的网站

浏览器默认主页是指当打开IE浏览器窗口后，浏览器默认打开的第一个页面或站点。我们可以根据需要对默认主页进行设置。

光盘同步文件

同步视频文件：光盘\同步教学文件\第9章\9-1-6.avi

例如，为了方便上网操作，将“hao123网址导航”网站设置为IE浏览器的默认主页。具体操作方法如下。

1 执行“Internet选项”命令

❶单击“工具”菜单，❷单击“Internet选项”命令，如右图所示。

② 设置IE主页的网站

❶在“主页”栏中输入要设置的网站网址，❷单击“确定”按钮，如右图所示。

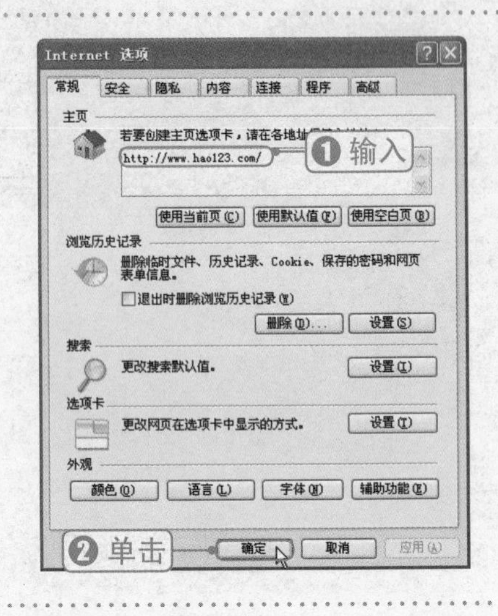

选择对象与指向对象的区别

知识加油站

在“主页”区域中，除了可以通过输入网址的方法设置默认主页外，还可以单击下方的按钮进行设置。“使用当前页”按钮，表示将当前浏览器中打开的页面设置为默认主页；“使用默认页”按钮，表示恢复使用IE浏览器默认的主页，即微软主站点；“使用空白页”按钮，表示不设置浏览器主页，而采用空白页。

主页设置完毕后，以后打开IE浏览器时就会自动登录到默认的主页。另外，在使用浏览器的过程中，只要单击工具栏中的“主页”按钮，也可以让浏览器快速打开设置的主页。

9.2 在网上快速查找所需信息

Internet中有着丰富的信息资源，涵盖了我们生活中的方方面面。要在广阔的信息海洋中快速找到自己所需的信息，就需要掌握网上信息的搜索方法。本节主要介绍如何通过专业的搜索引擎，快速查找到自己需要的信息内容。

9.2.1 在网上快速搜索新闻信息

中老年朋友都比较关心一些实时新闻信息，那么可以在网通过相关搜索引擎来快速搜索需要的新闻资料。

光盘同步文件

同步视频文件：光盘\同步教学文件\第9章\9-2-1.avi

这里以最常用的“百度”搜索引擎为例，介绍相关信息的搜索方法。例如，要查找关键字为“日本地震”的新闻内容。打开IE浏览器，输入“百度”网站网址（http://www.baidu.com），按Enter键打开主页，再按以下方法进行操作。

1 选择“新闻”搜索类型

单击“新闻”链接，打开“百度新闻搜索”页面，如下图所示。

2 输入关键字并搜索

❶在搜索框中输入关键字，如“日本地震”，❷单击“百度一下”按钮，如下图所示。

3 单击搜索出的标题

经过上步操作，即可搜索出与关键字“日本地震”相关的新闻。要查看某条新闻时，只需单击相关链接标题即可，如右图所示。

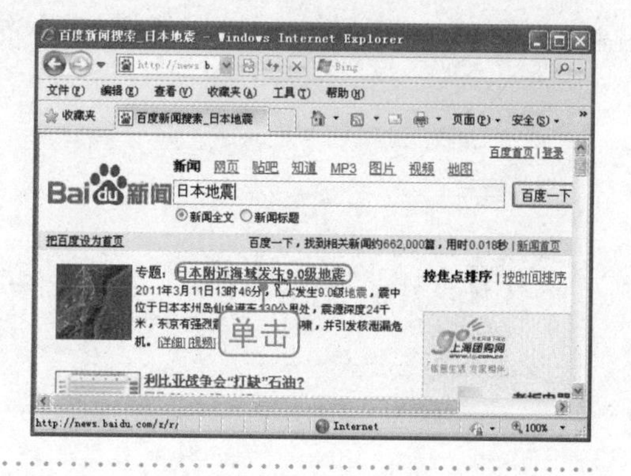

4 查看新闻内容

在打开的新闻页面中，就可以查看到新闻的具体内容，如右图所示。

常用搜索引擎有哪些

知识加油站

搜索引擎是最有效的网上资料搜索工具。在搜索引擎中输入关键字内容，就可以快速查找到指定类型的相关信息。当前常用搜索引擎网站有：百度（www.baidu.com）、谷歌（www.google.com）、搜狐“搜狗”搜索（www.sogou.com）、新浪“爱问”搜索（www.iask.com）、网易“有道”搜索（www.youdao.com）等。

9.2.2 在网上搜索图片信息

网上有着丰富的图片信息，中老年朋友可以根据自己需要来查找和搜索。

光盘同步文件

同步视频文件：光盘\同步教学文件\第9章\9-2-2.avi

例如，搜索与关键字“长城”相关的图片，具体操作方法如下。

1 选择“图片”搜索类型

在“百度”主页中单击“图片”链接，如右图所示，切换到“百度图片”搜索页面。

2 输入关键字并搜索

❶在搜索框中输入关键字，如“长城”；❷单击“百度一下”按钮，如下图所示。

3 搜索出相关的图片

经过上步操作，即可搜索出与关键字“长城”相关的图片，要查看某张图片时，只要单击图片即可放大显示，如下图所示。

9.2.3 在网上搜索音乐、电视及电影信息

在互联网上，还为我们提供了丰富的多媒体信息，如音乐、电视及电影等资源。使用搜索引擎，也可以快速搜索到需要的音乐、电视与电影。

光盘同步文件

同步视频文件：光盘\同步教学文件\第9章\9-2-3.avi

1 在网上搜索喜欢的音乐

想听音乐，又不知道哪个网站上有时，通过搜索引擎搜索是非常方便的方法。在搜索音乐时，也可以输入歌手的名字来查找。例如，要搜索与“涛声依旧”相关的音乐，具体操作方法如下。

1 选择“MP3”搜索类型

在“百度”主页中单击MP3链接，如右图所示，切换到百度音乐搜索页面。

② 输入关键字并搜索

❶在搜索框中输入关键字，如“涛声依旧”；❷单击“百度一下”按钮，如右图所示。

③ 搜索出音乐选择试听

搜索出与关键字“涛声依旧”相关的音乐，如果要试听该音乐，可以单击“试听”链接，如下图所示。

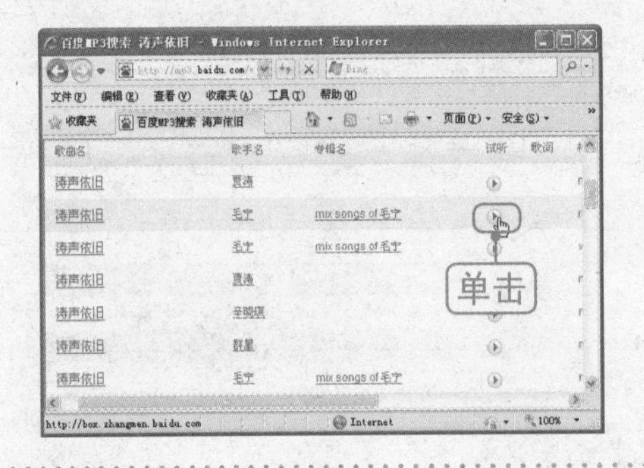

④ 在线播放音乐文件

打开百度音乐盒播放页面，开始在线播放该音乐，如下图所示。

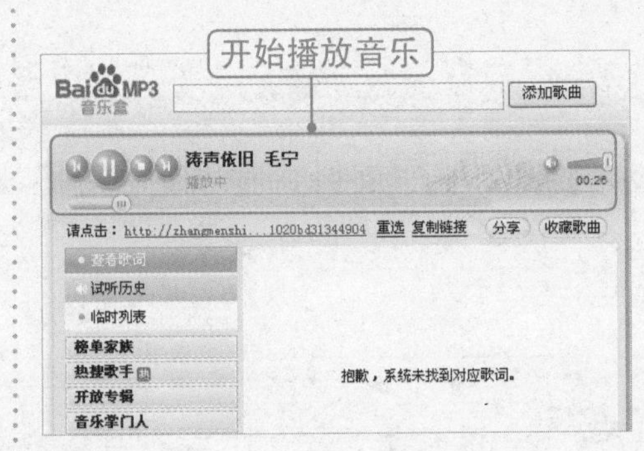

问：如何将音乐保存在电脑中？

疑难解答 答：可以单击“歌曲名”打开链接页面，然后指向歌曲链接并单击鼠标右键，选择“目标另存为”命令，将歌曲下载到自己的电脑中。

2 在网上搜索喜欢的电视和电影

互联网上还有丰富的影视资源，中老年朋友也可以在网上搜索自己喜欢的电视和电影。例如，要搜索热门电视剧“东方”，其具体操作方法如下。

1 选择“视频”搜索类型

在“百度”主页中单击“视频”链接，如下图所示，切换到百度视频搜索页面。

2 输入关键字并搜索

❶在搜索框中输入关键字，如“东方”，❷单击“百度一下”按钮，如下图所示。

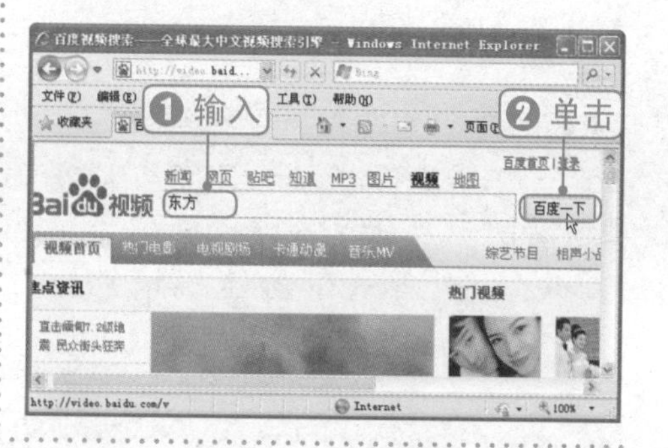

3 选择要观看的视频

搜索出与关键字“东方”相关的视频内容，如果要观看该视频，可以单击相关的视频链接，如下图所示。

4 在线播放视频文件

经过上步操作，打开视频网站，单击“播放”按钮，即可在网上观看到电视或电影了，如下图所示。

9.2.4 在网上搜索天气、股票及健康信息

在互联网上还可以快速查找到“城市天气”、“股票信息”、“健康资讯”等方面的内容。

光盘同步文件

同步视频文件：光盘\同步教学文件\第9章\9-2-4.avi

1 网上查看天气预报

百度支持全国多达400个城市和近百个国外著名城市的天气查询。在百度搜索框中输入要查询的城市名称加上“天气”这个关键词，就能获得该城市当天的天气情况。例如，搜索“北京天气”，就可以搜索出北京今天的天气情况，操作方法如下。

1 输入关键字并搜索

在“百度”默认的“网页”搜索页面中，❶输入关键字“北京天气”；❷单击“百度一下”按钮，如下图所示。

2 查看城市天气预报

经过上步操作，就可搜索出北京最近三天的天气预报信息，如下图所示。

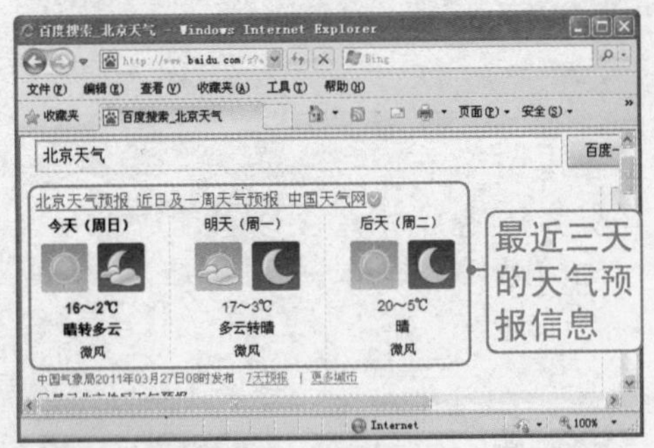

2 网上搜索股票、列车、航班等信息

在“百度”搜索框中输入股票代码、列车车次或者飞机航班号，就能获得与其相关的信息。例如，要搜索股票代码“600196”的股票信息，具体操作方法如下。

1 输入股票代码

在“百度”默认的“网页”搜索页面中，❶输入股票代码600196；❷单击“百度一下”按钮，如右图所示。

② 查看搜索出的股票信息

经过上步操作，就可搜索出代码为600196（复星医药）股票的相关信息，如右图所示。

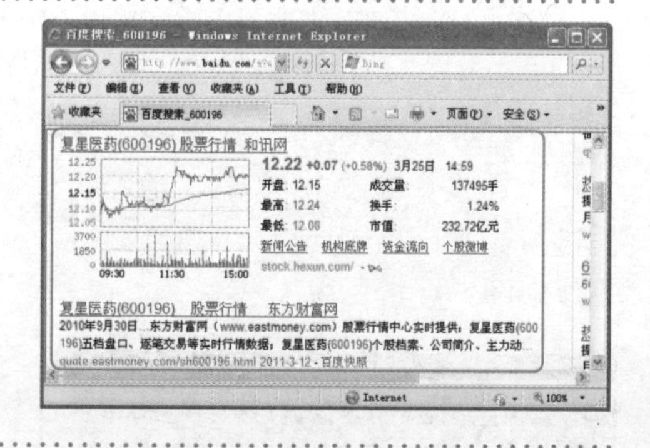

3 网上搜索生活健康信息

例如，要搜索与关键字“中老年人如何预防三高”相关的信息，其操作方法如下。

① 输入关键字并搜索

在“百度”默认的“网页”搜索页面中，❶输入搜索关键字内容；❷单击“百度一下”按钮，如下图所示。

② 查看搜索出的结果

搜索出与关键字“中老年人如何预防三高”的相关信息，单击某个链接可查看具体信息，如下图所示。

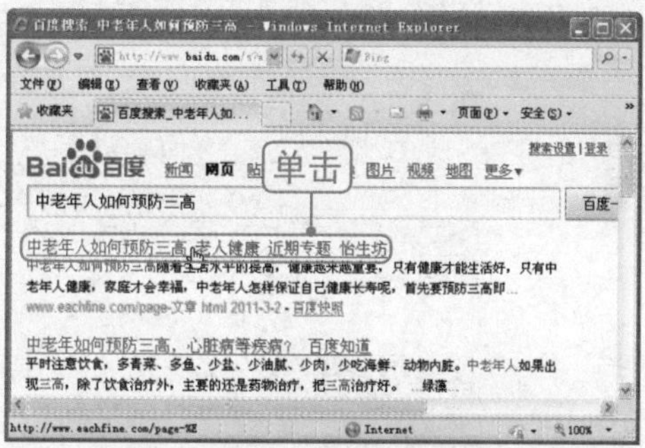

9.2.5 在网上查找城市地图信息

中老年朋友如果要去一个城市，但又不知道具体交通信息，那么可以在网上使用百度搜索引擎搜索目标城市的电子地图，了解相关交通信息。这样可以方便出行。

光盘同步文件

同步视频文件：光盘\同步教学文件\第9章\9-2-5.avi

例如，搜索“北京市”的电子地图，具体操作方法如下。

1 选择“地图”搜索类型

在“百度”主页中单击“地图”链接，如下图所示，切换到“百度地图”搜索页面。

2 输入城市名称并搜索

❶在搜索框中输入关键字，如“北京市”；❷单击“百度一下”按钮，如下图示。

经过上步操作，即可搜索出北京市的城市地图，如下图所示。

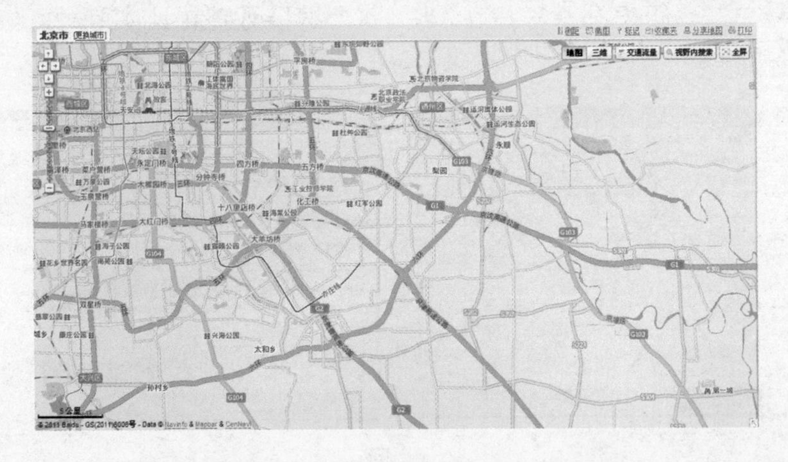

地图的查看技巧

知识加油站

↑、↓、←、→：方向按钮。地图左上方提供4个方向按钮，单击相关按钮，可以上、下、左、右调整地图的显示位置。

+、-：缩放按钮。在左上角的滑杆上也可以向上拖动滑块（或单击+按钮）放大显示地图；向下拖动滑块（或单击-按钮）缩小显示地图。

9.2.6 在网上搜索软件信息

在互联网中还为我们提供了丰富的电脑软件资源，如果要使用某个软件又无安装程序时，那么可以在网上搜索并进行下载。

光盘同步文件

同步视频文件：光盘\同步教学文件\第9章\9-2-6.avi

例如，要在网上搜索哪些网站提供“腾讯QQ”聊天软件的下载，具体操作方法如下。

① 输入软件名称并搜索

在“百度”默认的“网页”搜索页面中，❶输入搜索关键字内容；❷单击“百度一下”按钮，如右图所示。

② 查看搜索出的结果

搜索出与关键字“腾讯QQ 下载”的相关信息，单击某个链接可查看该软件的具体下载信息，如右图所示。

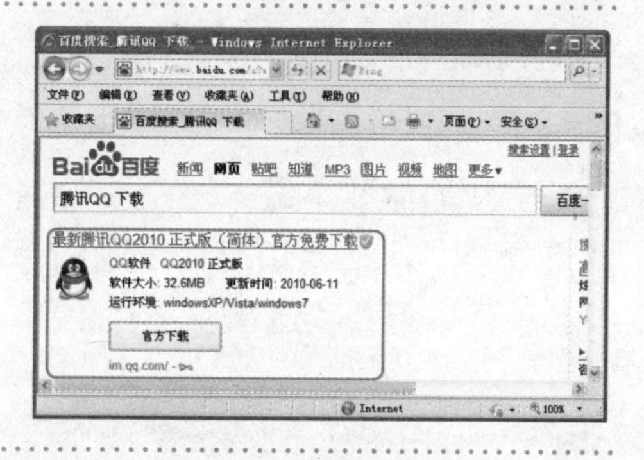

搜索软件下载的技巧

知识加油站

当要在网上下载某个软件，而又不知道哪个网站提供下载时，在百度搜索框中输入“软件名+下载”进行搜索，即可快速搜索出提供该软件下载的网站信息。

9.3 将网上信息下载到自己的电脑中

在互联网上，除了可以查找信息外，还可以将图片、新闻、小说、软件、游戏、音乐、电影等信息从网上进行下载。本节内容主要介绍网上信息的下载方法。

9.3.1 使用IE浏览器直接下载

下载网上资源一般有两种途径：一种是通过浏览器直接进行下载；另一种是通过专业下载工具软件进行下载，如迅雷（xunlei）、网际快车（FlashGet）、QQ超级旋风等软件。

在电脑中没有安装专业的下载工具软件时，可以通过IE浏览器直接进行下载。

光盘同步文件

同步视频文件：光盘\同步教学文件\第9章\9-3-1.avi

当我们需要下载某一个资源（如音乐、游戏、软件等），而又不知道哪一个网站提供有该资源的下载时，就可以通过搜索引擎进行查找。下面以下载“迅雷”工具为例，介绍具体操作方法。

1 搜索要下载的软件

在“百度”默认的“网页”搜索页面中，❶输入搜索关键字内容；❷单击“百度一下”按钮，如右图所示。

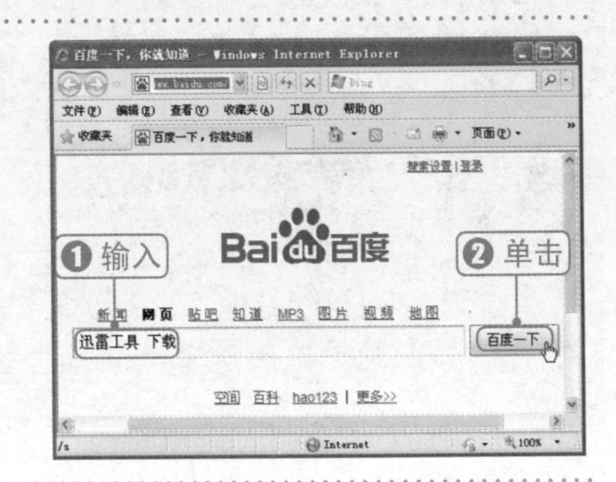

2 选择搜索出的下载网站

搜索出与关键字“迅雷工具 下载”相关的信息，单击某个链接打开下载网站，如下图所示。

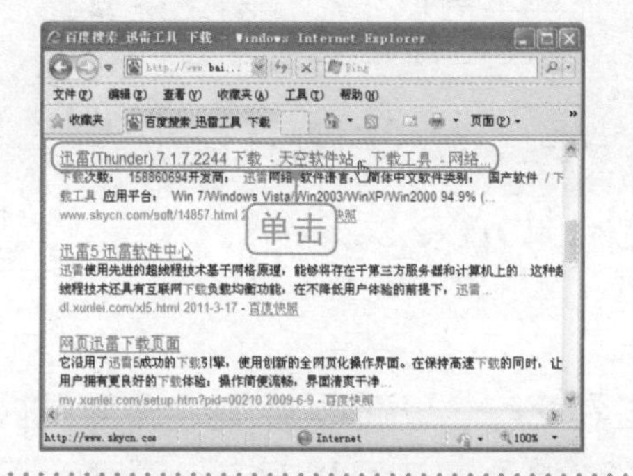

3 查看软件并拖动页面

❶在打开的下载页面中，可以查看到该软件的相关信息，如版本、大小、更新时间等；❷向下拖动垂直滚动条显示下载链接，如下图所示。

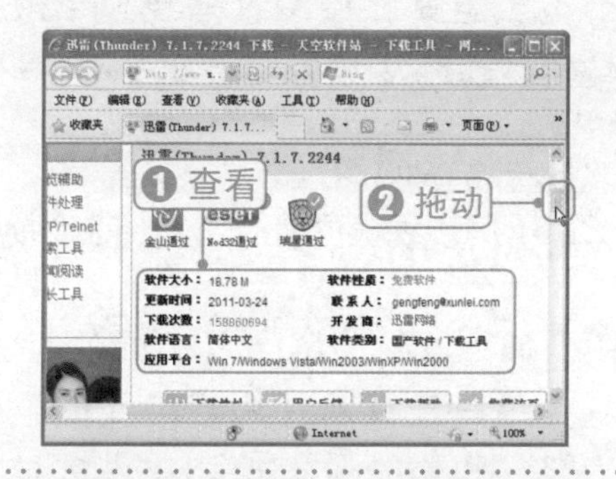

4 选择下载站点

在显示的下载站点列表中，根据自己电脑联网的方式，选择一个下载站点，如下图所示。

5 选择“保存”按钮

弹出“文件下载”对话框，单击“保存”按钮，打开“另存为”对话框，如下图所示。

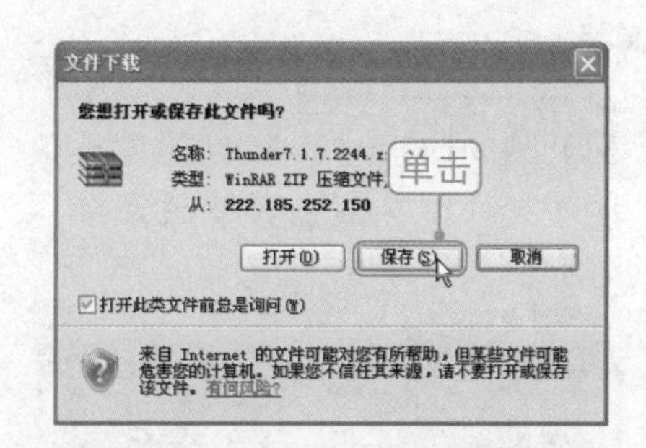

6 设置保存位置并保存

❶在对话框中设置软件的保存位置；❷单击“保存”按钮，即可将网上的资源保存到电脑中，如右图所示。

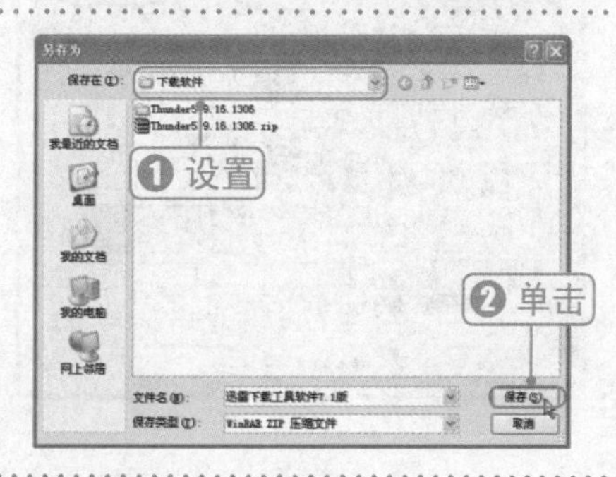

9.3.2 使用专业工具软件来下载资源

在使用IE浏览器下载网上资源时速度一般较慢，并且不支持断点续传等功能。因此，使用IE下载一般适用于下载较小的资源对象。

如果要在网上下载较大的资源时，就应该在电脑中安装一些专业下载工具软件，如FlashGet（网际快车）、迅雷、QQ超级旋风、电驴等下载工具。使用这些专业下载工具软件下载网上资源时，一是速度较快，二是支持断点续传。

光盘同步文件

同步视频文件：光盘\同步教学文件\第9章\9-3-2.avi

1 在电脑中安装迅雷下载工具

迅雷是目前使用最广泛的下载工具之一，功能很强大，深受网民喜爱。迅雷除了可以用于下载单个文件以外，还可以对某个页面上所有的文件进行批量下载。

要使用下载工具来下载网上资源时，首先需要在电脑中安装好相关的下载工具软件。下面以安装“迅雷”工具软件为例，介绍下载工具的安装方法（其他下载工具软件的安装大同小异）。

① 双击安装程序文件

在电脑的磁盘中，找到迅雷安装程序文件，并双击该文件，如下图所示。

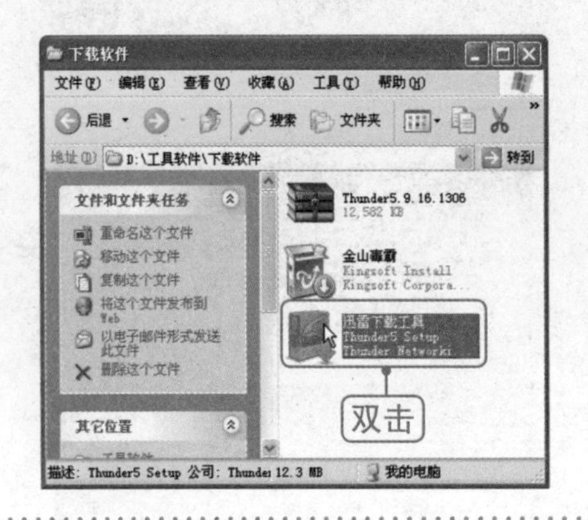

② 选择同意许可协议

打开安装向导窗口，单击“是”按钮，如下图所示。

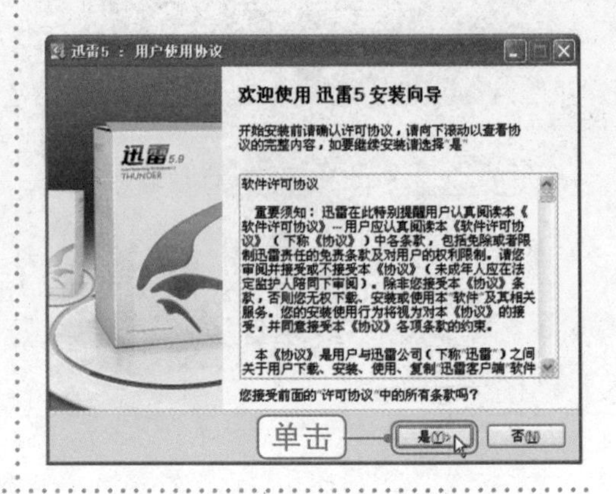

3 选择安装组件

❶显示“选择附加任务”窗口，根据需要选择；❷单击“下一步”按钮，如下图所示。

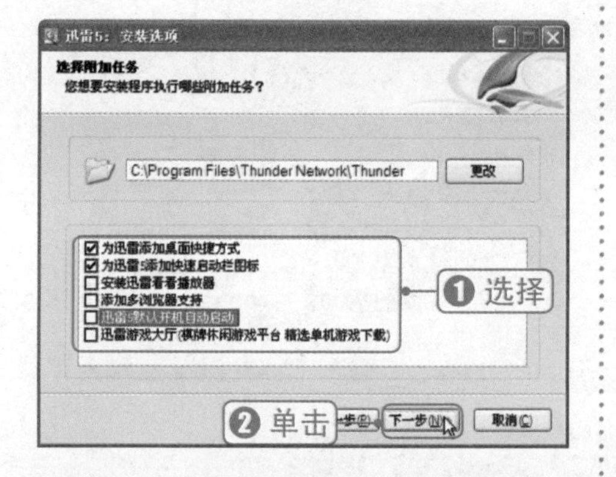

4 选择是否安装百度工具栏

❶在新窗口中根据需要选择是否安装百度工具条（这里选择不安装）；❷单击“下一步”按钮，如下图所示。

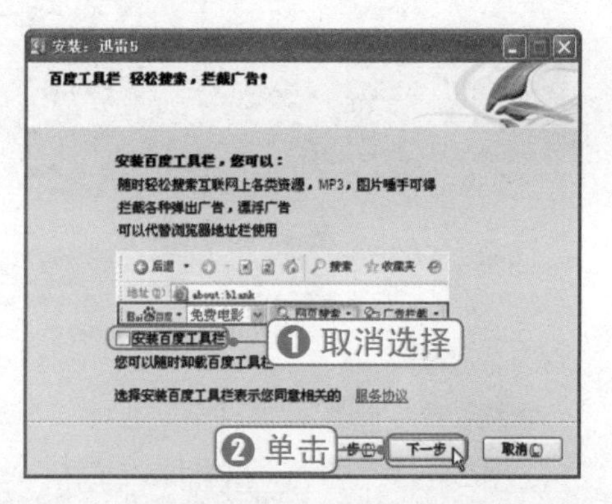

5 开始复制文件并安装

经过上步操作，安装复制文件并进行程序的安装，如下图所示。

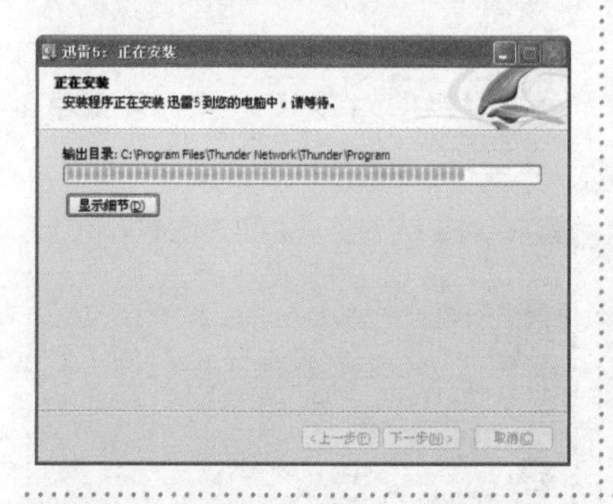

6 完成迅雷的安装

显示“安装完成”窗口，单击“完成”按钮完成迅雷的安装，如下图所示。

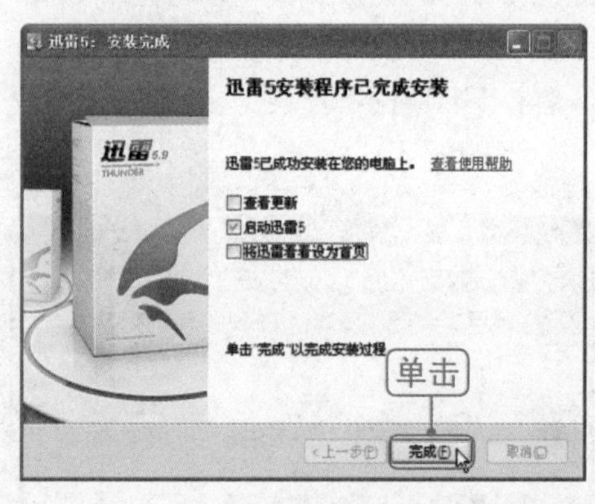

和其他软件一样，当在电脑中安装迅雷后，桌面上和“开始”菜单中就会显示迅雷程序图标。启动迅雷程序后，其界面如下图所示。

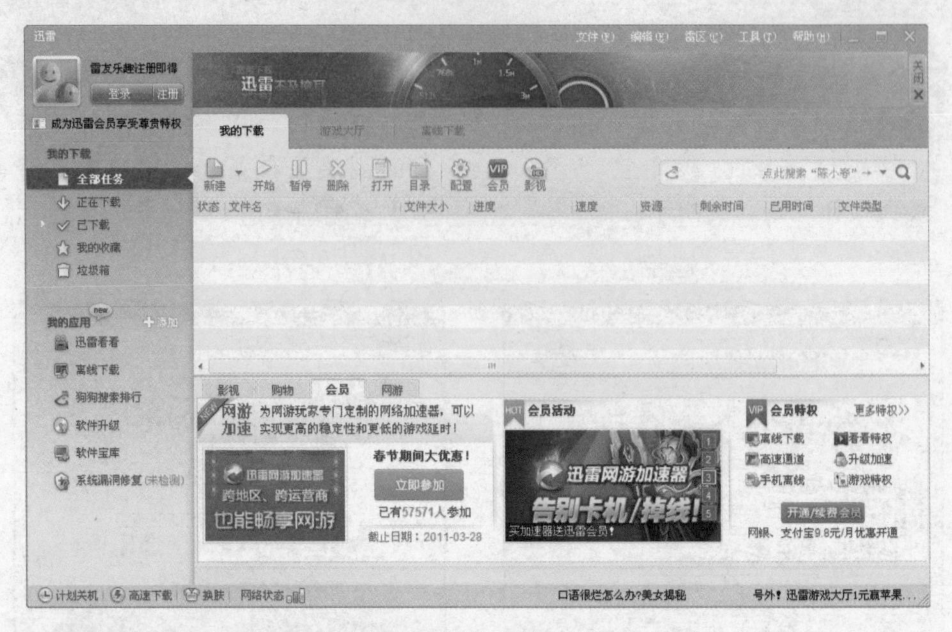

2 使用迅雷下载网上资源

例如，在电脑中安装好“迅雷”下载工具软件，利用该工具来下载“腾讯QQ”软件，具体操作方法如下。

1 搜索要下载的资源

在“百度”默认的“网页”搜索页面中，❶输入搜索关键字内容；❷单击“百度一下”按钮，如下图所示。

2 打开官方下载站点

搜索出与关键字“腾讯QQ 下载”的相关信息，单击“官方下载”按钮，打开QQ官方下载链接，如下图所示。

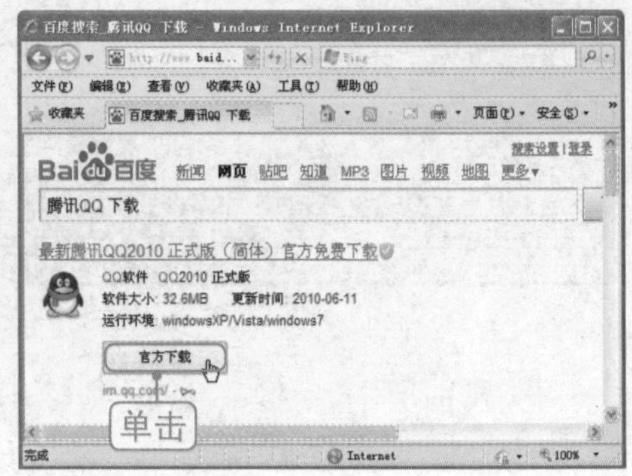

3 启动迅雷选择“浏览”

经过上步操作后，自动启动迅雷下载工具，弹出“建立新的下载任务”对话框，单击“浏览”按钮，如右图所示。

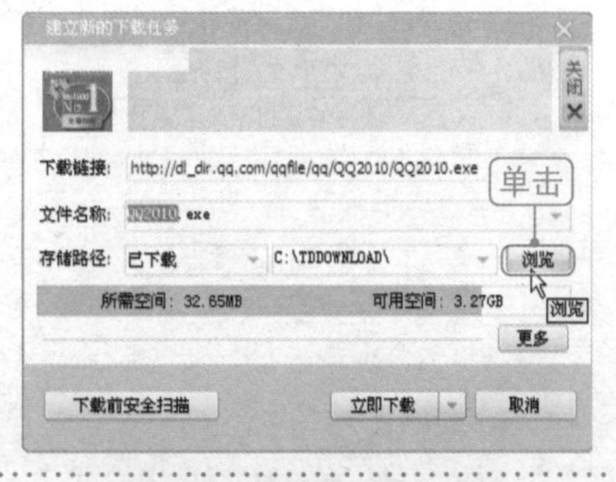

4 设置文件的保存位置

打开“浏览文件夹”对话框，❶选择下载资源的保存位置；❷单击“确定”按钮，如右图所示。

5 选择“立即下载”

返回“建立新的下载任务”对话框，单击“立即下载”按钮，如右图所示。

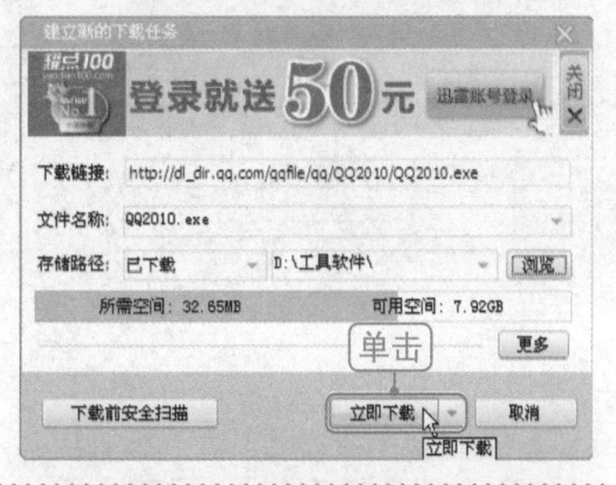

6 开始对资源进行下载

经过上步操作，迅雷开始下载“腾讯QQ”软件，效果如右图所示。

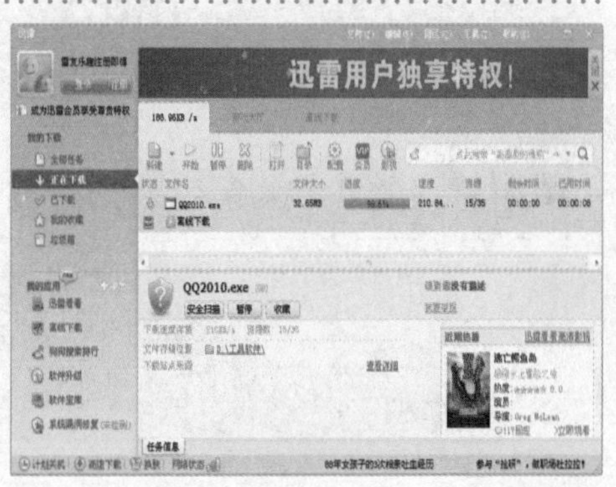

问：安装迅雷后，为什么在网页中一点击下载链接，就会启动迅雷？

疑难解答

答：这是因为迅雷提供了一项“监视浏览器”的功能，该功能可以在用户点击下载链接时，自动启动迅雷并建立下载任务。如果要关闭该功能，可以指向任务栏右边的“迅雷”图标并单击右键，选择“高级”命令，在子菜单中取消“监视浏览器”命令的选择，如右图所示。

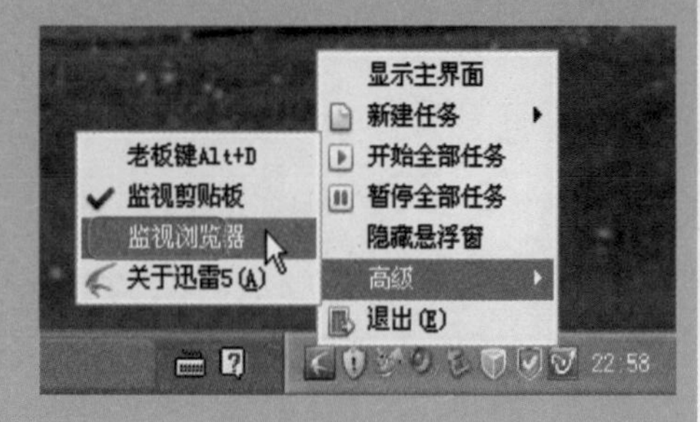

让迅雷任务下载完后自动关闭电脑

知识加油站

在下载一些较大的资源时，或许需要很长时间，可能夜间都要开着电脑进行下载。为了减少电能消耗，可以设置下载任务完成后自动关机。

❶单击“工具”菜单，❷选择“计划任务管理”命令，❸在子菜单中选择“下载完成后关机”命令即可。

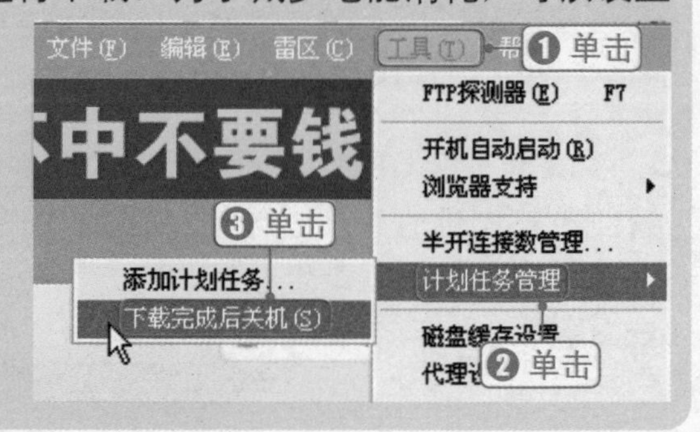

Chapter 10

与亲朋好友在网上通信交流

本章导读

互联网还为我们提供了方便的通信功能，通过网络，广大中老年朋友就可以非常方便地与自己的亲朋好友网上聊天或通信交流了。与传统通信方式（如电话、邮寄信件、电报等方式）相比，利用电脑网络进行通信，具有方便及时、价格低廉、方式多样的优点。本章主要给中老年朋友介绍使用电子邮件进行通信的方法，以及使用QQ进行网上通信交流的相关操作。

知识技能要求

通过本章内容的学习，中老年朋友主要学会利用电脑在网上通信交流的相关操作。学完后需要掌握的相关技能知识如下：

- ❖了解和认识什么是电子邮件
- ❖掌握电子邮箱的申请方法
- ❖掌握电子邮件的接收与发送操作
- ❖掌握QQ软件的安装及QQ号码的申请方法
- ❖掌握QQ聊天通信的相关操作

10.1 使用电子邮件与亲朋好友进行联络

在当今的网络信息时代，通过Internet收发邮件，已经成为网络用户一种常用的通信方式。使用电子邮件，可以给亲朋好友发送包括文字、图像、声音和视频等多种类型的信息。

10.1.1 什么是电子邮件

电子邮件以其传递速度快、可达范围广、功能强大、使用方便和经济实用等优点，受到广大网民的欢迎和喜爱。

1 认识电子邮件

电子邮件是指使用电脑，并通过Internet平台给远方朋友传送的电子信件。电子邮件传送的示意图如下图所示。

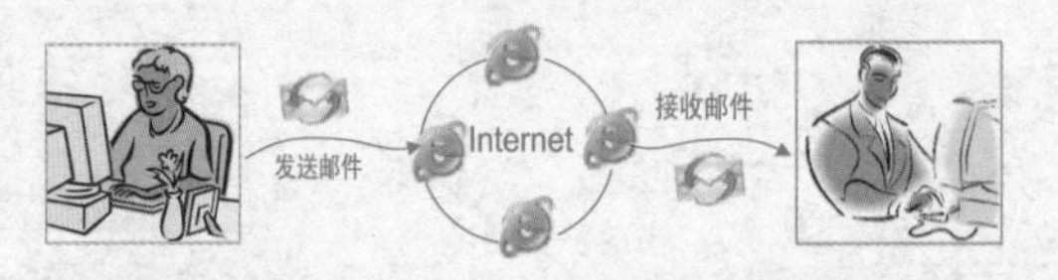

电子邮件最大的特点是可以在任意一台连网的电脑上收、发信件，不受时间和空间的限制，大大提高了学习和工作的效率，为日常生活和办公提供了很大的便利。

2 电子邮箱与邮箱地址

①电子邮箱：电子邮箱是用于接收、发送或管理电子邮件的信箱。我们要在Internet网络中发送电子邮件，必须首先有一个属于自己的邮箱。

在首次使用电子邮件服务时，都需要先在网上申请一个属于自己的电子邮箱。只有成功地注册了自己的邮箱账户，才能登录到电子邮箱，进行电子邮件的收/发操作。

②邮箱地址：每一个电子邮箱都对应着一个邮箱地址。每个邮箱

的地址是全球唯一的，通常由以下3部分组成。

邮箱注册账户名 ＋ @ ＋ 邮件服务器名

例如，在“网易”网站上申请了一个邮箱，如果注册的邮箱账户名是jack，那么该电子邮箱的地址如下。

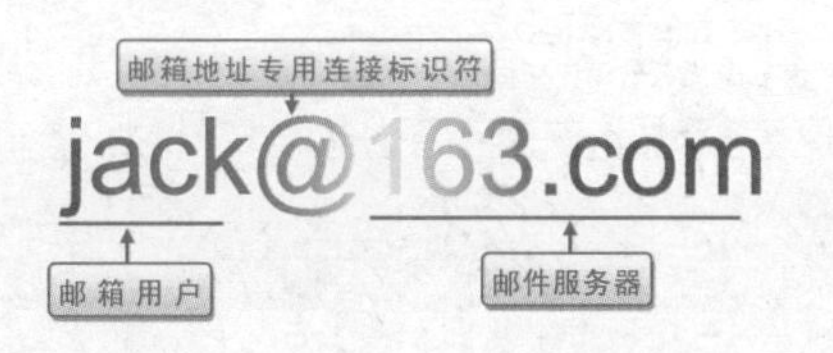

疑难解答

问：电子邮箱地址中的“@”是一种特殊规定吗？

答：是的。“@”读作“at（在）”，是电子邮箱地址的特定连接符号。电子邮箱的账户名与邮件服务器之前必须用“@”连接。上面的邮箱地址jack@163.com，表示是在“163（网易）”网站上申请的电子邮箱，且申请的邮箱账号是“jack”。因此，要收发电子邮件时，需要登录到163网站的邮箱中才能进行操作。

3 电子邮件的组成

一封完整的电子邮件通常包括发件人、收件人、抄送和密送、主题、正文、附件等几个部分。电子邮件的组成格式如下图所示。

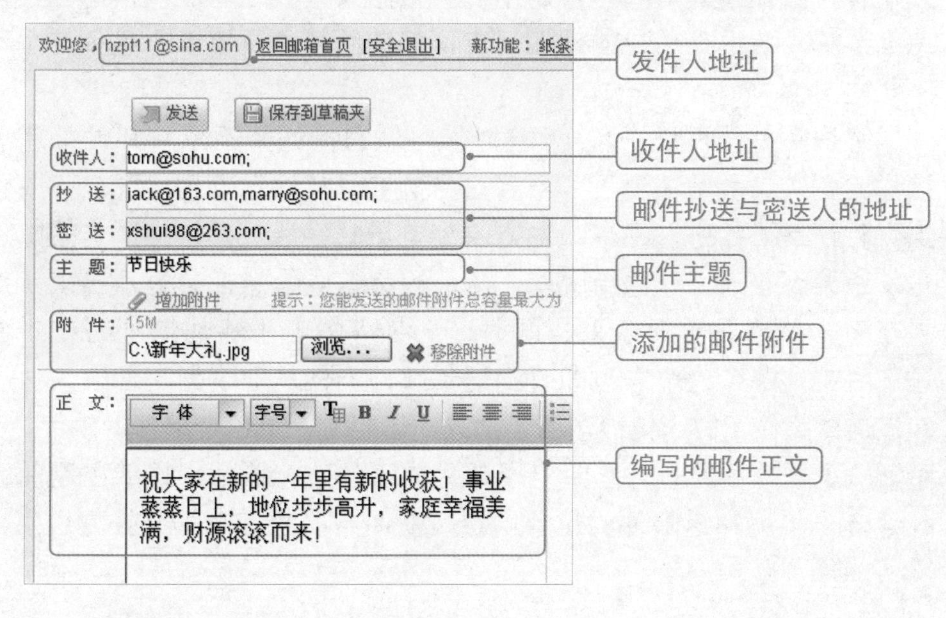

①发件人：发件人的信息包括发件人的电子邮件地址、姓名和回复地址。其中，姓名可以任意输入，用户可以为自己取一个好听的昵称，昵称不影响电子邮件的收发。一般来说，可使用自己的姓名或对方能够识别的名字，否则对方收到信后只能看到发信人的电子邮件地址。回复地址是收信方回信时使用的地址，没有提供回复地址时，则使用发件人的电子邮件地址回信。

给他人发送电子邮件时，只要发件人的电子邮件地址符合邮件发送服务器的要求，写清收件人的电子邮件地址和邮件发送服务器的地址，对方就能收到。

②收件人：收件人的信息至少包括电子邮件地址，有的系统还支持姓名和用户组，例如张三，就能让用户使用姓名和组进行通信。组是多个用户的组合，一封邮件可以写给多个收件人，包括自己，只需要将多个收件人的电子邮件地址或姓名用“；”或“，”隔开即可。

③抄送和密送：一封电子邮件可以抄送给许多人。其实，无论将电子邮件地址写在收件人的位置或者写在抄送的位置，收件人都能够收到邮件。收件人和抄送的区别仅体现在社会功能上，也就是说，一封信是写给你的或者一封信是抄送给你的，二者的语气含义有所不同，抄送的目的可能仅是告诉或通知你一声。这就跟现实生活中发通知一样，通知里要写明上报、下发、抄送某个人或单位等信息。具体怎么选择，要根据用户的理解而定，但使用抄送要慎重，避免产生不必要的误会。

密送在有的系统中称“暗抄”，但它指的并不是将邮件加密后抄送给别人。通常情况下，不管对方的电子邮件地址是出现在“收件人”栏还是“抄送”栏中，对方收到电子邮件后，都能知道这些邮件是发送给哪些人、抄送给哪些人的，因为这些信息都会显示出来。如果在将一封信发给很多人的同时，把某人的电子邮件地址写在“密送”栏中，那么这个人也能收到这封邮件，但其他收到邮件的人并不知道这封邮件还被悄悄抄送给了某人，这也是“暗抄”邮件的功能。

④主题：主题是对整封电子邮件内容的一个概括。好的主题能让收信方一看就知道邮件的主要内容，从而帮助收信者区分轻重缓急，

方便对电子邮件的分类和管理。尽管没有主题的电子邮件也能正常发送，但还是鼓励大家在撰写邮件时加上主题内容。

⑤正文：正文通常是信件的主要内容，是发件人要对收件人说的话。当然，如果是通过附件邮寄一个文件给其他人，正文里可以只有一两句简单的话，说明附件中文件的作用以及如何使用。

⑥附件：附件就是附加在电子邮件中的文件。通过电子邮件可以将一个文件或多个文件发送给其他人，文件的数量和大小取决于电子邮件系统。若要通过电子邮件将文件发送给其他人，首先要将文件作为附件插入到电子邮件中，对方收到电子邮件后，必须将附件中的文件保存到磁盘上，才能使用。

10.1.2 如何申请一个属于自己的电子邮箱

通过Internet发送电子邮件时，除了需要知道对方的电子邮箱地址外，自己也必须要申请一个电子邮箱。目前，很多网站都提供有电子邮箱服务，一般分为免费电子邮箱和收费电子邮箱两种。对于普通用户而言，当然首选免费电子邮箱。

正确认识免费邮箱

作为初学者来说，要对免费邮箱有清楚的认识，并不是所有免费的邮箱都是可靠的。我们申请免费邮箱时，最好选择一些知名度大的网站，如新浪（www.sina.com.cn）、雅虎（www.yahoo.com.cn）、网易（www.163.com）、搜狐（www.sohu.com）、TOM（www.tom.com）等网站。因为在这些网站上申请的邮箱具有可靠性高，功能完善，服务质量好等优点。

光盘同步文件

同步视频文件：光盘\同步教学文件\第10章\10-1-2.avi

下面以在“网易163” 网站（http://www.163.com）上申请免费邮箱为例，介绍邮箱的申请方法。

① 选择注册免费邮箱

❶在IE浏览器中打开“网易163”网站，❷在页面中单击“注册免费邮箱”链接，如右图所示。

② 输入注册信息之一

在打开的注册页面中，按要求与格式输入注册的用户名、密码及相关的安全信息，如右图所示。

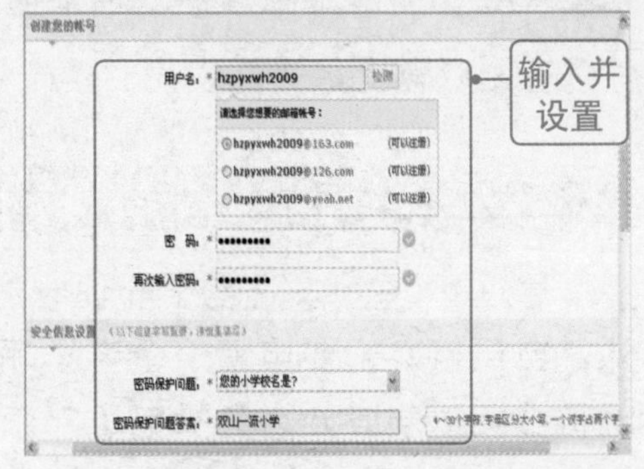

③ 输入注册信息之二

❶向下拖动垂直滚动条显示出其他注册信息，并按要求进行填写；❷输入好信息后，单击“创建账号”按钮，如右图所示。

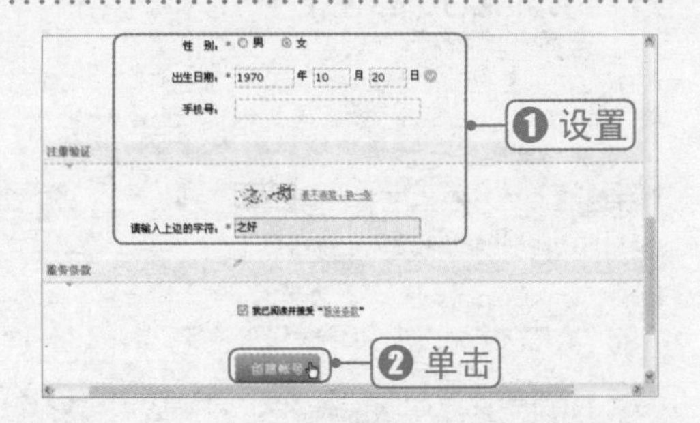

④ 完成邮箱的注册

经过以上步骤操作后，当填写的注册信息有效时，即可在“网易163”网站上申请一个电子邮箱，并显示注册成功的提示页面，如下图所示。

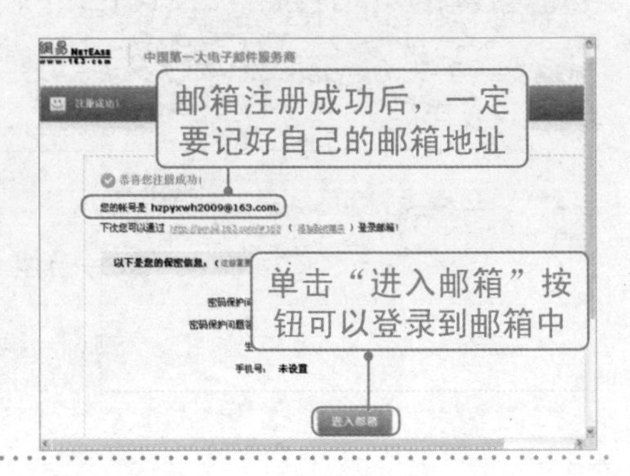

疑难解答

问：在填写注册信息时，有些选项前有“*”表示什么含义？另外，在其他网站注册邮箱的方法也是一样吗？

答：在用户注册页面中，选项前面有*的为必填内容，并且一定要按每项内容后面的要求及格式填写。

在不同网站申请邮箱的步骤大致相同，只需按网站注册提示向导逐步完成即可。用户在申请邮箱时，其注册用户名为hzpyxwh2009，而注册邮箱网站为163.com，因此，邮箱地址为hzpyxwh2009@163.com。用户就可以将该邮箱地址告诉朋友，让朋友给自己发送邮件了。

10.1.3 登录邮箱并查收邮件

电子邮箱申请成功后，如果要收发或阅读邮件，需要先登录到自己的电子邮箱。

光盘同步文件

同步视频文件：光盘\同步教学文件\第10章\10-1-3.avi

电子邮箱的登录非常简单，只要在任意一台连网的电脑上使用浏览器进入到网站，然后通过注册的用户名与密码进行登录即可。具体操作方法如下。

1 登录邮箱

❶在“网易”网站首页中输入注册的邮箱账号与登录密码；❷单击右侧的“登录”按钮，如下图所示。

2 单击“收信”按钮

经过上步操作，就可登录到自己的邮箱，并单击页面中的“收信”按钮，接收相关邮件，如下图所示。

3 单击要打开的邮件

打开“收件箱”页面，显示出已接收到的邮件，单击右侧页面中的邮箱标题，如下图所示。

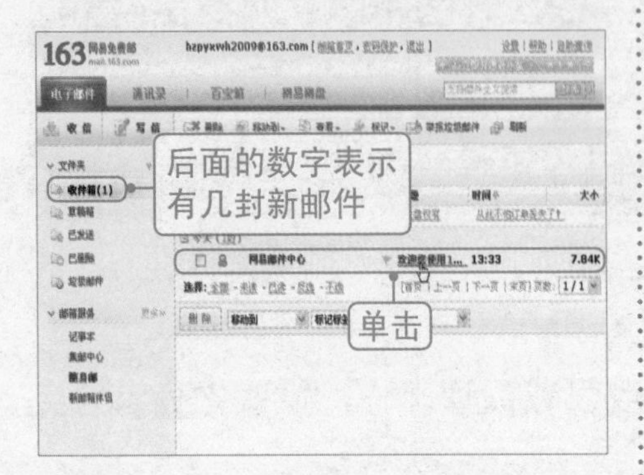

4 查看邮件内容

打开邮件后，即可查看到邮件的内容，并且还可以了解该邮件是谁发送的等信息，如下图所示。

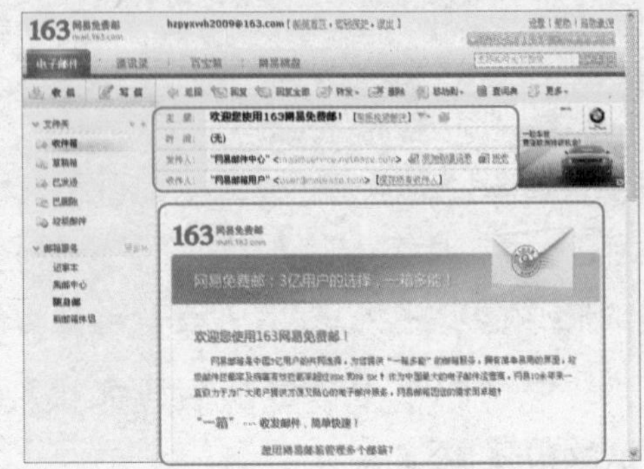

知识加油站

邮件的回复和删除

在收阅邮件时，如果对该邮件进行回信，可以单击上方的“回复”按钮；如果不需要该邮件，可以单击“删除”按钮进行删除。

10.1.4 给老朋友发送一封问候邮件

登录到电子邮箱后，就可以给自己的朋友、家人或者商务伙伴发送电子邮件了。发送邮件前，要知道对方的电子邮箱地址，然后才能进行发送。

光盘同步文件

同步视频文件：光盘\同步教学文件\第10章\10-1-4.avi

给对方发送邮件的方法如下。

1 单击“写信”按钮

要给对方写信，单击页面左上角的“写信”按钮，如右图所示，即可打开邮件编写页面。

❷ 编写邮件并发送

❶在邮件编写页面中，分别输入收件人地址、邮件主题和正文内容；❷单击“发送”按钮即可开始发送邮件，如右图所示。

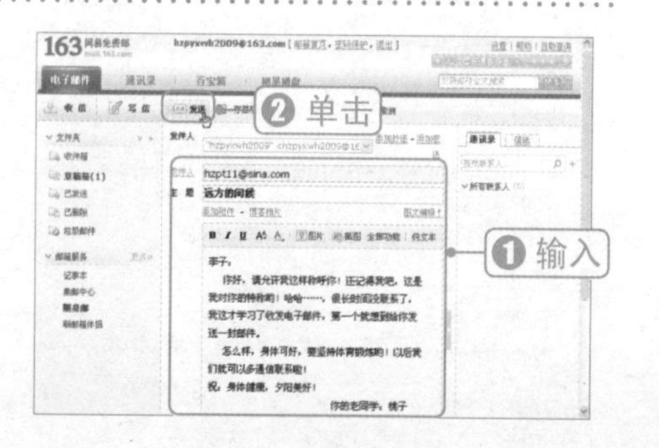

❸ 邮件发送成功

当填写的收信人地址正确、有效时，即可将邮件发送给对方，并显示“邮件发送成功！”页面提示信息，如右图所示。

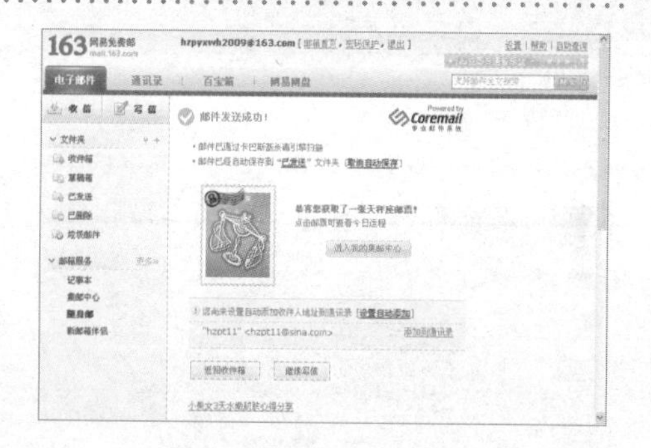

疑难解答

问：如果要同时给多个人发送相同的邮件怎么办呢？

答：如果要将一封信同时发送给多个收件人，可以在“收件人”栏中输入多个收信人的邮箱地址，中间用逗号分隔。

知识加油站

编写好邮件暂时不发送时进行保存

在撰写电子邮件时，如果邮件内容没有及时编写完或者编写好邮件后当前不想发送，那么可以将邮件保存在“草稿箱”中；当需要发送时，直接从“草稿箱”中调出邮件再进行发送即可。在网易163邮箱的写信页面中，单击“存草稿”按钮即可将邮件保存在“草稿箱”中。

10.1.5 给老朋友发送照片文件

如果需要将电脑中的文件发送给对方，就需要添加邮件附件。

光盘同步文件

同步视频文件：光盘\同步教学文件\第10章\10-1-5.avi

例如，在邮件中给对方发送一张自己的照片，具体操作方法如下。

1 单击“添加附件”链接

在邮件编写页面中，单击“添加附件”链接，如下图所示，可以打开选择文件的对话框。

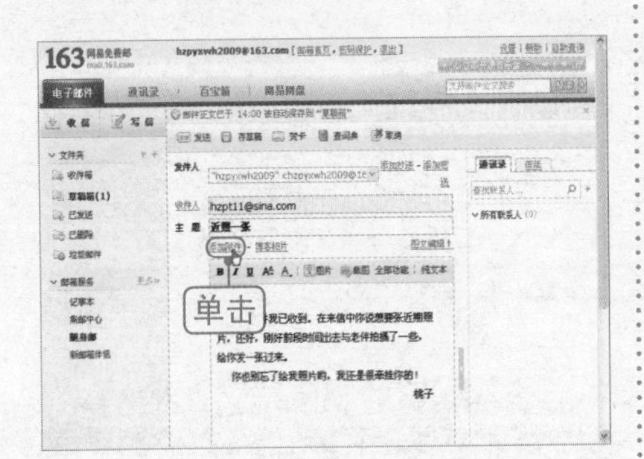

2 选择要发送的文件

❶在对话框中选择要发送的文件；❷单击“打开”按钮，从而将选择的文件添加到邮件附件中，如下图所示。

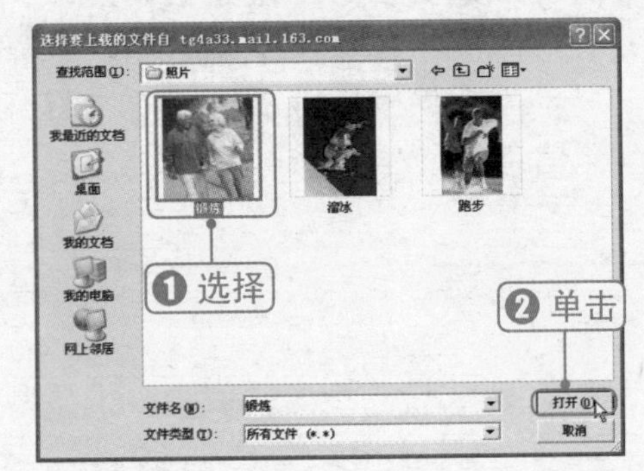

3 发送带附件的邮件

返回到邮件编写页面，单击“发送”按钮，就可将邮件正文信息与添加的邮件附件一起发送给对方，如右图所示。

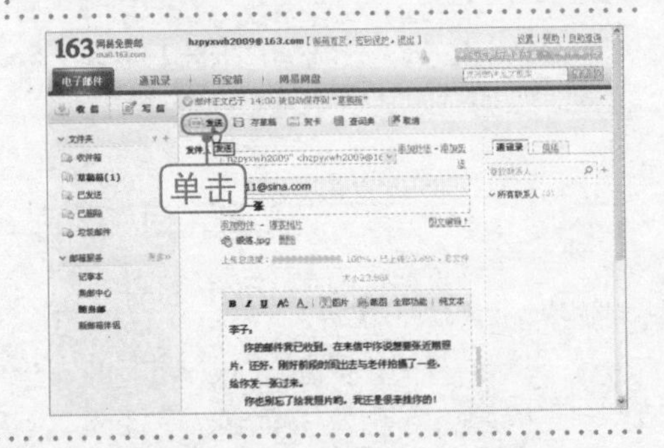

问：如果添加的邮件附件有误，怎么办呢？另外，是否可以添加多个附件？

疑难解答

答：如果添加的附件文件有错，可以单击已添加附件后面的“删除”按钮，将已添加的附件删除，然后再重新进行添加。另外，如果要发送多个附件文件，则可继续单击“添加附件”按钮，将要发送的文件添加到附件栏中。注意，添加的附件文件大小，不能超过相关网站邮箱的规定。

10.2 使用QQ与亲朋好友进行在线即时交流

腾讯QQ聊天软件是目前用户人数最多，功能比较全面的即时通信软件。使用QQ软件可以与好友进行文字聊天、语音及视频聊天，或者传送文件。

10.2.1 在电脑中安装QQ程序

在使用QQ软件前，要获取QQ安装文件并在电脑中安装。作为一款免费工具软件，可以登录到腾讯QQ官方网站下载，网址为http://im.qq.com。由于腾讯公司推出了众多QQ版本，因此在下载时可以随意选择自己需要的版本。具体下载方法参考前面相关章节内容的讲解，这里就不再多述。

光盘同步文件

同步视频文件：光盘\同步教学文件\第10章\10-2-1.avi

QQ软件下载好后，就可以使用安装程序进行安装，具体操作方法如下。

1 打开QQ程序的安装向导

在电脑中找到QQ安装文件的文件夹，双击安装程序图标，如右图所示。

2 接受许可协议

弹出“腾讯QQ2010安装向导”界面，❶选择“我已阅读并同意软件许可协议和青少年上网安全指引”复选框；❷单击“下一步”按钮，如右图所示。

3 选择安装选项

进入“请选择自定义安装选项与快捷方式选项”界面，❶根据需要选择待安装的选项；❷单击“下一步”按钮，如右图所示。

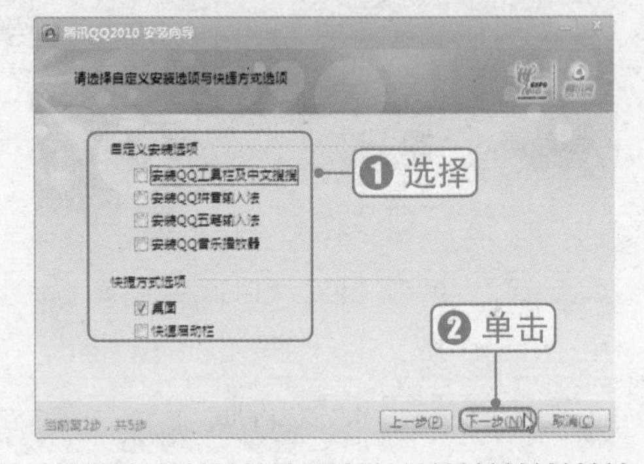

4 选择安装目录

进入“请选择安装路径”界面，❶单击“浏览”按钮后选择软件安装目录；❷单击“安装”按钮，如右图所示。

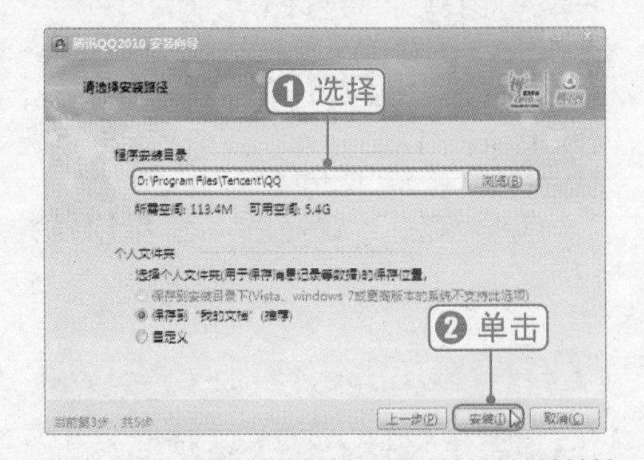

5 等待软件安装

显示“正在安装”界面，开始安装软件，并显示正在安装的组件和安装进度，如右图所示。

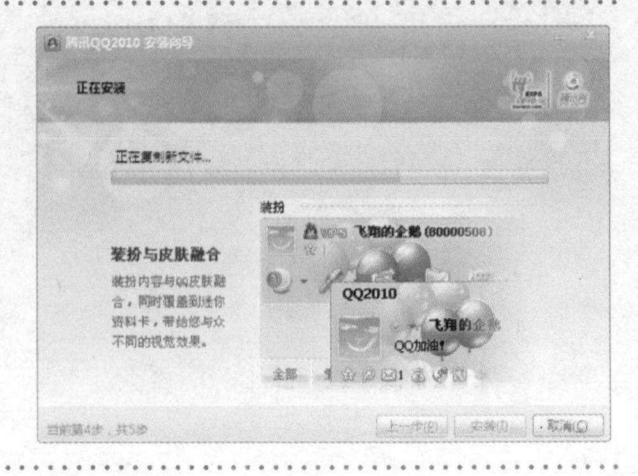

⑥ 完成安装

安装完成后弹出“安装完成”界面，❶根据需要选择安装完成选项；❷单击“完成”按钮即可，如右图所示。

10.2.2 为自己申请一个QQ号码

安装好软件后，还需要申请一个属于自己的QQ号码。申请QQ号码可以通过网页申请，也可以通过手机短信申请。QQ号码类型也有两种：一种是普通的免费QQ号码；另一种是能享受更多服务的收费会员QQ号码。

下面以申请免费QQ号码为例，讲解网页申请QQ号码的方法。

光盘同步文件

同步视频文件：光盘\同步教学文件\第10章\10-2-2.avi

① 单击“注册新账号”链接

双击桌面上的QQ图标，打开“QQ2010”窗口，单击“注册新账号”链接，如下图所示。

② 单击“立即申请”按钮

显示“申请QQ账号”网页页面，单击“网页免费申请”下方的“立即申请”按钮，如下图所示。

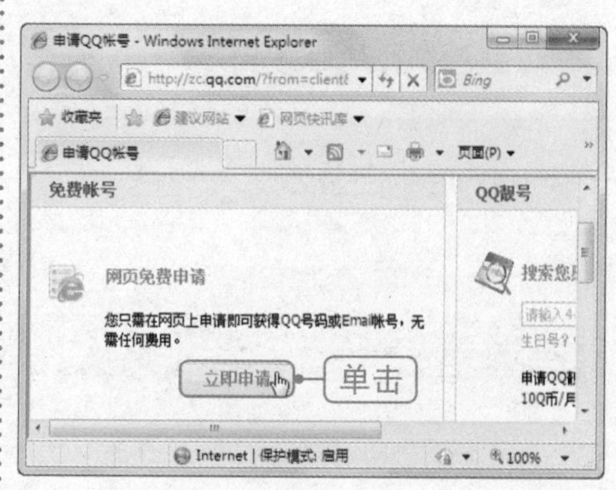

3 选择申请的账号类型

进入"申请免费QQ账号"页面，在"你想要申请哪一类账号"列表中单击"QQ号码"链接，如下图所示。

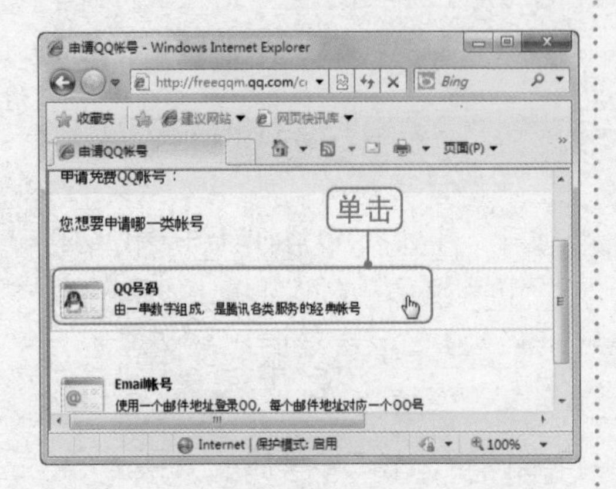

4 输入注册信息

显示"信息注册"页面，❶按要求及格式输入注册信息；❷单击"确定，并同意以下条款"按钮，如下图所示。

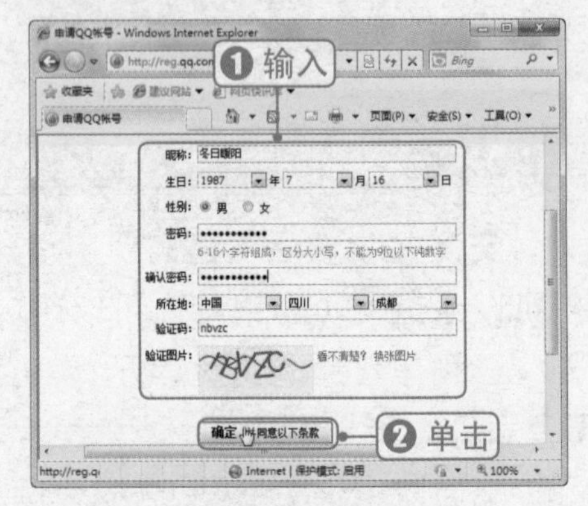

5 号码申请成功

如果申请号码成功，此时QQ号码以红色数字显示出来，如下图所示。为了确保账号和密码安全，可以单击"立即获取保护"按钮。

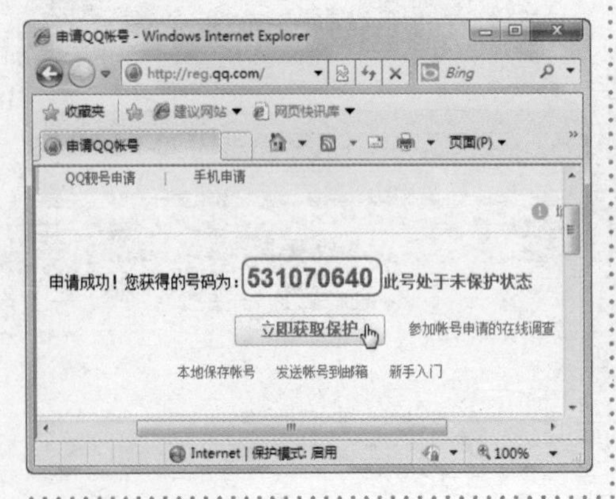

6 输入登录信息

打开"QQ2010"窗口，❶分别输入申请时提供的"账号（QQ号码）"和设置的密码；❷单击"登录"按钮，如下图所示。

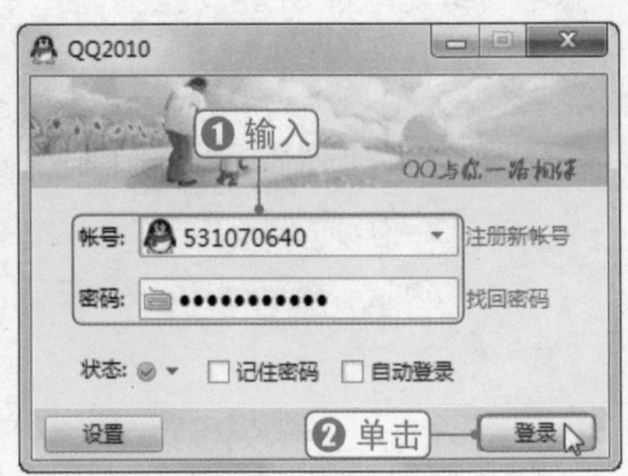

7 登录QQ成功

经过以上的操作，即可使用新申请的QQ号码登录到QQ聊天程序界面，如右图所示。

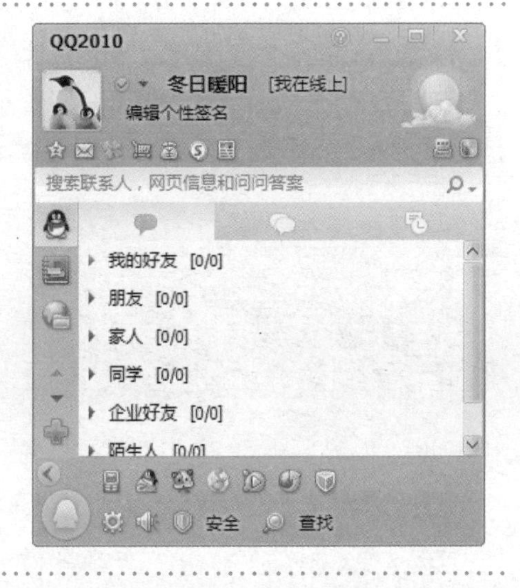

疑难解答

问：如果QQ号码被盗或忘记密码了，怎么办呢？

答：如果想让自己的QQ号码更加安全，在号码申请成功界面中继续单击“立即获取保护”按钮来申请QQ的密码保护功能。这样，当出现忘记QQ密码或者QQ号码被盗的情况时，可以通过QQ密码保护功能来取回QQ号码或重设QQ密码。

10.2.3 将老朋友添加到自己的QQ好友列表中

添加QQ好友的方法有两种：一种是知道对方QQ号码，如亲友、同事等，可以直接通过号码查找到对方并添加为好友；另一种是结识更多陌生的网友，可以通过指定范围来筛选并加为好友。

光盘同步文件

同步视频文件：光盘\同步教学文件\第10章\10-2-3.avi

1 精确查找好友

“精确查找”，就是通过对方的号码来查找并添加好友，适用于熟人之间的好友添加。其具体操作方法如下。

1 打开“查找联系人”界面

打开QQ聊天软件，单击QQ主界面下面的“查找”按钮，如下图所示。

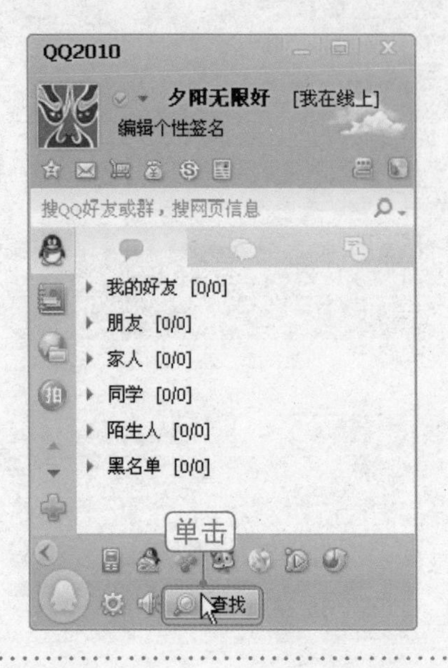

2 输入好友的QQ账号

弹出“查找联系人/群/企业”界面，❶在“查找联系人”选项卡下方选择“精确查找”按钮，❷在“账号”框输入对方QQ号码或昵称，❸单击“查找”按钮，如下图所示。

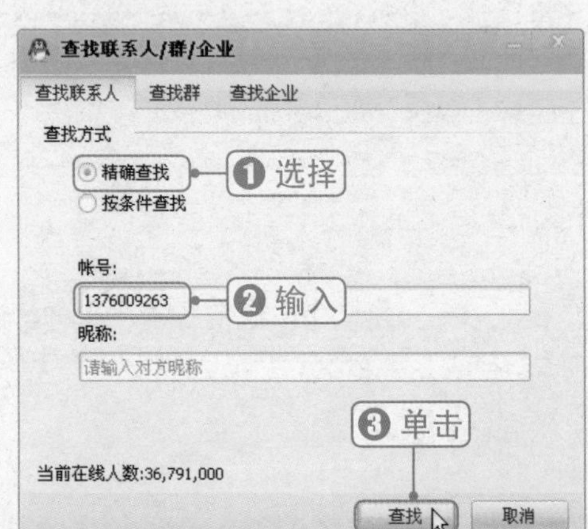

3 添加查找到的好友

单击“查找”按钮后，显示出已查找到的好友，❶单击好友名称，❷单击“添加好友”按钮，如下图所示。

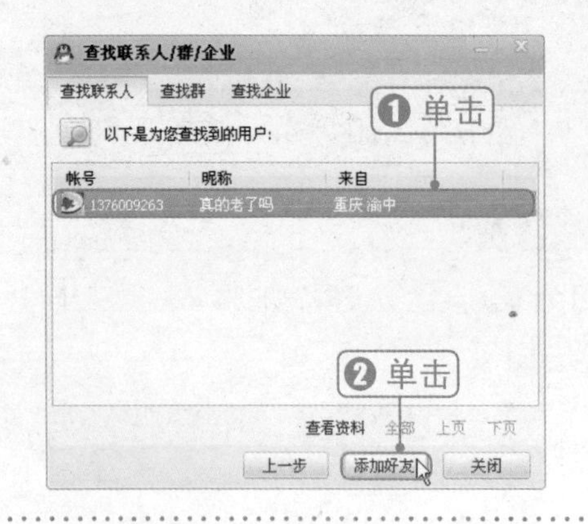

4 输入验证信息

弹出“添加好友”界面，❶输入验证信息，❷在“分组”列表中选择好友分组，❸单击“确定”按钮，如下图所示。

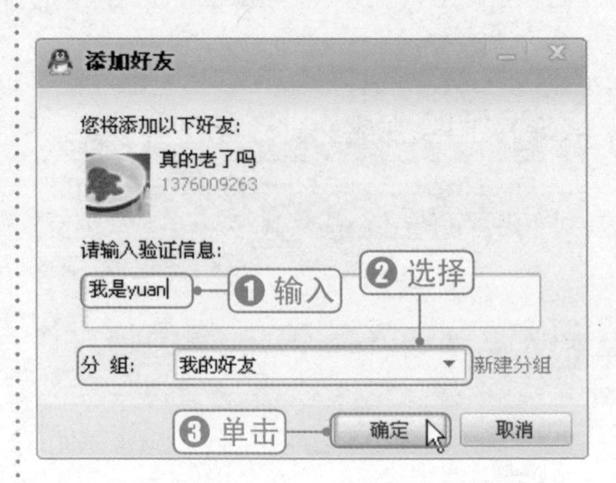

添加好友之前可先查看对方资料

在查找出的好友窗口中，还可以选择好友，单击“查看资料”链接来了解和查看对方的个人资料信息。

5 等待好友确认

弹出“添加好友”对话框，显示请求信息已经发送成功，等待对方确认后，单击“关闭”按钮，如下图所示。

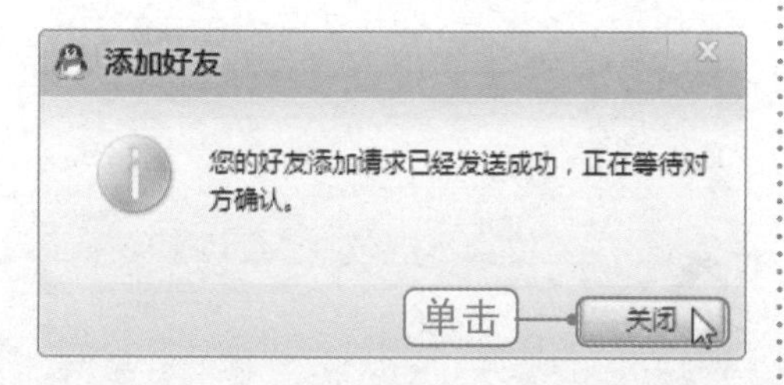

6 完成好友的添加

对方同意后，弹出确认对话框，❶在“备注”文本框中输入对方名称信息；❷单击“完成”按钮完成添加，如下图所示。

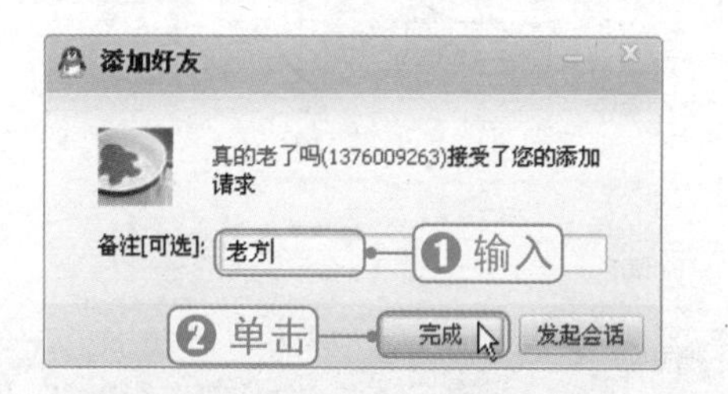

7 显示添加的好友

添加完好友后返回到QQ面板，这时就可以在面板中看到添加的好友，如右图所示。如果对方同时也添加你为好友时，则会在任务栏通知区域中会显示出一个闪烁不停的“”图标，单击“”图标，显示出信息窗口进行确认即可。

2 添加符合条件的好友

除了将熟人添加为好友外，还可以将任何QQ网友添加为自己的好友来进行聊天交流。在查找陌生网友时，可以设定查找条件，从而筛选出符合要求的网友。其具体操作方法如下。

1 选择查找的相关选项

❶用上面的方法打开“查找联系人/群/企业”界面，选择“按条件查找”单选按钮；❷在下方选择查找的相关选项；❸单击“查找”按钮，如下图所示。

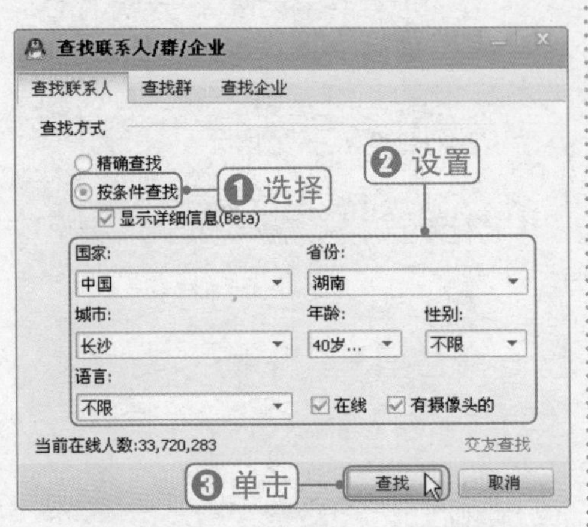

2 添加查找到的用户

显示查找到的好友列表，在列表中选择要添加的好友，单击“加为好友”链接，对方确认后，就添加成功了，如下图所示。

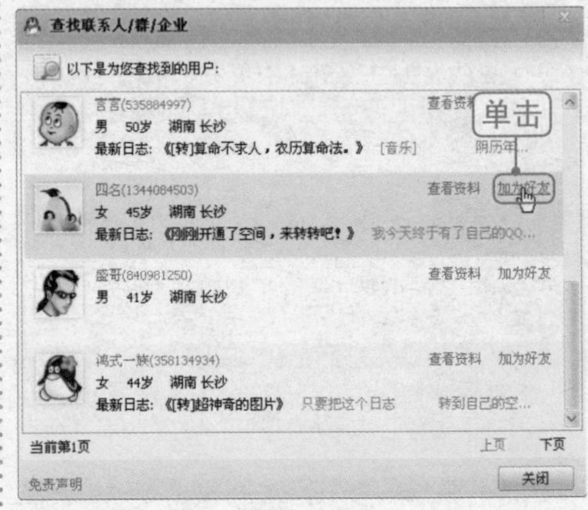

10.2.4 与老朋友进行文字聊天

添加QQ好友后，就可以与好友在线聊天了。文字聊天的方式很简单，就是将自己要说的话以文字方式发送给对方，对方看到后回复文字内容。

光盘同步文件

同步视频文件：光盘\同步教学文件\第10章\10-2-4.avi

1 打开QQ聊天窗口

打开QQ聊天面板，在“我们好友”列表中双击好友QQ头像图标，如下页左图所示。

2 输入聊天内容

打开聊天窗口，❶输入要发送的内容，❷单击“发送”按钮即可，如下页右图所示。

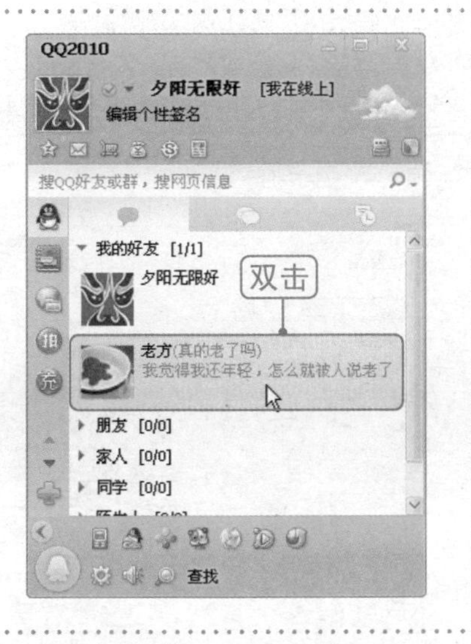

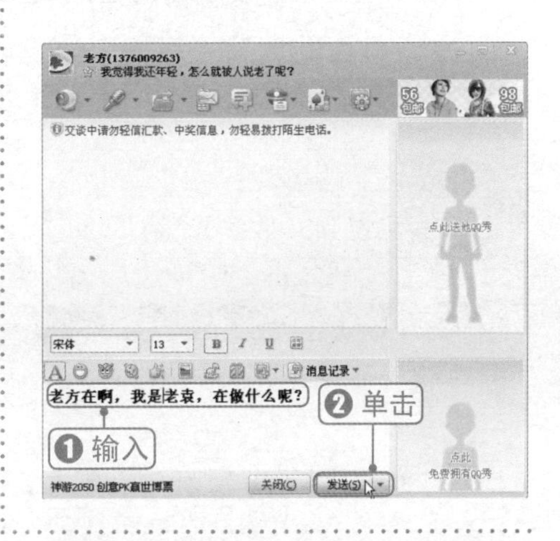

❸ 显示聊天内容

当对方接收并回复了信息后，会显示在聊天窗口中。❶要回复消息，只要在回复框内输入信息，❷单击“发送”按钮即可，如右图所示。

如果关闭了聊天面板，对方回复消息时会在任务栏通知区域内显示出好友头像，并且不停地闪烁；双击闪烁的头像图标，打开“查看消息”窗口即可查看和回复信息。

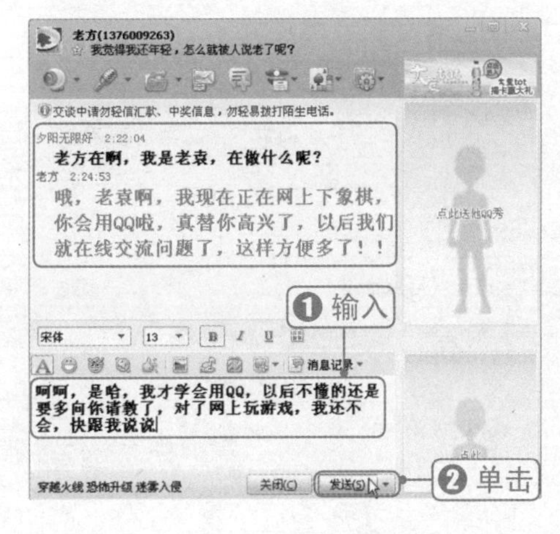

知识加油站

如何设置文字格式和发送表情符号

在发送消息时，按Ctrl+Enter快捷键可以快速发送信息。在文字聊天时，可以单击“A”按钮，设置聊天文字的格式；单击“☺”按钮，可以给对方发送聊天表情符号。在聊天窗口中，上方窗格显示双方的聊天内容，而下方窗格则用于输入要发送给对方的信息。

10.2.5 与远方亲人进行语音聊天

除了相互发送文字信息外，如果聊天双方电脑都连接了麦克风、音箱（耳机），那么还可以像打电话一样进行语音聊天。

光盘同步文件

同步视频文件：光盘\同步教学文件\第10章\10-2-5.avi

1 选择“开始语音会话”命令

❶在聊天面板中，单击窗口中的“语音聊天”按钮 右边的下三角按钮 ，❷单击“开始语音会话”命令，给对方发送语音聊天的请求，如下图所示。

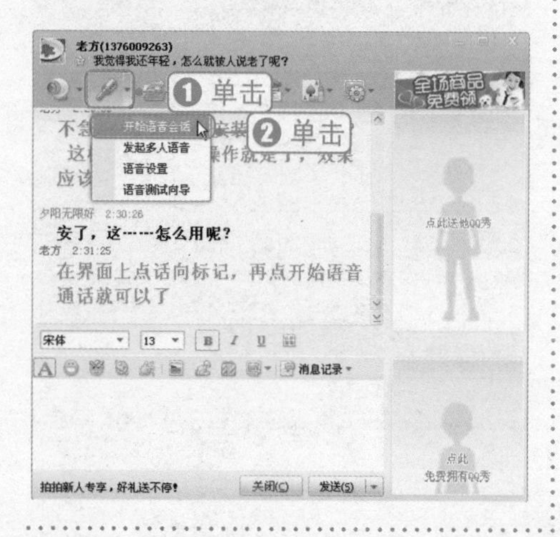

2 进行语音聊天

当对方同意了语音聊天的请求后，聊天窗口右侧会显示麦克风信息，等对方接受邀请后，就可以使用麦克风与好友进行语音聊天了，如下图所示。

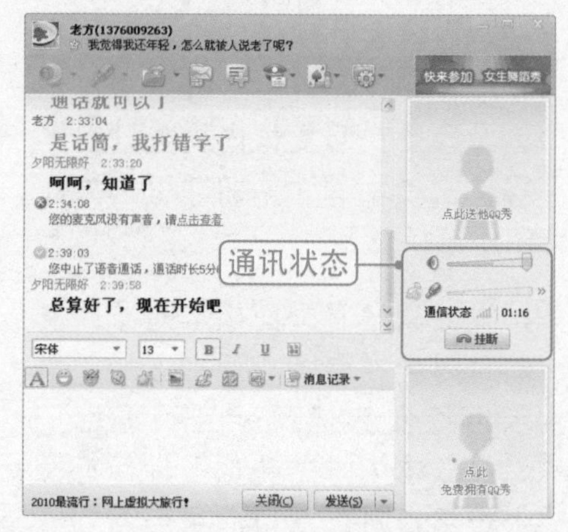

疑难解答

问：使用语音聊天时，能不能多个人同时语音聊天？

答：如何要与多个拥有麦克风的在线好友同时进行语音聊天，需要单击“语音聊天”按钮，在下拉菜单中单击“发起多人语音”命令。

10.2.6 与远方亲人进行视频聊天

如果电脑中安装有摄像头，就可以通过“视频聊天”将自己的图像传送给对方看。若对方好友也有摄像头，那么还可以看到对方的视频效果。与好友进行视频聊天的操作方法如下。

光盘同步文件

同步视频文件：光盘\同步教学文件\第10章\10-2-6.avi

1 选择“开始视频会话”命令

❶单击窗口中“视频聊天”按钮 右边的下三角按钮，❷单击“开始视频会话”命令，给对方发送视频聊天的请求，如右图所示。

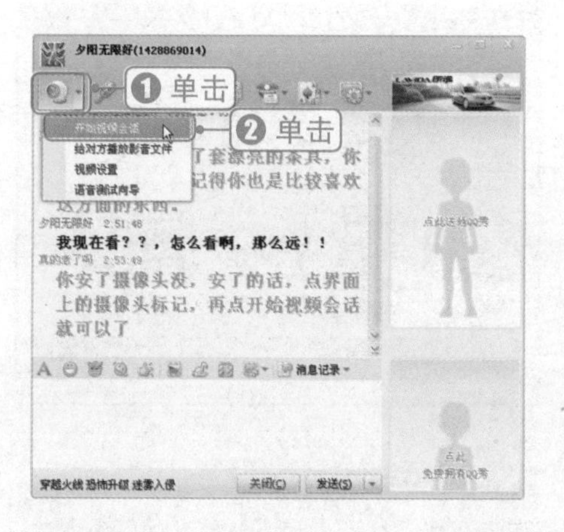

2 进行视频聊天

当对方同意了视频聊天的请求后，就可以边观看对方表情、边与好友进行视频聊天了，如下图所示。

视频菜单中各命令的作用

知识加油站

在“视频聊天”下拉菜单中，单击“视频设置”命令，可以调整自己的视频效果；单击“给对方播放影音文件”命令，就可以把自己电脑中的电影给对方播放欣赏。在视频聊天同时，可以同步进行语音、文字聊天。

10.2.7 给对方传送电脑中的文件

传送文件是QQ软件中提供的一个非常实用的功能，该功能允许将电脑中的文件直接传送给QQ好友。无论是亲友之间传送照片，还是同事之间传送资料，都可以通过QQ来进行。

光盘同步文件

同步视频文件：光盘\同步教学文件\第10章\10-2-7.avi

1 选择"发送文件"命令

打开QQ聊天面板，❶单击窗口中的"传送文件"按钮，❷单击"发送文件"命令，如下图所示。

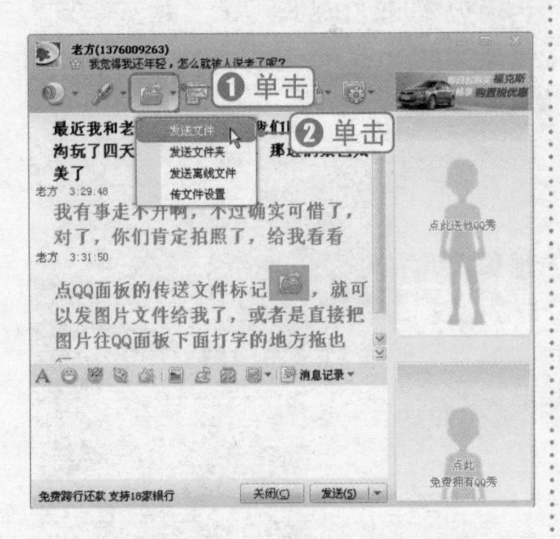

2 选择要传送的文件

弹出"打开"对话框，❶选择需要传送文件所在的文件夹，❷选择要传送的文件，❸单击"打开"按钮，如下图所示。

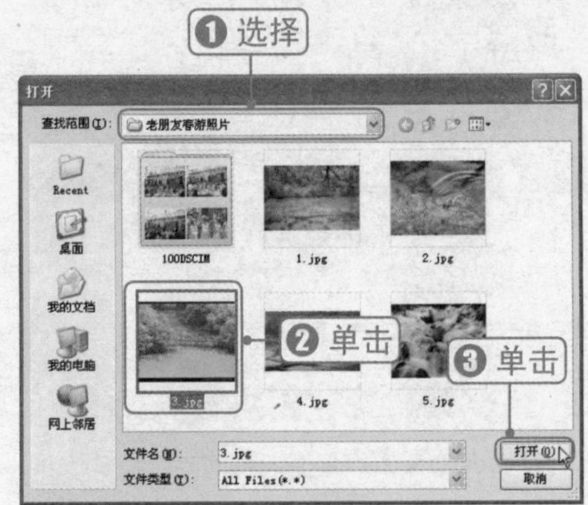

3 传送文件成功

等待对方同意接收文件后，即可开始传送文件。根据文件大小的不同，传送文件时间长短也会有所不同。传送完毕后，在聊天窗口中将显示成功传送文件，如右图所示。

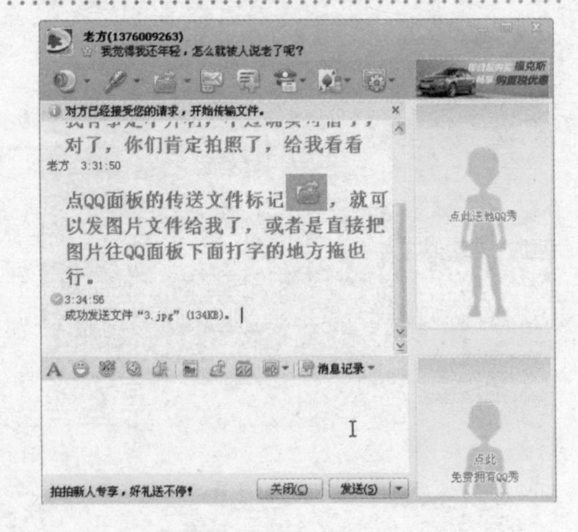

如果对方给我们传送文件，那么窗口右侧会显示文件传送请求，单击"接收"链接，可以将文件保存到QQ默认目录中，单击"另存为"链接，可以将文件接收并保存到指定的位置。

问：如何发送文件夹？发送文件时对方不在线怎么办？

疑难解答

答：如果要发送整个文件夹，可以在菜单中选择“发送文件夹”。当对方不在线时，如果需要给对方传送文件，那么可以在前图中选择“发送离线文件”命令。

10.2.8 修改个人的信息资料

在使用QQ时，如果发现自己的QQ资料不完整，或是需要重新设置QQ个人信息资料时，就需要对这些资料进行修改或完善，可按以下方法进行操作。

光盘同步文件

同步视频文件：光盘\同步教学文件\第10章\10-2-8.avi

1 打开“我的资料”界面

打开QQ聊天面板，❶单击面板中的“在线状态菜单”按钮；❷在菜单中单击“我的资料”命令，如下图所示。

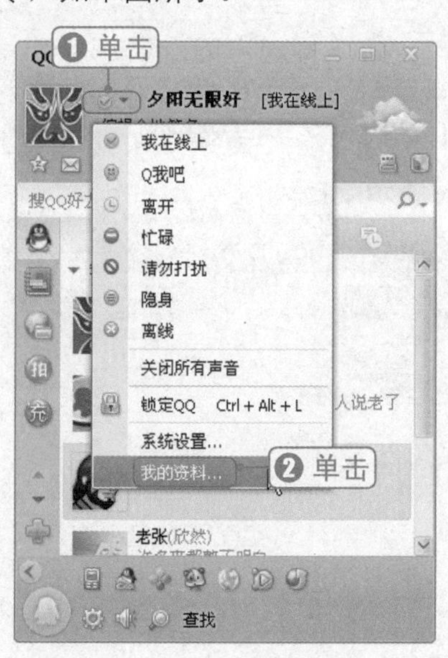

2 修改资料

弹出“我的资料”界面，❶在界面中即可修改个人资料。❷修改完成后，单击“确定”按钮，如下图所示。

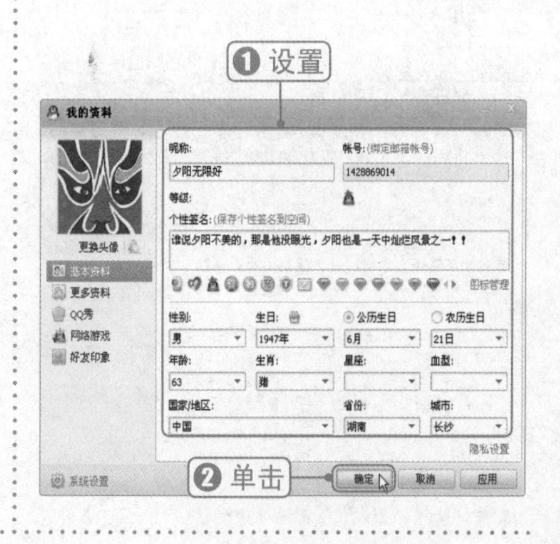

知识加油站

如何让聊天信息不被他人看到

为了保证聊天信息的安全，还可以对聊天信息设置密码保护。方法如下：单击QQ聊天面板中的“在线状态菜单”按钮，在弹出的菜单中单击“系统设置”命令，打开“系统设置”对话框；在左侧单击“安全和隐私”选项，在下一级列表中单击“消息记录安全”选项，在右侧的“消息记录加密”选项区域中即可为聊天记录加密，这样其他人就看不到聊天记录了。

10.2.9 邀请多个老朋友一起聊天

在QQ中，还可以同时邀请多个好友建立一个聊天对话窗口，以方便几个好友同时进行聊天或商讨交流。

光盘同步文件

同步视频文件：光盘\同步教学文件\第10章\10-2-9.avi

具体操作方法如下：

1 选择邀请好友进行会话

在聊天窗口中，单击上方的“邀请好友进行多人会话”按钮，打开“选择联系人”对话框，如下图所示。

2 添加要聊天的联系人

❶在“选择联系人”对话框的左侧，选择要加入的好友，❷单击“添加”按钮添加到右侧列表框中，❸单击“确定”按钮，如下图所示。

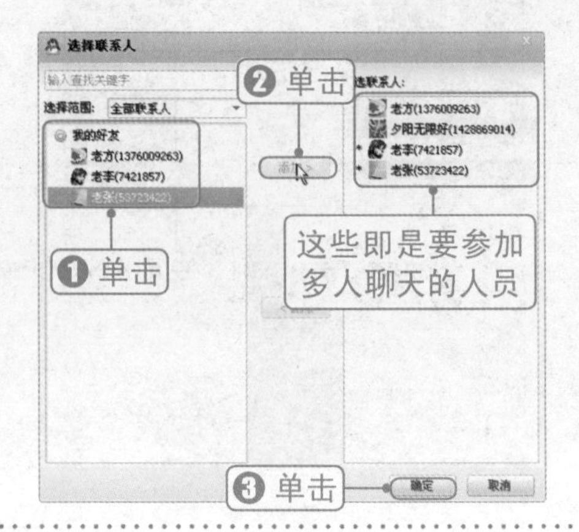

③ 在讨论组中发送信息

经过上步操作，建立了一个“讨论级”窗口，❶在其中即可输入相关信息；❷单击“发送”按钮进行多人聊天讨论，如右图所示。

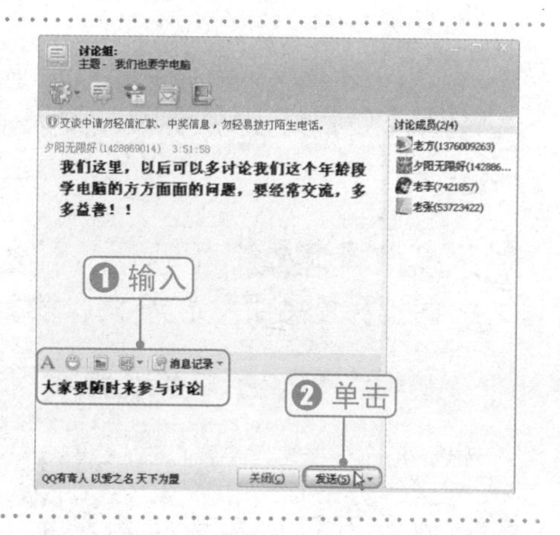

10.2.10 根据情况将QQ设置为不同的状态

腾讯QQ提供了多种登录状态，可以根据需要将QQ设置为“我在线上”、“离开”、“隐身”、“离线”等状态。操作方法如下所示。

❶单击QQ头像图标右边的“ ”按钮，❷在弹出的下拉菜单中选择登录状态，如“隐身”，如右图所示。

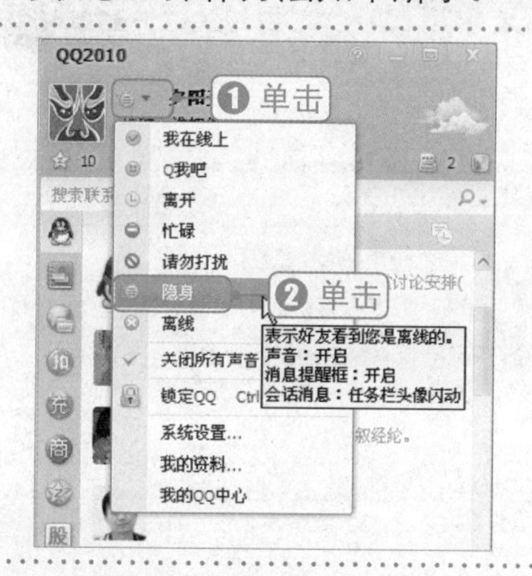

问：QQ中提供了不同的登录状态，分别有什么作用和区别呢？

疑难解答

答：设置“我在线上”状态，表示好友可以与自己聊天；设置“Q我吧”状态，表示希望好友主动联系；设置“离开”状态，表示自己不在电脑旁边，暂时不能聊天；设置“忙碌”状态，表示自己很忙，无法及时处理信息；设置“请勿打扰”状态，表示自己当前时间不希望任何好友打扰自己；设置“隐身”状态，表示隐藏自己的身份，其他好友不知道自己在线上；设置“离线”状态，可以将QQ程序与网络断开，不能进行聊天。

10.2.11 管理自己的聊天记录

使用QQ和好友聊天后，聊天信息都会被自动保存起来，方便用户以后查看。

光盘同步文件

同步视频文件：光盘\同步教学文件\第10章\10-2-11.avi

要查看与好友的聊天记录，可以按以下方法进行操作。

1 打开“消息管理器”窗口

❶在聊天窗口中单击“消息记录”按钮，❷在打开的菜单中单击“消息管理器”命令，如下图所示。

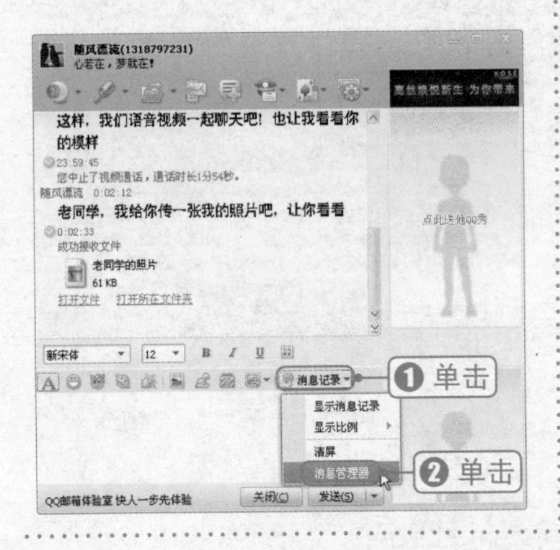

2 查看与好友的聊天信息

经过上步操作，打开“消息管理器”窗口，❶在左侧窗格中单击QQ好友图标；❷在右侧窗格中显示出与该好友的聊天记录，即可进行查看，如下图所示。

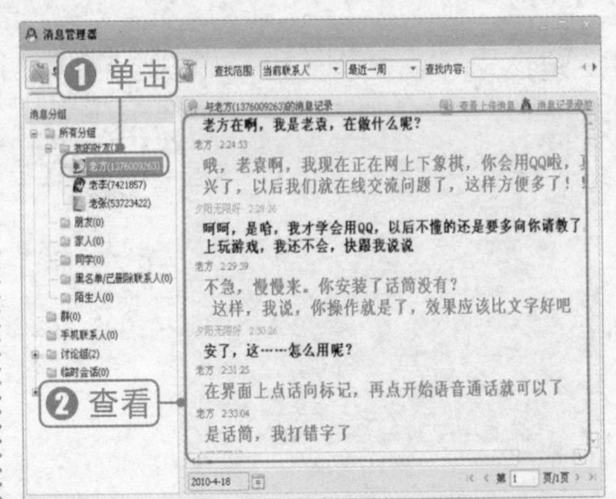

删除或备份聊天信息

知识加油站

在“消息管理器”窗口中，可以查看与QQ好友的聊天记录，并且还可以对聊天记录进行管理。例如，单击“删除”按钮，可以将与QQ好友的聊天记录删除；单击“导入和导出”按钮，可以将好友的聊天信息进行导出备份或者导入已备份聊天记录。

Chapter 11

在网上享受娱乐与网络生活

本章导读

网络除了可以让我们的工作、生活以及交流变得更加便捷外，还提供了丰富的娱乐功能，从而让中老年朋友的生活变得丰富多彩。在本章中，我们将给中老年朋友介绍如何在网上听歌、看电影、玩游戏、开通博客或微博等有关网上生活的内容。

知识技能要求

通过本章内容的学习，主要让中老年朋友学会如何用电脑来进行娱乐。学完后需要掌握的相关技能知识如下：

- ❖学会网上玩游戏
- ❖学会网上听音乐、看电视或电影
- ❖学会开通博客与微博
- ❖学会用网上论坛进行交流

11.1 网上游戏随意玩

互联网上还有很多有趣的休闲游戏，中老年朋友空闲之余上网玩玩游戏，可以起到放松、愉悦心情和益智健脑的效果。

11.1.1 在家一个人也可以斗地主

斗地主是一款非常热门的休闲类游戏。在业余时间里中老年朋友，一个人在家也能上网与其他网友一起斗地主，不但享受到了游戏的乐趣，还结识到了很多新朋友。

光盘同步文件

同步视频文件：光盘\同步教学文件\第11章\11-1-1.avi

QQ游戏是一款使用人数最多，操作简单的游戏软。在使用QQ的过程中，可以随时登录QQ游戏大厅与其他QQ在线网友进行互动游戏。

1 安装QQ游戏大厅

第一次进入QQ游戏时，需要先下载并安装QQ游戏大厅。具体操作方法如下：

1 单击“QQ游戏”按钮

在QQ程序面板下面单击“QQ游戏”图标，如右图所示。

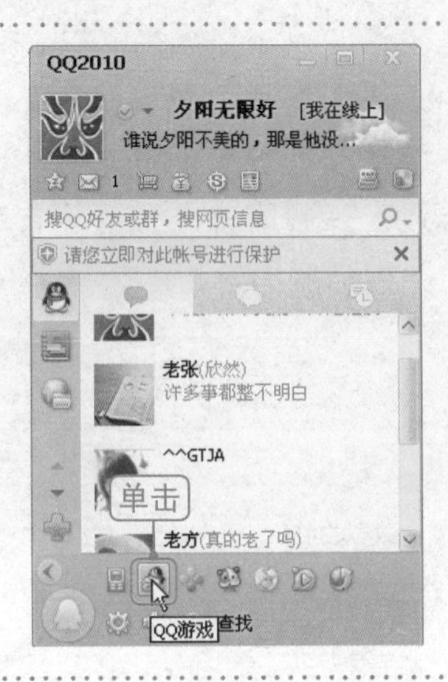

② 单击“安装”按钮

经过上步操作，打开“在线安装”窗口，初次使用时必须进行安装，因此单击“安装”按钮，如下图所示。

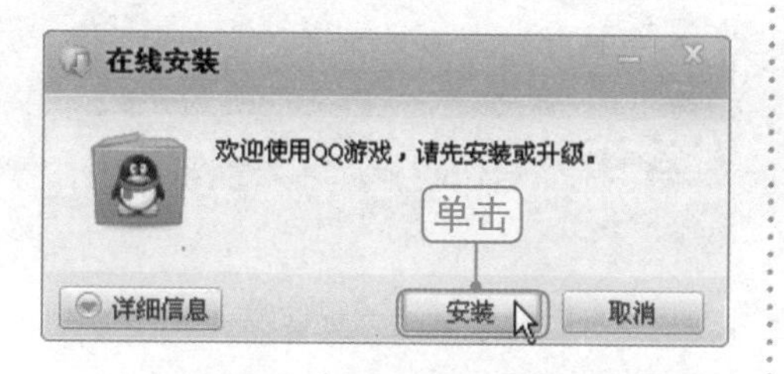

③ 开始下载安装文件

经过上步操作，开始自动下载QQ游戏程序的安装文件，如下图所示。

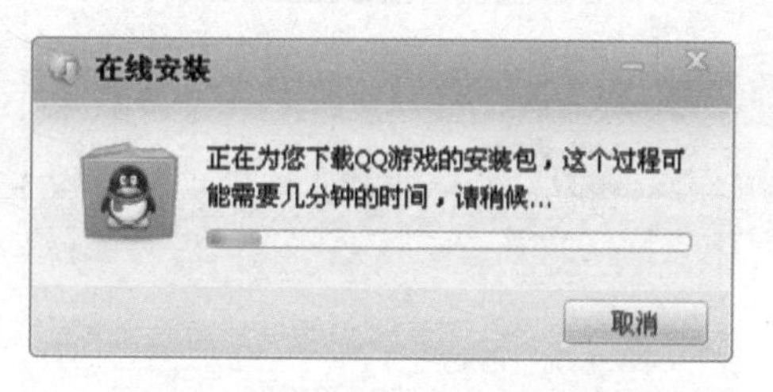

④ 单击“下一步”按钮

下载完毕后，自动进入安装向导，单击“下一步”按钮，如下图所示。

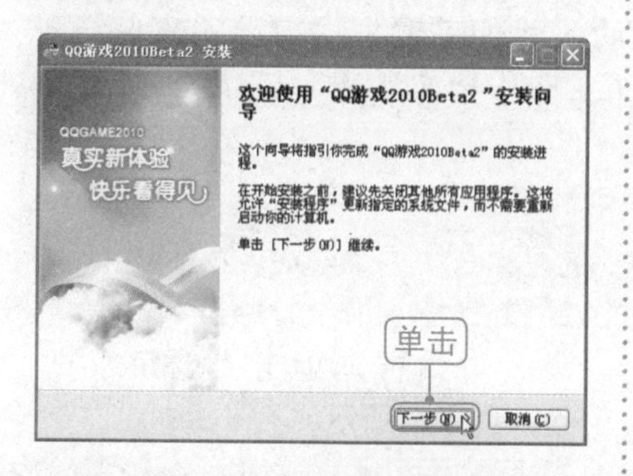

⑤ 选择接受许可证协议

显示“许可证协议”窗口，单击“我接受”按钮，如下图所示。

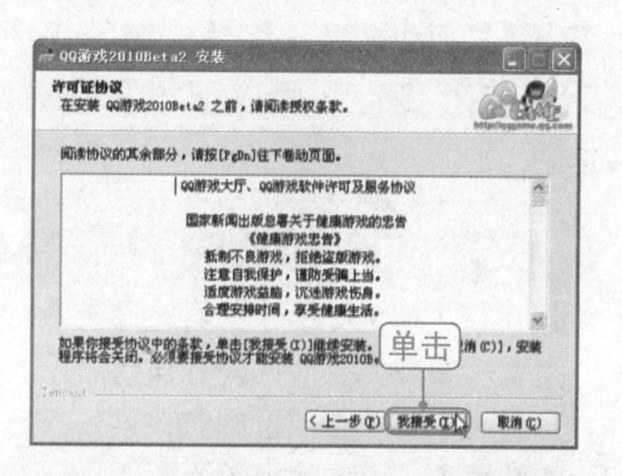

⑥ 选择安装位置

显示“选择安装位置”窗口，❶单击“浏览”按钮，选择安装位置；❷单击“下一步”按钮，如右图所示。

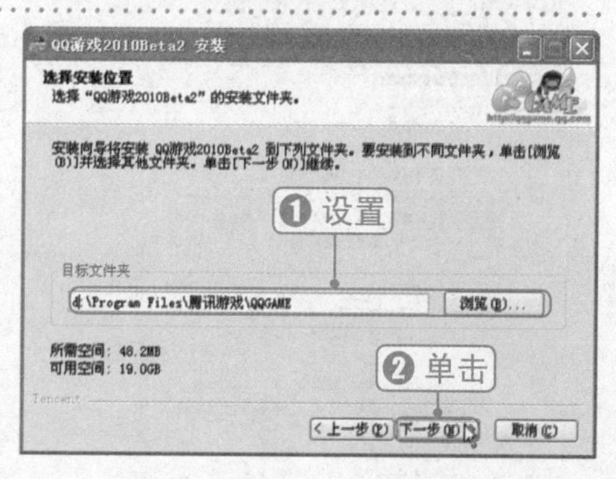

7 设置安装选项

显示“安装选项”窗口，❶根据需要选择相关的选项，❷单击“安装”按钮，如下图所示。

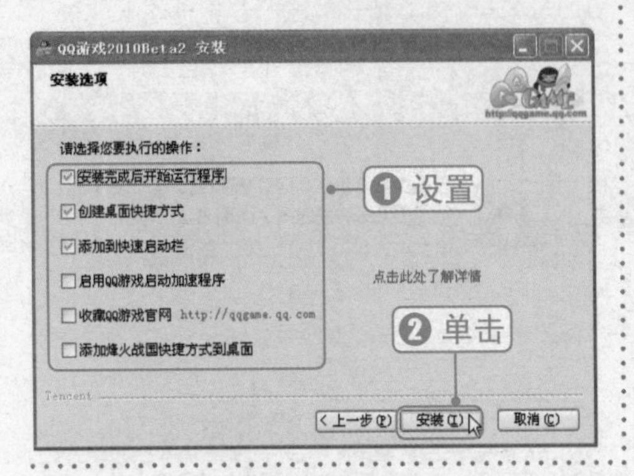

8 开始安装

经过上步操作，开始安装QQ游戏程序。安装完成后，单击“完成”按钮，如下图所示。

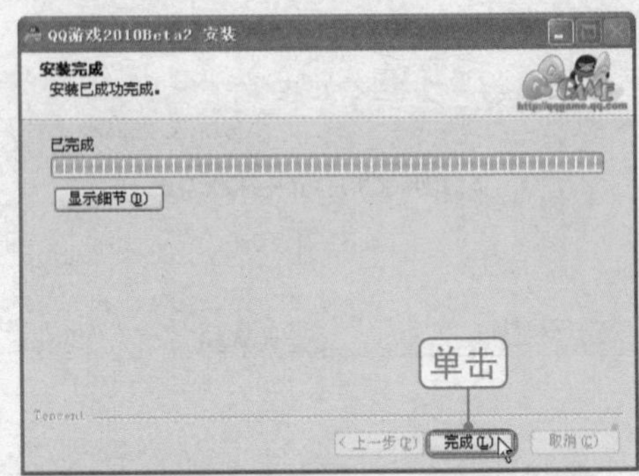

2 安装斗地主游戏

QQ游戏中提供了多种多类的游戏项目，由于不同用户对游戏的兴趣不同，因此第一次登录游戏大厅后，我们需要根据自己的喜好，下载游戏项目。下面以下载和安装“斗地主”游戏为例，介绍其具体方法。

1 双击游戏项目

❶在QQ游戏大厅的左侧选择游戏类型，如牌类游戏；❷在该游戏项目列表中，双击要玩的游戏项目，如斗地主，操作如下图所示。

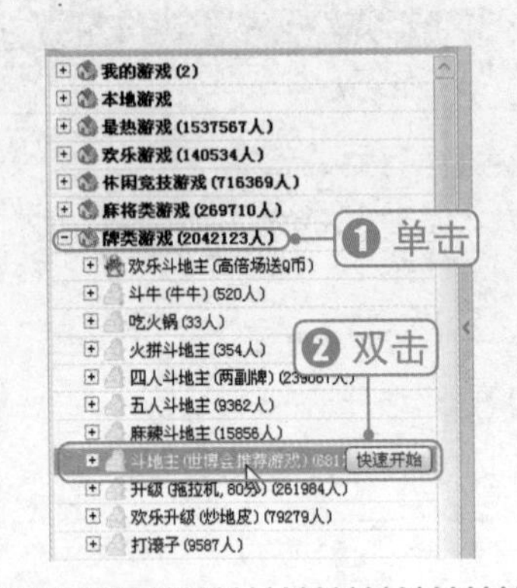

2 单击“确定”按钮

经过上步操作，打开“提示信息”对话框，单击“确定”按钮，如下图所示。

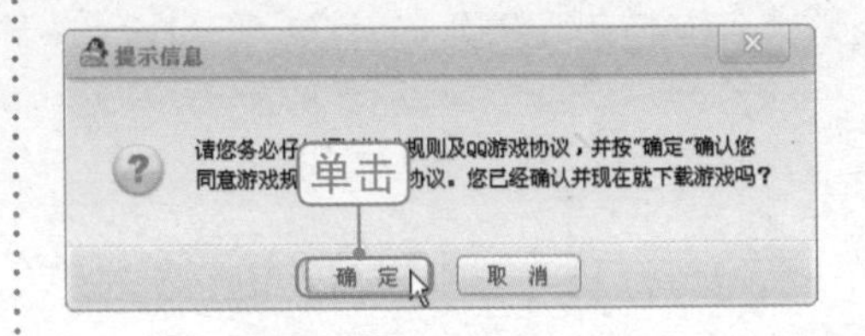

3 开始下载并安装游戏

经过上步操作，开始下载并安装“斗地主”游戏项目，如下图所示。

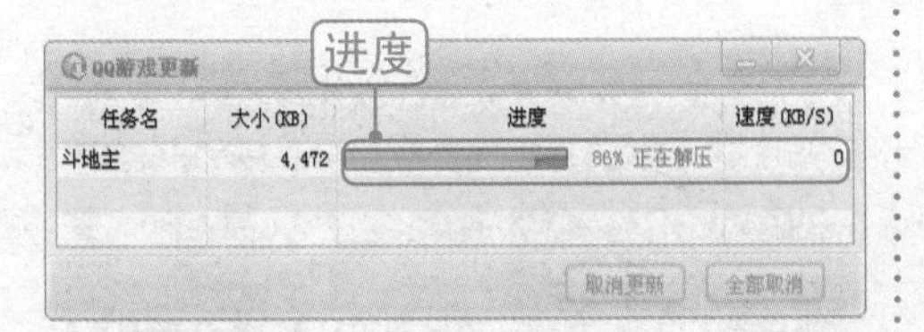

4 完成游戏项目的安装

游戏项目安装完后，显示安装成功的信息，单击“确定”按钮即可，如下图所示。

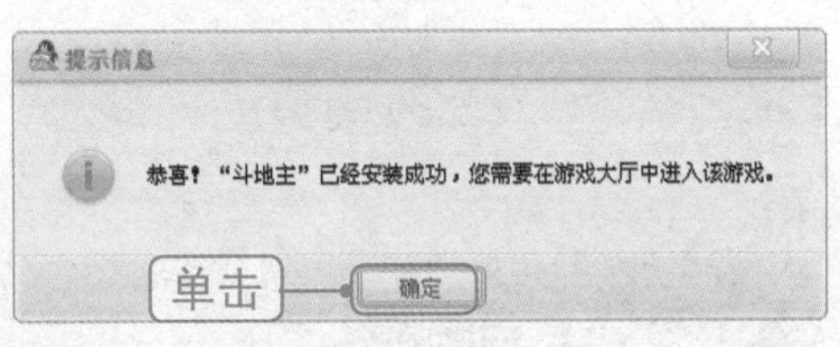

3 开始玩QQ游戏

在游戏大厅中安装了游戏后，就可以进入到游戏房间并参与到游戏中了。由于不同游戏的参与人数不同，因此如果某个游戏房间人满后，用户是无法加入的，只能寻找有空座的游戏房间进入。以参与斗地主游戏为例，其具体操作方法如下。

1 选择游戏项目

在QQ游戏大厅的左侧，单击“斗地主”游戏项目，如下图所示。

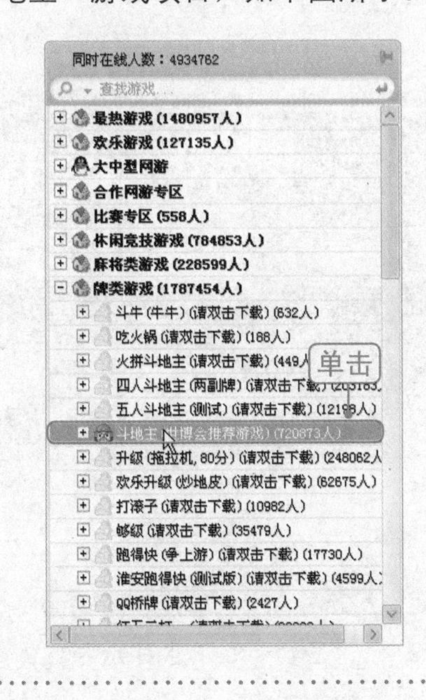

2 选择游戏房间

展开游戏房间列表，双击要登录的游戏房间，如下图所示。

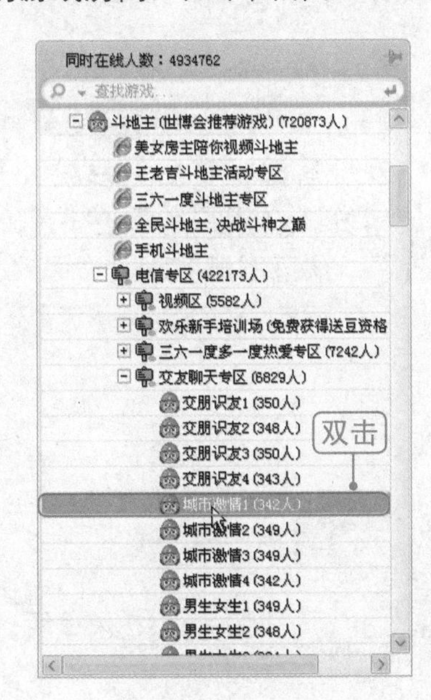

3 选择游戏桌位

进入游戏房间后，找到游戏空桌位，并在指向要坐的位置上单击鼠标左键，如下图所示。

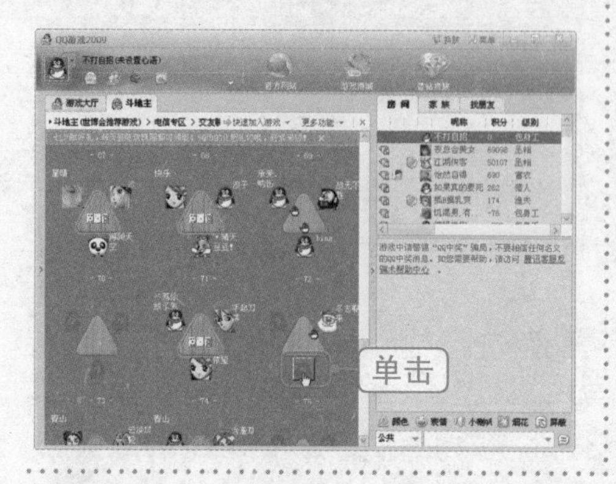

4 选择游戏“开始”

打开游戏页面，单击“开始”按钮，进入游戏准备状态，如下图所示

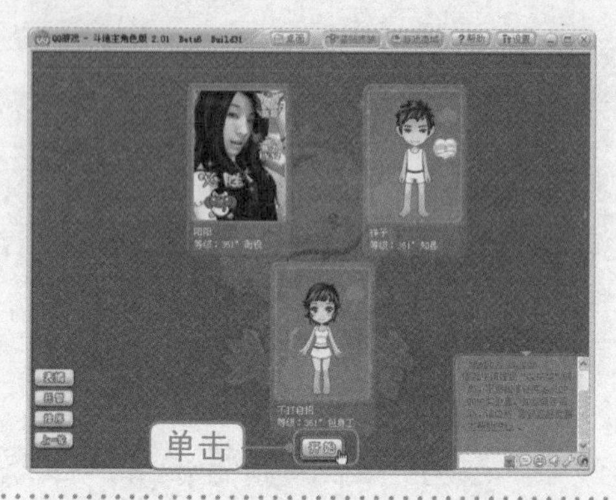

将玩家添加为QQ好友

知识加油站

在游戏过程中，如果对玩友产生了好感，或者遇到了旗鼓相当的玩友，那么就可以将玩友添加为自己的QQ好友，便于以后相约游戏。方法为：指向QQ游戏好友并单击鼠标右键，在快捷菜单中选择“加为游戏好友”或“加为QQ好友”命令即可。

5 开始按规则玩游戏

当游戏玩家都到齐后，系统会开始自动发牌，用户即可按规则玩游戏了，如下图所示。

知识加油站

系统开始发牌后，如果自己被系统分配为地主身份，可以选择是否当地主，如单击“3分”，则表示确认当地主并拿底牌。

11.1.2 在家一个人也可以打麻将

相信广大中老年朋友在日常生活中闲来无事时，也喜欢打打麻将。QQ软件中为用户提供了打麻将的娱乐项目，即使是一个人，也可以在网上玩打麻将的游戏。

光盘同步文件

同步视频文件：光盘\同步教学文件\第11章\11-1-2.avi

打麻将游戏具体玩法如下。

1 选择游戏房间

安装好麻将游戏后，可以单击展开游戏房间，然后双击要登录的游戏房间，如下图所示。

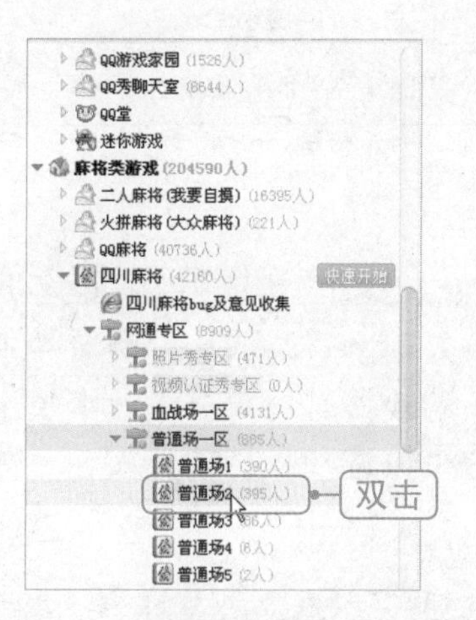

2 单击“快速加入游戏”按钮

进入到游戏房间后，为了快速加入游戏，可以单击游戏桌位上方的“快速加入游戏”按钮，如下图所示。

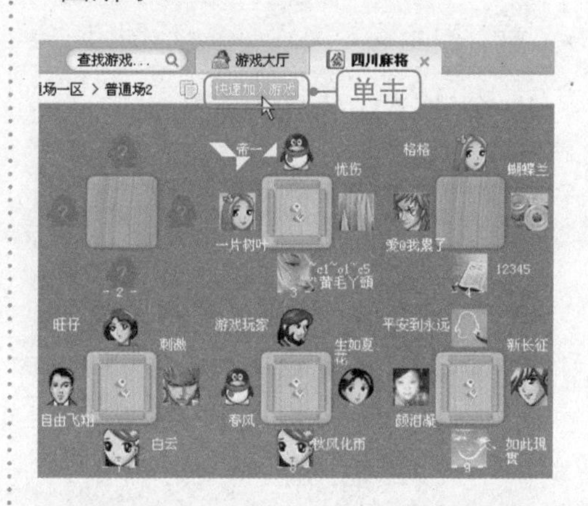

3 单击“开始”按钮进入准备状态

系统自动搜索满足条件的游戏桌位并自动加入，打开游戏页面。单击“开始”按钮进入准备状态，如右图所示。

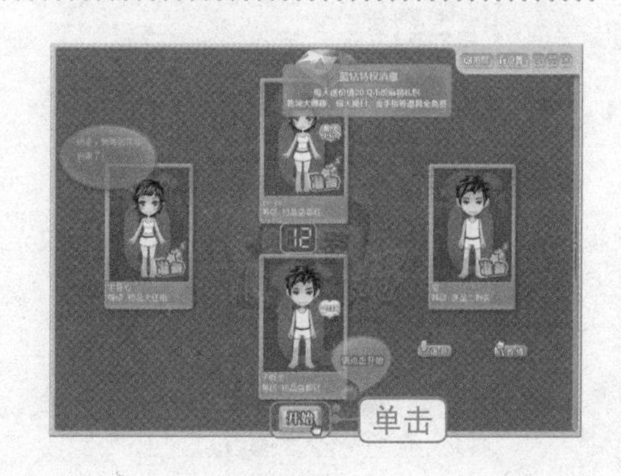

4 开始按规则玩游戏

当游戏玩家都到齐，并进入准备状态后，系统会自动发牌，用户即可按规则在网上打麻将了，如右图所示。

11.1.3 与朋友在网上下象棋

象棋是中老年朋友非常喜欢的棋牌游戏，如果在现实中找不到玩伴或对手，可以在QQ游戏中和网友一起下几局。

光盘同步文件

同步视频文件：光盘\同步教学文件\第11章\11-1-3.avi

象棋游戏的具体玩法如下。

1 选择游戏房间

安装好象棋游戏后，可以单击展开游戏房间，然后双击要登录的游戏房间，如下图所示。

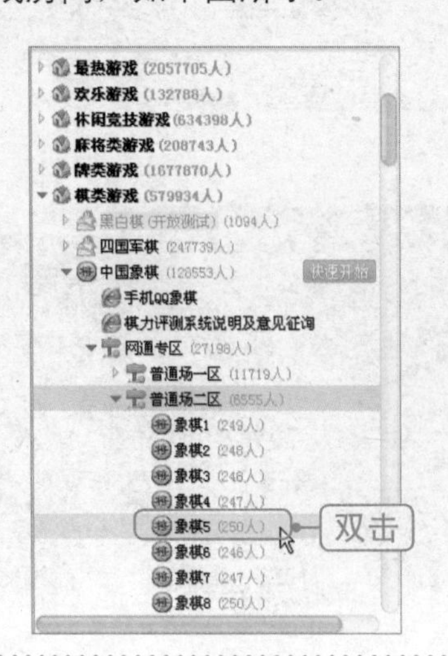

2 单击"快速加入游戏"按钮

进入到游戏房间后，为了快速加入游戏，可以单击游戏桌位上方的"快速加入游戏"按钮，如下图所示。

3 单击“开始”按钮

打开游戏页面，单击“开始”按钮进入准备状态，如下图所示。

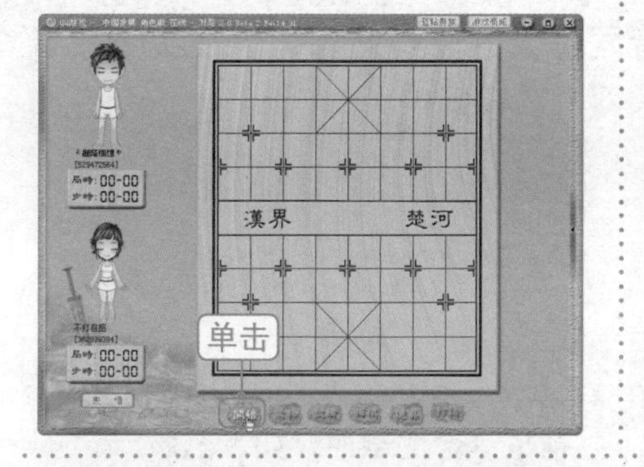

4 确认游戏时间设置

显示游戏规则的时间，选择是否同意，单击“同意”按钮，如下图所示。

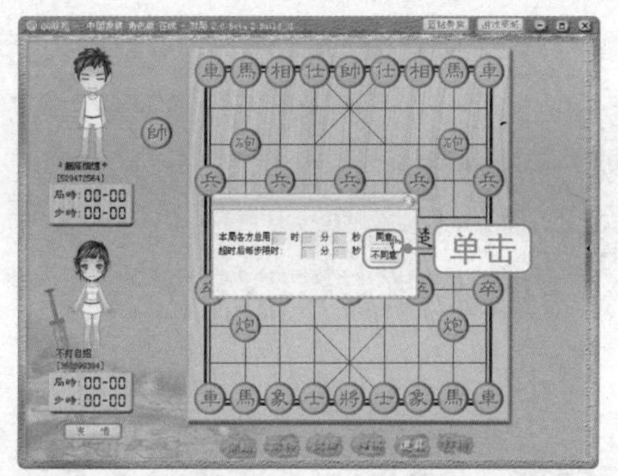

5 开始玩游戏

同意对方的游戏规则时间设置后，开始按红先黑后的出棋顺序，按规则与对方进行博弈，如右图所示。

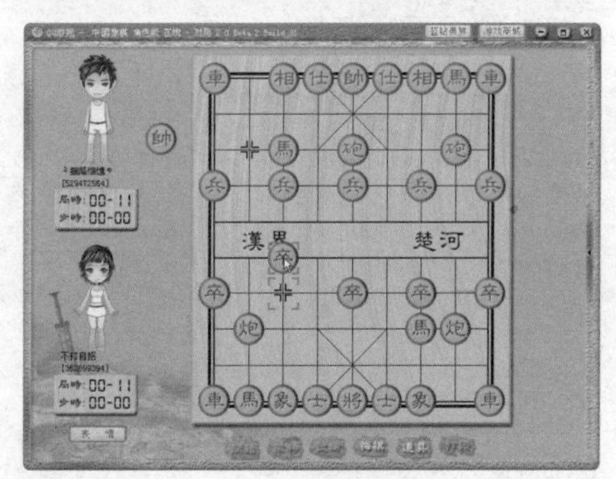

11.2 在网上听音乐、看电影

网络中提供了非常丰富的视听资源，如音乐、电视、电影、相声和小品等。在家或工作之余，也可以在网上享用这些资源。

11.2.1 在网上听音乐

网上听音乐，既可以直接在音乐网站上播放收听，也可以通过一些在线音乐播放软件来收听。

光盘同步文件

同步视频文件：光盘\同步教学文件\第11章\11-2-1.avi

1 在音乐网站上听音乐

在线随时都可以听到最新的歌曲。在网上有很多专业的音乐网站，如百度mp3音乐网、天籁之音网等，这些网站都提供在线播放音乐的功能。下面以“百度MP3音乐网”（http://mp3.baidu.com）为例，介绍网上听音乐的方法。

1 打开音乐网站并选择试听

❶在IE中打开“百度MP3”网站，❷选择歌曲类型，如“经典老歌”，❸单击“试听全部”按钮，如下图所示。

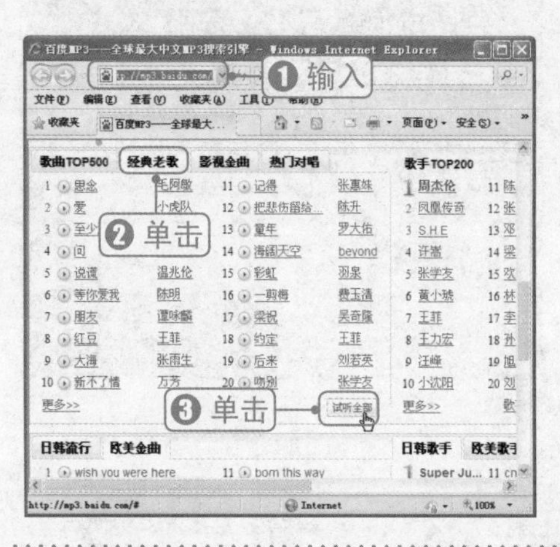

2 开始播放音乐

经过上步操作，打开“百度MP3”音乐播放页面，即可在线播放选择的歌曲，如下图所示。

2 通过软件听音乐

我们也可以使用专门的在线音乐播放软件来播放音乐，如QQ音乐、酷狗音乐等。下面以QQ音乐为例，介绍听音乐的方法。

1 单击“QQ音乐”按钮

在QQ面板下面单击“QQ音乐”图标，如下页左图所示。

2 单击“QQ音乐库”

打开“QQ音乐”程序，单击“QQ音乐库”按钮，如下页右图所示。

3 音乐并播放

显示“乐库”页面，❶在页面上方选择音乐类型，如“排行榜”；❷在显示的排行榜音乐列表中，单击“试听”按钮即可开始播放音乐，如右图所示。

音乐播放技巧

知识加油站

在显示的“乐库”窗口中，可以单击“▢”按钮来播放音乐；单击“+”按钮，可以将音乐添加到QQ音乐播放列表中；单击“▢”按钮，可以下载音乐；单击“▢”按钮，可以将该音乐设置为QQ空间背景音乐。

问：为什么我的QQ音乐页面打开后没有播放界面呢？

疑难解答

答：初次使用QQ音乐时，必须先进行QQ音乐软件的安装，就像前面介绍的QQ游戏一样，需要先进行安装才能使用，方法同前。

11.2.2 在网上看电视/电影/小品

随着宽带网络的普及，普通用户所拥有的网络带宽也越来越大，这就允许普通用户流畅地在网络中在线收看各种电影、电视或小品等节目了。

光盘同步文件

同步视频文件：光盘\同步教学文件\第11章\11-2-2.avi

1 在相关网站上收看

在网上不仅可以播放音乐，还可以观看电影、电视等，只要登录如优酷网、土豆网、激动网、酷6网等某个网站即可点播电影或电视。下面以“优酷网”（http://www.youku.com）为例，介绍如何在网上看电影或电视。

① 打开网站并选择“电影”

❶在浏览器中打开“优酷”网站；❷在页面中选择要观看的类型，如“电影”，如右图所示。

② 选择要观看的电影

在打开的电影页面中，选择要观看的电影，如“让子弹飞”，如右图所示。

③ 开始播放并观看电影

经过上步操作，网站系统自动开始播放该电影，中老年朋友即可进行网上观看，如右图所示。

问：在网上看电影时，为什么播放的效果有时不流畅呢？

疑难解答

答：在线观看电影、电视或小品时，如果出现播放效果不流畅，一般原因有以下两种：

①自己电脑上网的速度不够快；②当前正在播放的电影、电视或小品资源，其访问的人数太多。因此，产生拥挤的现象。出现以上现象，最好在访问人少、速度较快的时间段来观看，如每天的上午，访问量相对要少一些。

2 使用专业工具软件收看

PPS网络电视是目前使用较为广泛的在线电影、电视收看工具，提供了热门的卫视直播频道以及数千部在线电影供用户点播收看。在电脑中安装PPS后，就可以在线播放电影或电视节目了，具体操作方法如下。

① 启动PPS软件

❶用鼠标单击“开始”菜单按钮，❷选择“所有程序”命令，❸单击“PPS影音”命令，打开该程序，如右图所示。

2 选择并观看节目

❶在PPS程序左侧列表中，选择要观看节目的类型，如“电视频道”，❷选择电视频道，如“东方卫视”，如右图所示。

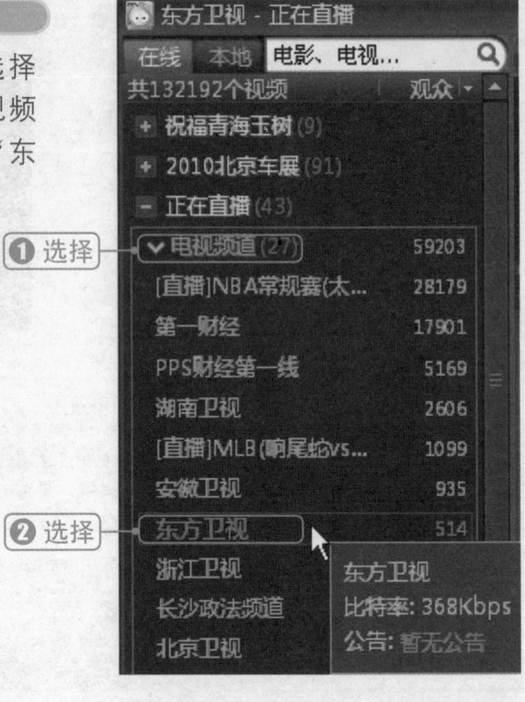

3 开始播放并观看电视

经过上步操作，PPS软件程序开始在线播放电视节目，如右图所示。

问：如何在网上查找当前最热门的电影/电视/音乐/小品？

疑难解答

答：想知道哪些网站提供当前最热门的电影、电视、音乐、小品资源时，那么可以通过专业搜索网站，如百度搜索引擎来查找和搜索。具体操作方法，可以参见前面搜索网上信息的相关内容。

11.3 使用博客与微博展示自己

“博客”也称为网络日志，是一种通常由个人管理、不定期张贴新文章的个人主页。我们可以在博客日记中记录，对事物的观点和见解，以及对一些现象的感慨等。

微博，又被人们称为“围脖”，是一种非正式的迷你型博客。用户可以通过网页、手机以及各种客户端组建个人社区，以140字左右的文字更新信息，并实现即时分享。微博提出的口号：“用一句话随意记录生活，用手机随时随地发微博”。

11.3.1 注册与发表博客日志

我们可以进入其他人的博客中进行查看、评论及交流，也允许网友进入自己的博客空间，尤其多访问一些名人和企业的博客还可以提高自身的知名度。

要想拥有自己的博客空间，首先需要到提供博客服务的网站中注册博客账号并开通空间。目前很多知名网站都提供了博客空间服务，如搜狐、网易、新浪等。下面以在新浪网（http://www.sina.com.cn）注册博客账号为例，介绍博客空间的注册步骤。

光盘同步文件

同步视频文件：光盘\同步教学文件\第11章\11-3-1.avi

1 进入新浪博客首页

打开IE浏览器，❶输入新浪网的网址 http://www.sina.com.cn；❷进入新浪网后，单击页面中的“博客”链接，如右图所示。

2 单击“开通新博客”按钮

进入新浪博客首页，在窗口上方单击“开通新博客”按钮，如下图所示。

3 填写注册邮箱

进入“注册新浪博客”网页，❶输入邮箱名称和验证码，❷单击“下一步”按钮，如下图所示。

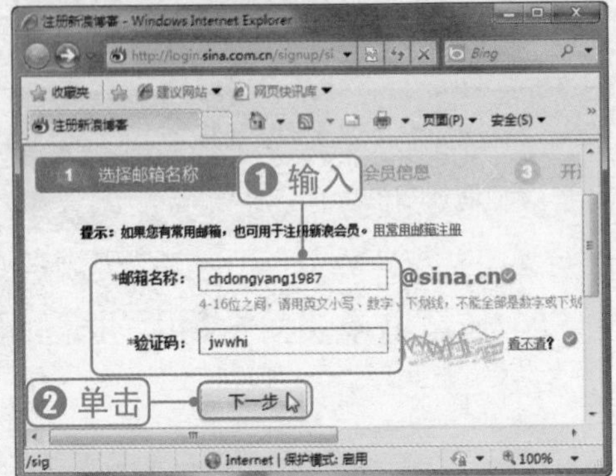

4 填写详细注册信息

进入“填写会员信息”页面，❶输入密码、用户名验证码等相关信息，❷单击“提交”按钮，如下图所示。

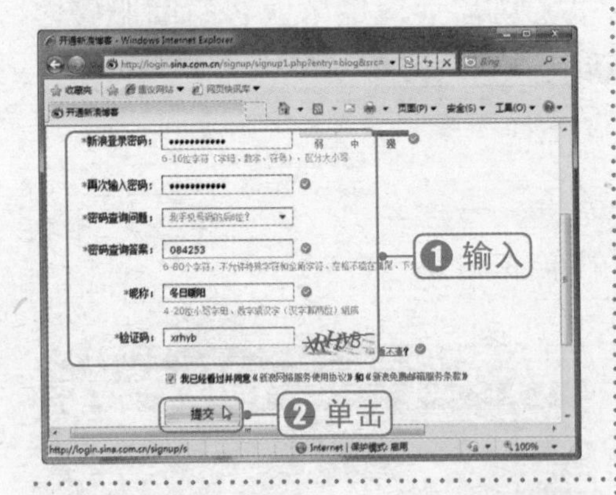

5 完善个人资料

进入“完善您的个人资料”页面，❶设置性别、出生日期、婚姻状态等信息；❷单击“完成开通”按钮，如下图所示。

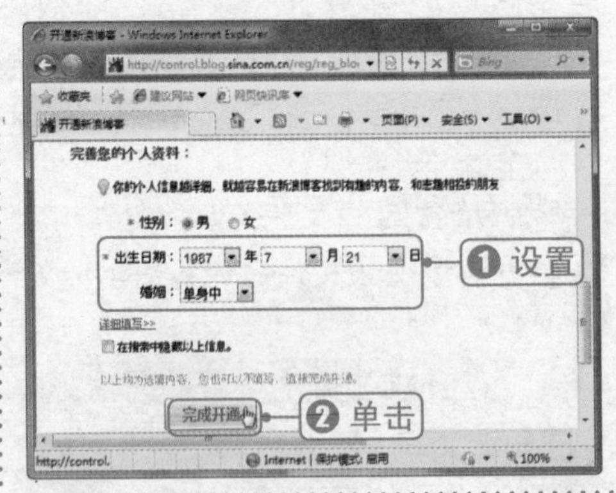

6 单击“快速设置我的博客”按钮

进入成功开通博客页面，提示已成功开通新浪博客，单击“快速设置我的博客”按钮，如下页左图所示。

7 选择博客风格

进入“新浪博客快速设置”页面，❶选择博客风格，如“心情日记”；❷单击“确定，并继续下一步”按钮，如下页右图所示。

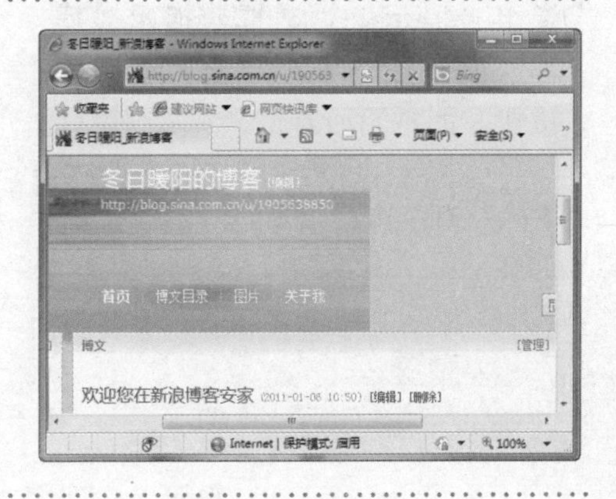

8 完成博客设置

进入“关注博客好友”页面，在列表中选择要关注的好友，单击“完成”按钮，如下图所示。

9 进入我的博客

此时，完成“新浪博客快速设置”页面会提示“恭喜您，博客快速设置已完成”，单击“立即进入我的博客”按钮，如下图所示。

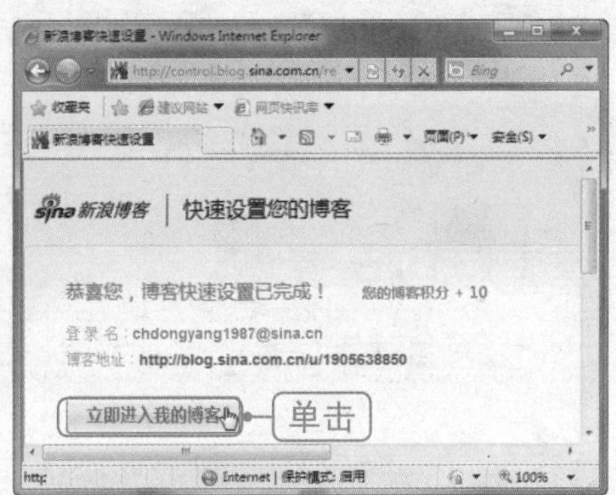

10 进入博客空间

经过了以上操作后，我们就可以顺利开通博客并进入自己的博客空间了，如右图所示。

11.3.2 发布博客

成功注册博客账号后，我们就可以登录到博客空间中发表自己的文章，其他网友还可以进入博客空间来阅读并发表意见。发表博客文章的方法如下。

光盘同步文件

同步视频文件：光盘\同步教学文件\第11章\11-3-2.avi

1 单击“发博文”按钮

进入自己的博客空间后，在窗口下方单击“发博文”按钮，如下图所示。

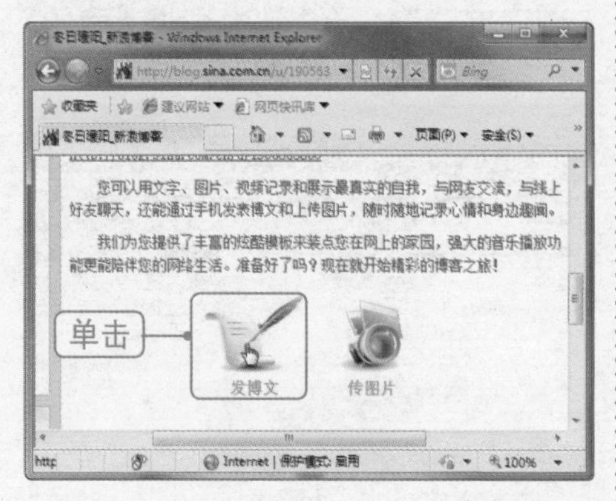

2 输入博客内容

进入到“发博文”页面，输入博客标题和内容，单击“发博文”按钮，如下图所示。

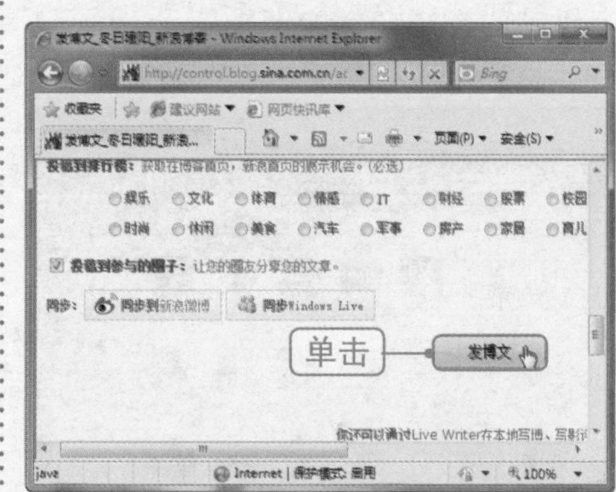

3 进入我的博客

弹出“提示”对话框，提示“博客已发布成功”，单击“确定”按钮，如右图所示。

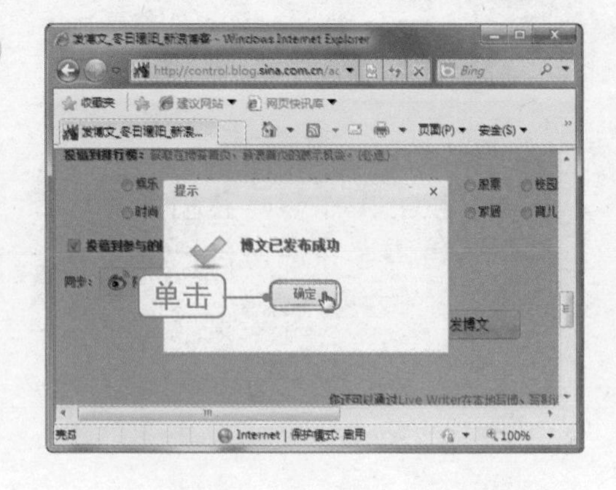

④ 预览博客内容

经过以上的操作后，我们就可以登录到博客查看成功发布的博客内容，而其他用户也可以浏览发表的博客内容了，如右图所示。

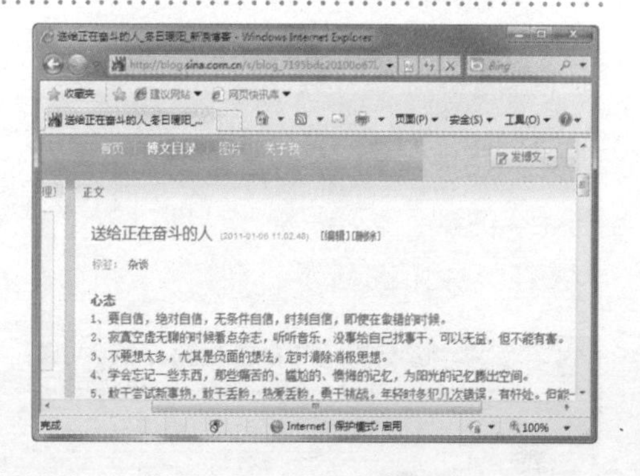

11.3.3 申请与开通微博

和开通博客一样，开通微博首先需要申请微博账户，目前允许开通微博的网站也有很多，如腾讯、网易、新浪等。新浪微博是当前国内较主流、较具人气的微博产品，下面就以在新浪网上申请微博为例介绍开通微博的方法。

光盘同步文件

同步视频文件：光盘\同步教学文件\第11章\11-3-3.avi

① 进入“新浪首页”

进入“新浪首页”，单击页面中的“微博”链接，如下图所示。

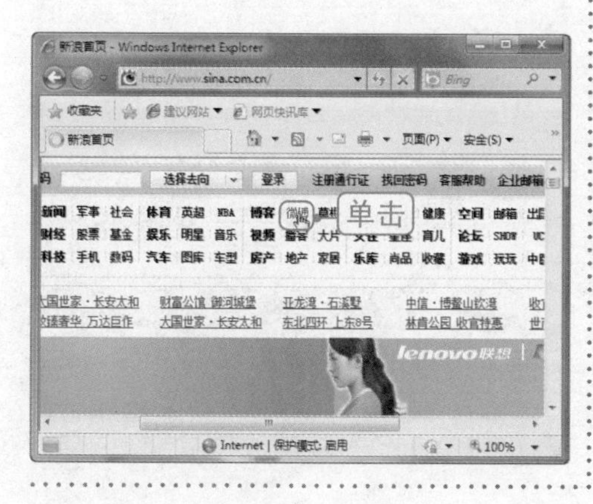

② 注册新浪微博

进入“新浪微博”首页，在窗口中单击“立即注册微博”按钮，如下图所示。

③ 输入注册信息

进入“现在加入新浪微博”页面，❶输入电子邮箱地址、密码和验证码；❷单击“立即注册”按钮，如下图所示。

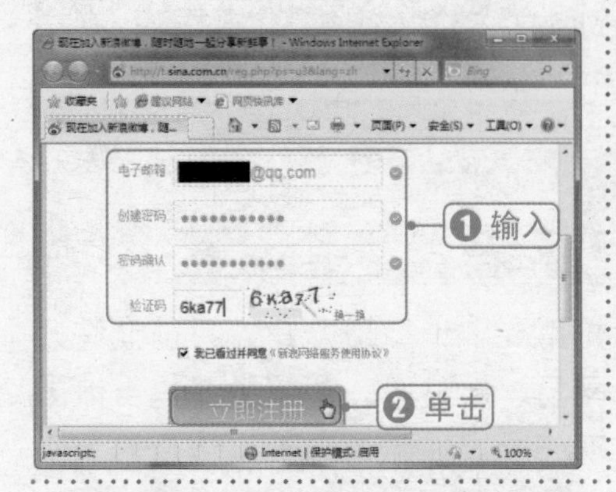

④ 查看邮箱

进入“马上激活邮件，完成注册”页面，单击“立即查看邮箱”按钮，如下图所示。

⑤ 单击“邮件”链接地址

进入“QQ邮箱”后再切换到“收件箱”页面，单击新浪网发送的激活邮件的链接，如下图所示。

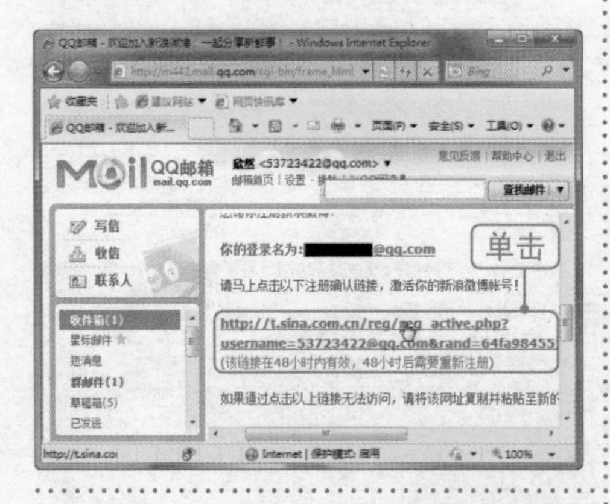

⑥ 登录微博

激活账户后再次进入“登录”页面，❶输入登录名和密码，❷单击“登录”按钮，如下图所示。

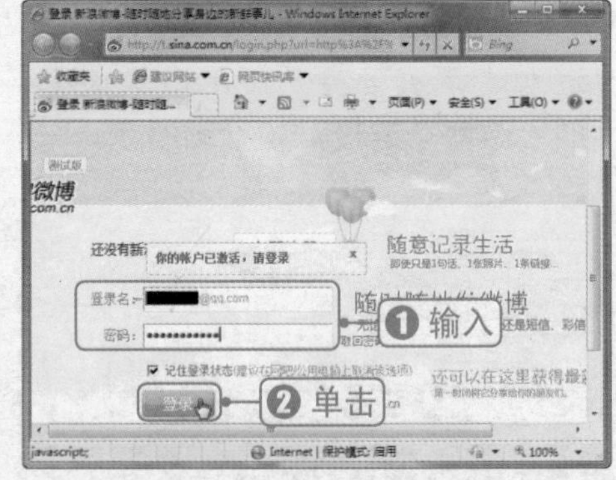

⑦ 填写详细信息

进入填写会员信息的页面，❶输入昵称、所在地、手机号码、证件信息等相关内容，❷单击“开通微博”按钮，如下页左图所示。

⑧ 完成登录

进入关注用户的页面，单击下方的“完成”按钮，如下页右图所示。

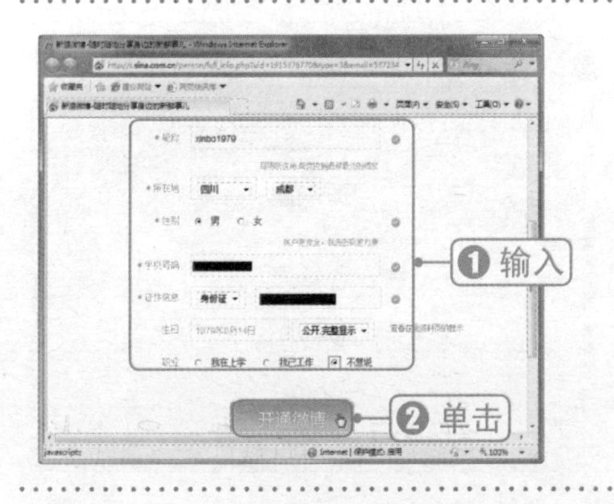

9 登录新浪微博成功

经过以上的操作后，即可成功申请微博，并切换到微博首页，如右图所示。

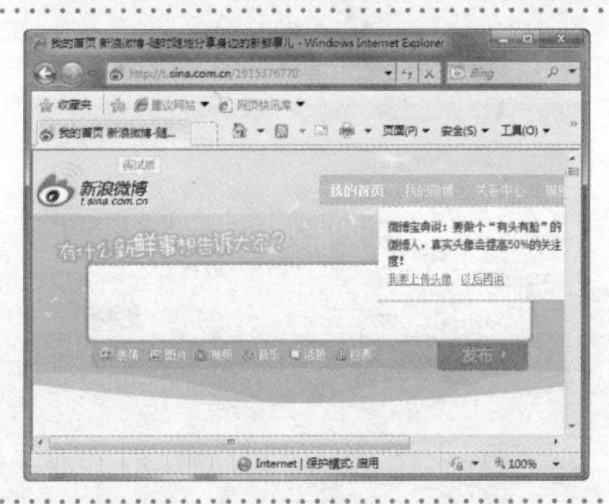

11.3.4 发表微博

开通微博以后，就可以进入个人微博发表言论，与其他网友一起分享心得，或进入其他网友的微博参与讨论。

光盘同步文件

同步视频文件：光盘\同步教学文件\第11章\11-3-4.avi

1 输入微博内容

进入微博首页，❶在文本框内输入微博内容，❷单击“发布”按钮，如右图所示。

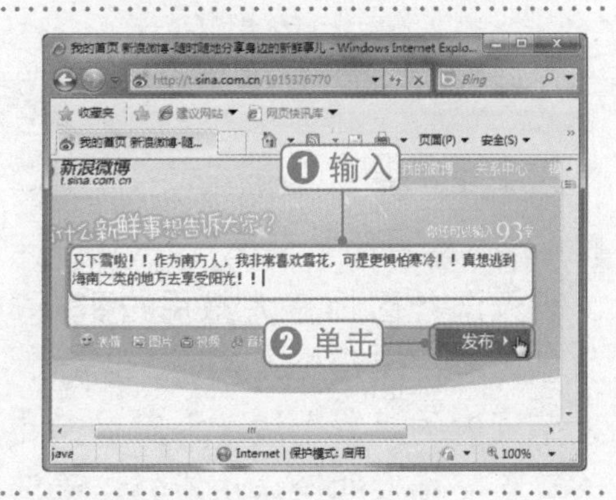

② 微博发表成功

微博发表成功后，我们可以在下方列表中查看发表的内容，如右图所示。

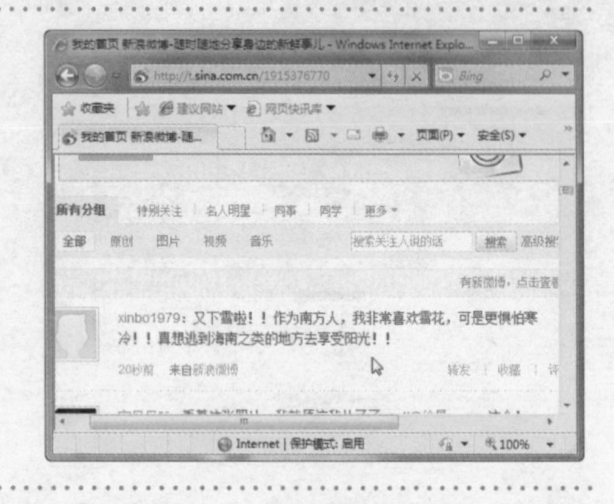

疑难解答

问：在微博中除了能发表文字信息外，怎样插入表情和图片？

答：在输入文字时，单击文本框下方的表情按钮，可以选择表情进行发布；单击图片按钮，可以发布图片；单击视频按钮，可以发布视频内容。

11.4 加入论坛讨论大家关注的问题

网络中的论坛，是一个供网友讨论的平台。在论坛中，我们可以和全国各地的网友针对共同话题进行讨论与交流。国内较大的论坛有“天涯社区”、“西祠胡同”和“猫扑社区”等。

11.4.1 天涯社区

天涯社区（www.tianya.cn）是以“人文情感”为核心的综合性虚拟社区和大型网络社交平台，也是目前人气较高、较大的全球华人论坛。

天涯社区拥有大量用户群所产生的超强人气、人文体验和互动原创内容，满足个人沟通、创造、表现等多重需求，并形成了全球华人范围内的“线上线下”交往文化，是目前颇具影响力的华人网上家园。除了基本的论坛功能外，天涯同步推出了“天涯博客”、“天涯相册”、“天涯部落”以及“分类信息”等更多个性化的服务。

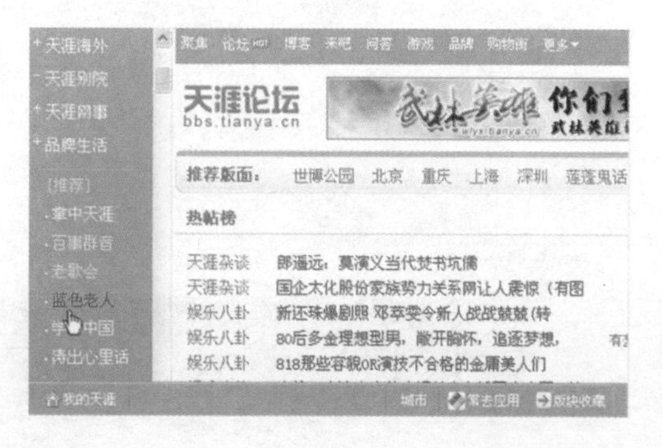

11.4.2 西祠胡同社区

西祠胡同社区（www.xici.net）是全国城市人文气息最浓的社区，作为首家针对城市社区的网站，拥有定位于时尚、娱乐、生活、服务等综合服务的论坛，积累了各个年龄层次、各种行业、不同兴趣爱好的大量忠实网友，网站如下图所示。西祠胡同社区倡导的是以人为本的网络社区风格，与网友的生活密切结合，真正把现实生活的“社区”概念在网络上体现出来。主要以各种个性版块为主，网友可以在这里自由创建版块，集结具有共同兴趣或爱好的网友。

11.4.3 猫扑社区

猫扑社区（www.mop.com）是目前国内领先的娱乐互动门户网站，专注于满足用户的娱乐、交互与个性化需求，网站如下图所示。猫扑社区集社会媒体、自由媒体与互动媒体为一体，成为新媒体门户的核心代表。

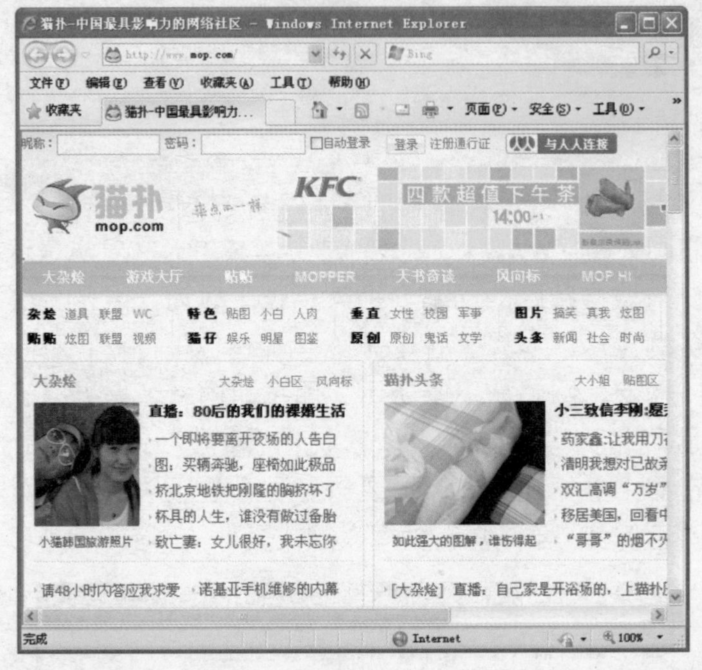

猫扑网包括互动、资讯、娱乐三大中心，并下设了体育、汽车、科技、财经、博客社区等众多分类频道，是目前颇具特色的年轻人娱乐门户。

读书笔记

Chapter 12

学会常见软件Word/Excel的应用

本章导读

Office 2010软件是由美国微软公司发布的较新版办公应用软件，主要包括处理不同办公事务的应用组件，如Word、Excel、PowerPoint等。其中，Word与Excel是目前应用较广泛的组件。Word主要用于编排各种类型的文档资料；Excel主要用于编排数据图表、表格以及处理与分析各类数据。作为初学电脑的广大中老年朋友，无论是在公司上班，还是退休在家，都有必要学习Word与Excel软件的应用。

知识技能要求

通过本章内容的学习，中老年朋友主要学会Word/Excel软件的操作。学完后需要掌握的相关技能知识如下。

- ❖学会用Word录入与编辑文档资料
- ❖学会在Word中编排“图文混排”格式的文档
- ❖学会用Excel编辑与制作表格
- ❖学会Excel表格数据的处理与管理方法

12.1 用Word处理与编排文档资料

Word 2010是一款优秀的文字办公编排软件，通过该软件不仅能够方便地编排出各种规范的文档，而且能够在文档中插入图片。如果电脑与打印机相连，那么还可以将文档打印到纸张上。

12.1.1 在Word中录入文档资料

在Word中要编排文档资料，一般先要录入内容。本节将给中老年朋友讲解Word中录入文档资料的相关操作。

光盘同步文件

同步视频文件：光盘\同步教学文件\第12章\12-1-1.avi

1 启动Word 2010程序

要使用Word 2010进行文字编辑处理操作，首先需要启动它。启动Word 2010的方法有很多，安装好Office 2010后，即可通过以下方法来启动。

❶单击“开始”按钮，❷指向“所有程序”命令，❸在程序列表中指向Microsoft Office命令，❹在弹出的下一级菜单列表中单击Microsoft Word 2010命令，即可打开Word程序，如下图所示。

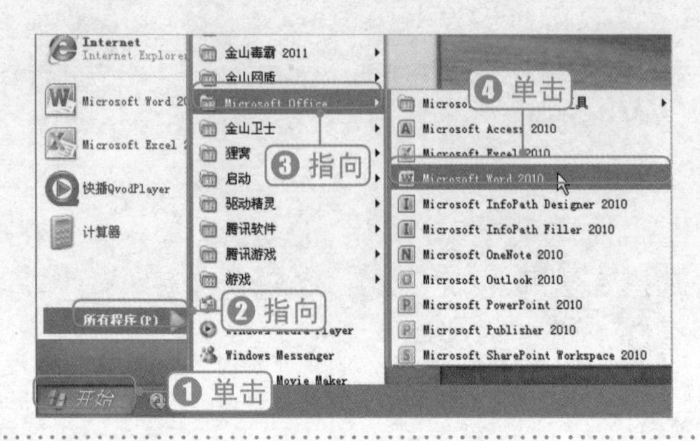

启动Word的其他方法

如果桌面上有Word 2010 快捷程序图标，那么只要双击该程序图标，即可快捷启动Word程序。如果桌面上没有快捷图标，可以将图标添加到桌面上以方便操作。方法为在上图中选择Microsoft Word 2010命令后单击右键，在快捷菜单中单击“发送到”命令，再在下一级菜单中单击“桌面快捷方式”命令即可。

2 熟悉Word 2010程序的操作界面

启动Word 2010后，就可以打开其工作界面。下图是Word 2010的软件操作界面，它主要由快速访问工具栏、标题栏、选项卡标签、功能区、文档编辑区、状态栏等组成。

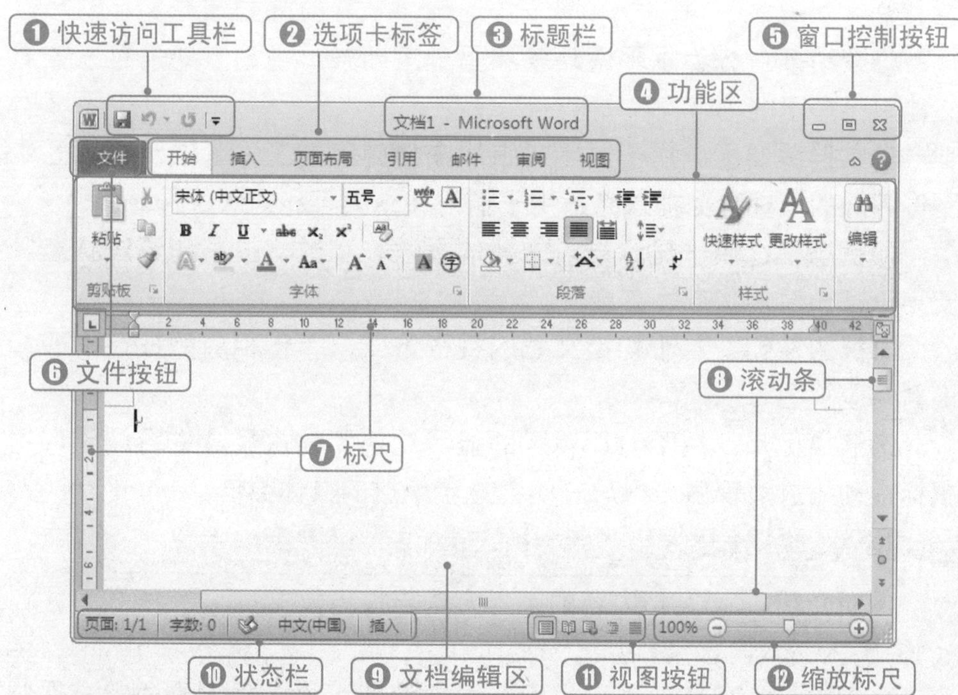

下面分别对Word 2010的工作界面组成名称以及作用进行说明。

❶快速访问工具栏：位于窗口上方左侧，用于放置一些常用工具，在默认情况下包括保存、撤销和恢复3个工具按钮。用户可以根据需要进行添加。

❷选项卡标签：用于切换功能区，单击功能选项卡的标签名称，

就可以完成切换。

❸标题栏：用于显示当前的文档名称。

❹功能区：用于放置编辑文档时所需的功能按钮，系统将功能区的按钮功能划分为一个一个的组，称为功能组。在某些功能组右下角有“对话框启动器”按钮，单击该按钮可以打开相应的对话框，打开的对话框中包含了该工具组中的相关设置选项。

❺窗口控制按钮：包括最小化、最大化和关闭3个按钮，用于对文档的大小和关闭进行控制。

❻“文件”按钮：用于打开“文件”下拉菜单，其中包括新建、打开、保存等命令。

❼标尺：分为水平标尺和垂直标尺，用于显示或定位文本的位置。

❽滚动条：分为水平滚动条和垂直滚动条，拖动滚动条可以查看文档中未显示的内容。

❾文档编辑区：用于显示或编辑文档内容的工作区域。编辑区中不停闪烁的光标称为插入点，用于输入文本内容和插入各种对象。

❿状态栏：用于显示当前文档的页数、字数、拼写和语法状态、使用语言和输入状态等信息。

⓫视图按钮：用于切换文档的视图方式，单击相应的按钮，即切换到相应视图。

⓬缩放标尺：用于对编辑区的显示比例和缩放尺寸进行调整，用鼠标拖动缩放滑块后，标尺左侧会显示缩放的具体数值。

3 录入文档内容

下面介绍Word文档内容的录入方法与技巧。

（1）输入文本内容

启动Word 2010软件，出现空白文档即可输入文字等内容。在空白文档中有一个闪烁的竖条，这是插入点，表示文本输入时的位置。用户可直接选择需要的汉字输入法，在文档中输入相关的文档内容。

在文档中输入英文非常简单，直接按键盘上对应的字母键即可。而输入中文则需要在Word中切换到中文输入法状态才能进行输入。具体操作方法如下。

1 选择输入法

❶单击任务栏右下角的“输入法指示器”图标，❷在弹出的菜单中选择自己会用的输入法，如极品五笔输入法，如下图所示。

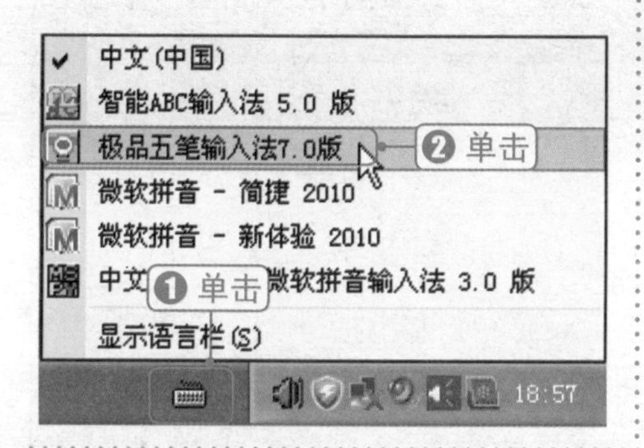

2 输入文档内容

根据五笔字型的编码规则，输入需要的内容，此时文字即可出现在闪烁的光标位置上，如下图所示。

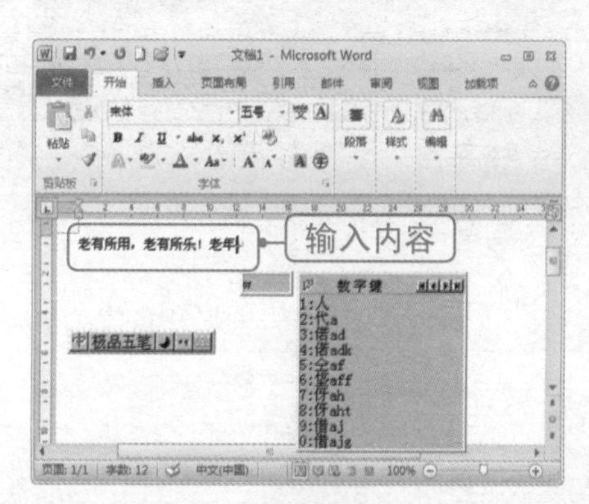

在录入文本时，还需要注意以下几点。

①在Word中，可以通过按Ctrl+Shift快捷键切换各种已经安装好的输入法；如果是从英文输入法切换到默认的中文输入法，那么需要按Ctrl+空格快捷键。

②录入文本时，在同一段文本之间不需要分行；当输入内容超过一行时，Word会自动换行。

③如果需要在一行内容没有输入满时要强制另起一行，并且需要该行的内容与上一行的内容保持一定的段落属性，可以按Shift + Enter快捷键来完成。

④当录入完一段文字后，按Enter键文档中会自动产生一个段落标记符 ↵，表示换段。默认状态下此标记符在文档打印时不会打印出来，只是为了方便文档内容的编辑与处理。

⑤当文本出现错误或有多余的文字时，可以使用删除功能。按键盘上的Backspace键，可以删除插入点左侧的文字；按Delete键，可以删除插入点右侧的文字。

（2）正确输入标点符号

键盘布局是按照英文打字的标准来进行设计的，所以有些中文标点在键盘上是找不到的，如顿号（、），省略号（……）等。要录入中文标点符号时，除了将输入法切换到相应的中文输入法状态外，还要将输入法状态条中的“中文/英文标点”图标转换到“中文标点”输入状态才行。在这种状态下，就可以用英文键盘输入所有的中文标点符号。各中文标点符号与键盘上的键位对应如下表所示。

中文标点符号	对应键位	中文标点符号	对应键位
、顿号	\	《左书名号	Shift ＋<
。句号	.	》右书名号	Shift ＋>
·居中实心点	Shift ＋@	！感叹号	Shift ＋!
——破折号	Shift ＋—	（左小括号	Shift ＋（
……省略号	Shift ＋6	）右小括号	Shift ＋）
‘左单引号	′（第一次）	，逗号	,
’右单引号	′（第二次）	：冒号	Shift ＋:
“左双引号	Shift ＋″（第一次）	；分号	;
”右双引号	Shift ＋″（第二次）	？问号	Shift ＋?

（3）在文档中插入符号

在录入内容时，某些符号是无法直接录入的，如★、‰、℃、≌、≥等。如果要输入这些特殊符号，可以通过以下方法来完成操作。

1 选择“其他符号”命令

❶在文档中定位插入点，❷单击切换到“插入”选项卡，❸在“符号”工具组中单击“符号”按钮，❹在弹出的列表中单击“其他符号”命令，如右图所示。

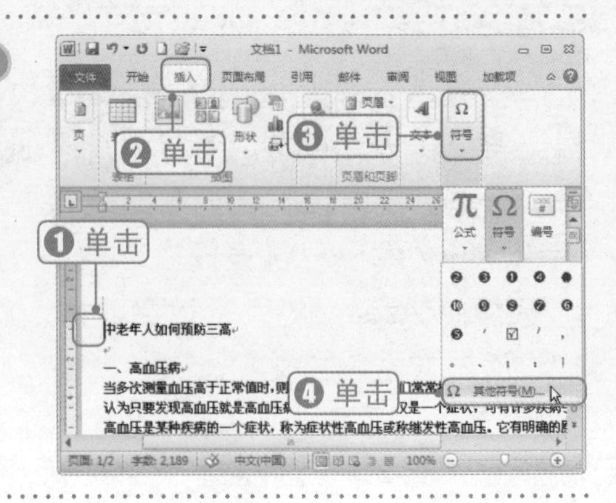

2 选择并插入符号

弹出“符号”对话框，❶在“字体”列表中选择符号字体，如Wingdings，❷在“符号”列表框中选择要插入的符号，❸单击“插入”按钮，如右图所示。

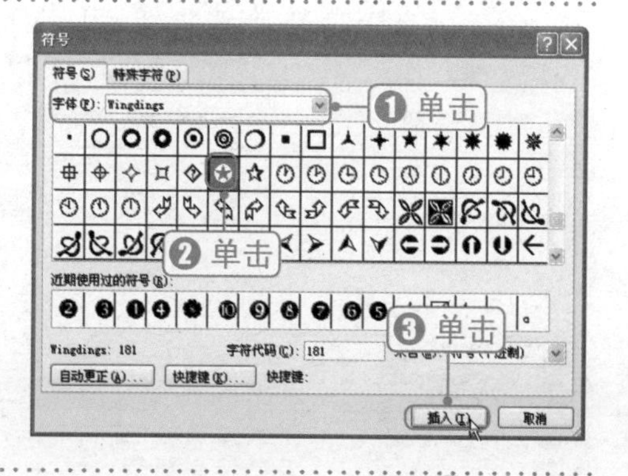

4 保存文档内容

当录入好文档内容后，为了防止文档内容丢失，就需要将文档进行保存。具体操作方法如下。

1 选择“保存”命令

❶单击“文件”菜单，❷在显示的菜单中单击“保存”命令，打开“另存为”对话框，如右图所示。

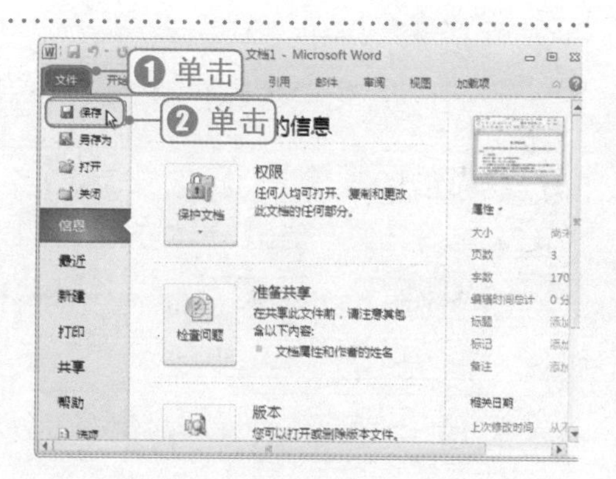

2 设置保存位置并保存文件

❶在对话框中选择文件的保存位置，❷输入要保存的文件名，❸单击“保存”按钮，如右图所示。

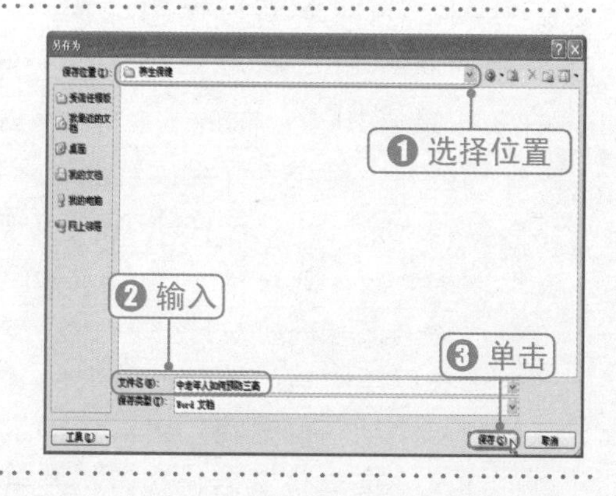

问：在“文件”菜单中有“保存”与“另存为”两个命令，分别有什么区别？

疑难解答 答：菜单中有“保存”和“另存为”两个命令，这两个命令若初次保存文档时，其作用是一样的效果，单击它们都会弹出“另存为”对话框。一般情况下，对已有文档进行编辑修改后，若需要让原文件以现有文件内容进行保存，就直接使用“保存”命令。如果对已有文档进行修改与编辑后希望保持原有文件内容不变，又需要保存现有文档内容时，就必须使用“另存为”命令，在弹出的“另存为”对话框中设置文件保存的新位置或以新文件名进行保存。

12.1.2 对文档内容进行编辑与修改

在Word软件中录入文档内容后，由于种种原因，文档内容不可能一次性成稿，一般需要对文档内容进行修改与编辑操作。在本节内容中，主要介绍文档内容的编辑与修订方法。

光盘同步文件

原始文件：光盘\素材文件\第12章\预防三高-1.docx

结果文件：光盘\结果文件\第12章\预防三高-1.docx

同步视频文件：光盘\同步教学文件\第12章\12-1-2.avi

1 学会内容的选择方法

要对文档内容进行编辑，必须先要掌握文档内容的选择方法。被选中的文本以蓝色背景显示。在Word 2010中，选择文档内容分为多种情况，具体如下。

- 选择一个单词或词组：双击鼠标左键。
- 选择一个句子：按住Ctrl键不放单击鼠标左键。
- 选择一段：光标指针指向段落中快速按鼠标左键三次。
- 选择列文字内容：按住Alt键，然后再按住鼠标左键拖动。
- 选择整篇文档：按键盘Ctrl + A快捷键。
- 鼠标拖动精确选择：鼠标指针定位在起点位置，按住鼠标左键进行拖动至结束点位置后松开鼠标左键。或者先将光标定位在要选择文档内容范围的最前端，然后按住Shift键，再单击要选择范围的最末端。

- 选择不连续的内容：先选择一部分内容，然后按住Ctrl键继续选择相应内容即可。

问：当选择内容后，如果发现选择错了，如何取消内容的选择状态呢？

答：当选择文档内容后，如果要取消内容的选择，只需在文档窗口中的任意位置单击一下鼠标左键即可。

2 移动与复制文档内容

在编辑文档的过程中，可以使用复制、移动等方法加快文本的编辑速度，提高工作效率。在文档中，可以作为被编辑的对象有字、词、段落、表格或图片等。

（1）移动文本

移动内容是指将文档中的内容从一个位置移动到另一个位置，原来位置上的内容将消失。移动的目标位置可以是同一篇文档，也可以是其他文档或其他软件程序。

1 剪切要移动的内容

❶选定要移动的文本，❷在“开始”选项卡的“剪贴板”工具组中，单击“剪切”按钮，如下图所示。

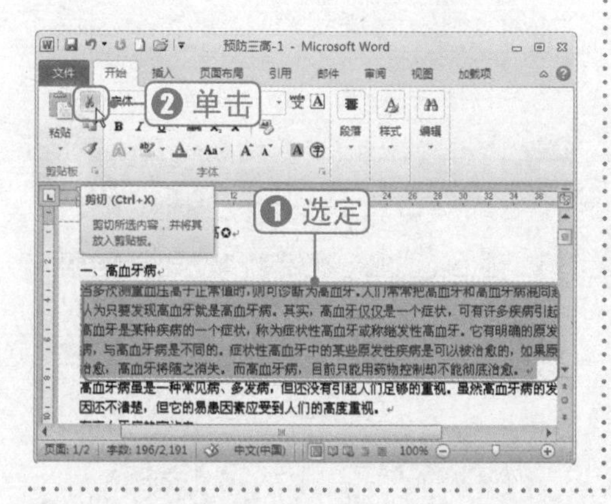

2 粘贴内容

❶将插入点定位到需要移动到的目标位置，❷单击“剪贴板”组中的“粘贴”按钮，如下图所示。

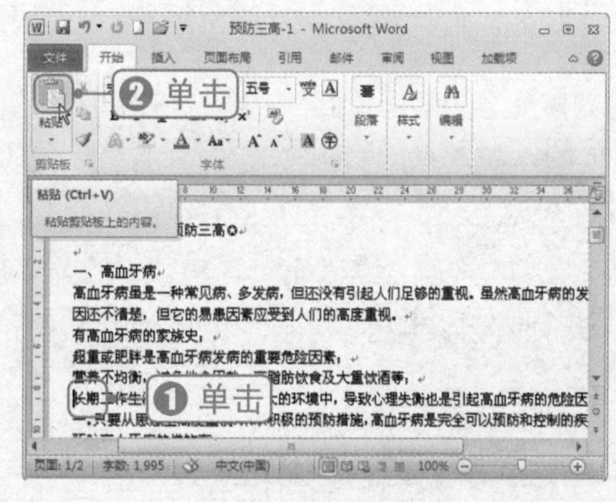

使用快捷键快速移动内容

知识加油站

选中要移动的内容后，按键盘上的Ctrl+X快捷键，然后将插入点光标移动到目标位置处，按Ctrl+V快捷键就可将选择内容快速移动到当前位置。

（2）复制文本

在输入文档时，如果要多次输入相同的内容，那么不必每次都重复输入。采用复制的方法，既可以节约编辑时间，又可以加快录入速度。

1 执行"复制"命令

❶选定要复制的文本，❷在"开始"选项卡的"剪贴板"工具组中，单击"复制"按钮，如下图所示。

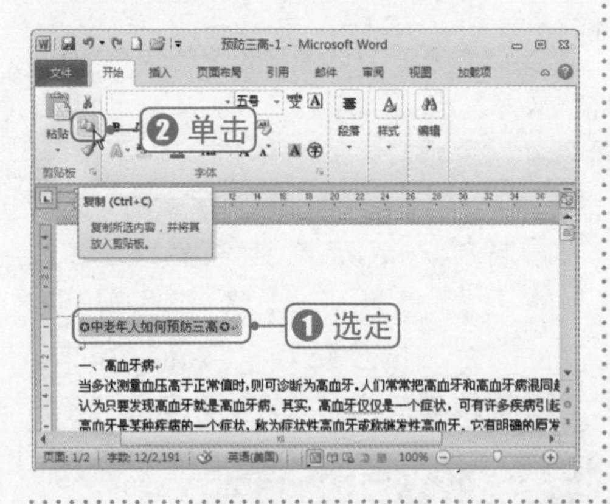

2 执行"粘贴"命令

❶将插入点定位到需要内容的目标位置上，❷单击"剪贴板"组中的"粘贴"按钮，如下图所示。

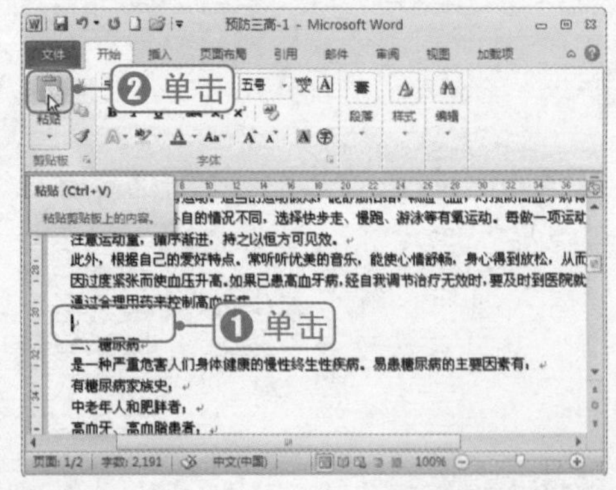

使用快捷键快速复制内容

知识加油站

选择需要复制的内容，按Ctrl+C快捷键进行复制，然后将光标定位在需要内容的目标位置上，按Ctrl+V快捷键进行粘贴即可。

3 查找与替换内容

查找与替换是文字处理过程中非常有用的功能。通过"查找"功能可以快速对文档内容进行定位，而通过“替换”功能可以快速对文档内容进行修改。

（1）查找内容

Word 2010软件增强了“查找”功能，使用户在文档中查找不同类型的内容时更加方便。使用“查找”功能可以找到长文档中指定的文本并定位到该文本位置上，还可以将查找到的文本突出显示，方法如下。

1 执行“查找”命令

在“开始”选项卡的“编辑”工具组中单击“查找”按钮，在窗口左侧显示出“导航”窗格，如下图所示。

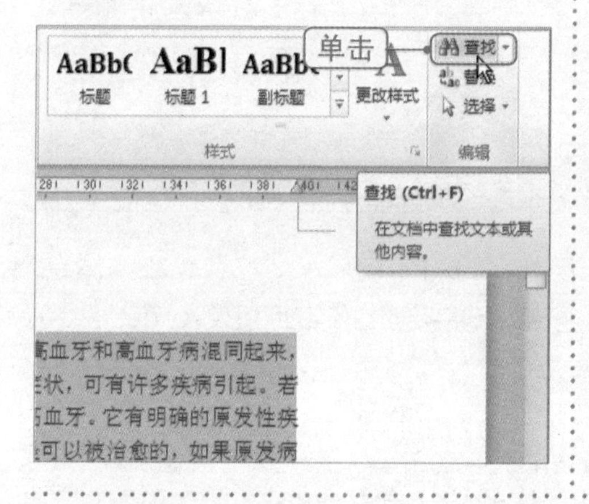

2 输入要查找的内容

在文本框中输入要查找的内容，如“高血牙”，此时右侧的文档窗口中呈黄色突出显示出已查找到符合条件的内容，如下图所示。

（2）替换内容

替换内容是将查找到的内容更换成其他内容。利用“替换”功能可以提高录入效率，并有效地修改文档。

1 执行“替换”命令

在“开始”选项卡的“编辑”工具组中单击“替换”按钮，弹出“查找和替换”对话框，如右图所示。

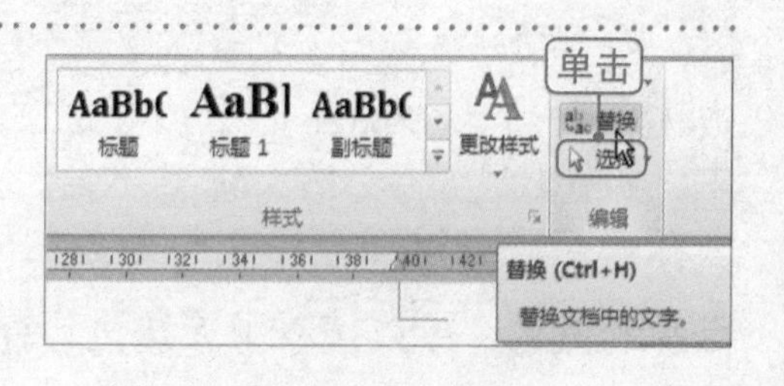

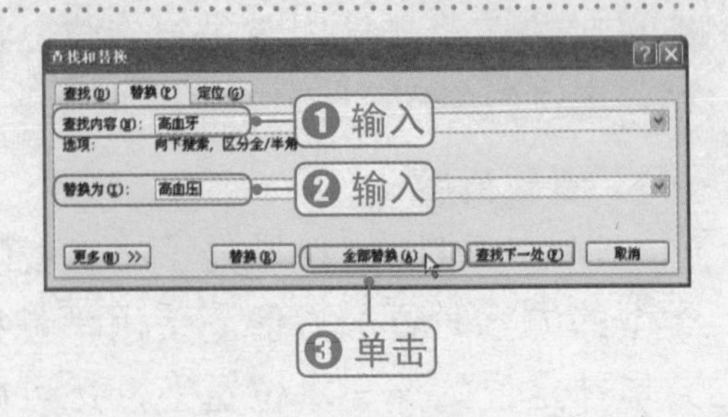

② 设置替换内容并替换

❶在“查找内容”文本框输入要查找的文本，如“高血牙”，❷在“替换为”文本框内输入要替换文本，如“高血压”；❸选择替换方式，如单击“全部替换”按钮，如右图所示。

知识加油站

内容的替换技巧

如果在对话框中单击“查找下一处”按钮，系统将以浅蓝色背景显示文档中要被替换的内容；如果单击“替换”按钮，将替换找到的内容；单击“查找下一处”按钮，则不替换当前选中的内容，继续查找下一处。如果在“替换为”文本框中不输入任何内容，将会删除搜索到的文本。

12.1.3 设置文档的格式

对文档内容进行格式设置，才能让文档内容具有美观漂亮、层次分明，阅读方便的特点。在本节内容中，主要介绍如何在Word软件中对文档格式进行设置与美化。

光盘同步文件

原始文件：光盘\素材文件\第12章\预防三高-2.docx

结果文件：光盘\结果文件\第12章\预防三高-2.docx

同步视频文件：光盘\同步教学文件\第12章\12-1-3.avi

1 设置文档的字符格式

字符格式有字体、字形、颜色、大小、字符间距等。默认情况下，Word输入的文档内容是“宋体、五号”字。通过设置字符格式可以使文字效果更加美观。对文档中的字符，要设置基本的字体、字号与字形格式，可以按以下方法进行操作。

（1）通过功能区进行设置

在“开始”选项卡的“字体”功能组中，为用户提供了文字的基本格式设置按钮，可以通过单击这些相应的按钮对文字进行格式设置。例如，设置文本标题字体为“黑体”，具体操作方法如下。

❶选择需要设置的文本；❷在“开始”选项卡的“字体”工具组中，单击相应的格式设置按钮，对文字的颜色、字体、字号、粗细等格式进行设置，操作如右图所示。

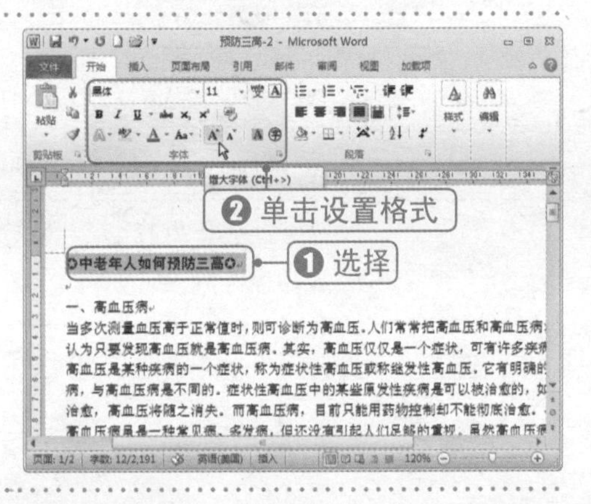

在“字体”功能组中，含有多种基本格式设置按钮，其作用及含义如下表所示。

命令按钮	功 能
宋体	字体按钮。设置文本内容的字体，如黑体、楷体、隶书、幼圆等
五号	字号按钮。设置字符大小，如五号、三号等
wén 文	文字注音按钮。单击可给文字注音，且可编辑文字注音的格式，如注音（zh yn）
A	字符边框按钮。单击可给文字添加一个线条边框，如字符边框
B	加粗按钮。单击可将字符的线型加粗，如**加粗**
I	倾斜按钮。单击可将字符进行倾斜，如*倾斜*
U	下画线按钮。单击可给字符下面加横线，如下画线
abc	删除线按钮。单击可给选择字符添加删除线效果，如删除线效果

（续表）

命令按钮	功 能
	上标与下标按钮。单击可将字符设置为上标和下标效果，如H_2O，X^2
	清除格式按钮。单击可将文字格式还原到Word默认状态
	字体颜色按钮。单击可给文档字符设置各种颜色
	更改大小写按钮。单击可对文档中的英文进行大写与小写的更换
	字符底纹按钮。单击可给字符添加底纹效果，如底纹效果
	带圈字符按钮。单击可给文字添加圈样式，以强调文字
	增大字号按钮。单击可快速增大字号
	减小字号按钮。单击可快速减小字号

（2）使用对话框进行设置

如果要为文档设置更多的字符格式效果，还可以使用“字体”对话框进行设置。具体操作方法如下。

1 准备打开“字体”对话框

❶选中要设置格式的文本；❷在“开始”选项卡的“字体”工具组中，单击右下角的“对话框开启按钮”，如右图所示。

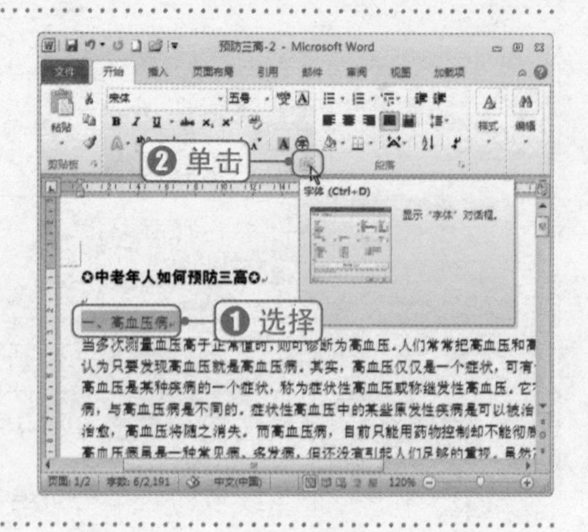

② 设置字体格式

经过上步操作，打开“字体”对话框，❶根据需要设置文字的字体、字形、字号、颜色、下画线、着重号、特殊效果等格式；❷设置好后，单击“确定”按钮，如右图所示。

（3）通过浮动菜单进行设置

在Word 2010中，还提供了常用格式设置的浮动工具栏。选中需要设置字体的文字，当光标移开被选中文字一点点，立即会有一个“字体设置浮动菜单”以半透明方式显示出来。用户将光标移动到浮动菜单上时，单击相应的格式设置按钮，即可实现快速设置。

浮动菜单中包含了最常用的字体和段落格式设置按钮，如字体、字号、颜色、对齐方式、缩放字符等格式。

❶选中需要设置的文本；❷显示出浮动工具栏，单击相应的格式按钮即可完成设置，如下图所示。

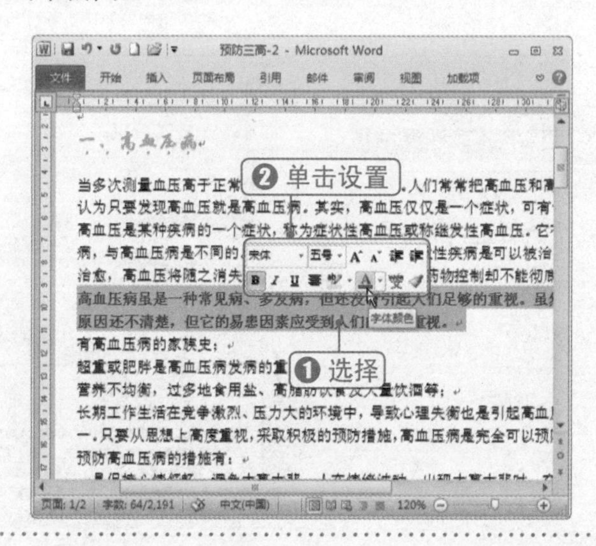

设置字符大小的技巧与方法

知识加油站

选中文本后，连续单击“字体”组中的“增大字体”按钮A、“缩小字体”按钮A，可以逐磅增大字号或缩小字号，也可以按键盘上的Ctrl+]和Ctrl+[快捷键，还可以直接在“字号”文本框中直接输入数值设置字符的大小。

2 设置文档的段落格式

段落就是以回车键结束的一段文字，它是独立的信息单位。一般一篇文档是由多个段落组成的。

（1）设置段落对齐方式

在Word 2010中，有左对齐、居中对齐、右对齐、两端对齐及分散对齐5种对齐方式。例如，设置标题居中对齐操作方法如下。

1 选择对齐方式

❶选择需要设置的段落；❷在“开始”选项卡的“段落”工具组中选择对齐方式，如“居中”，如右图所示。

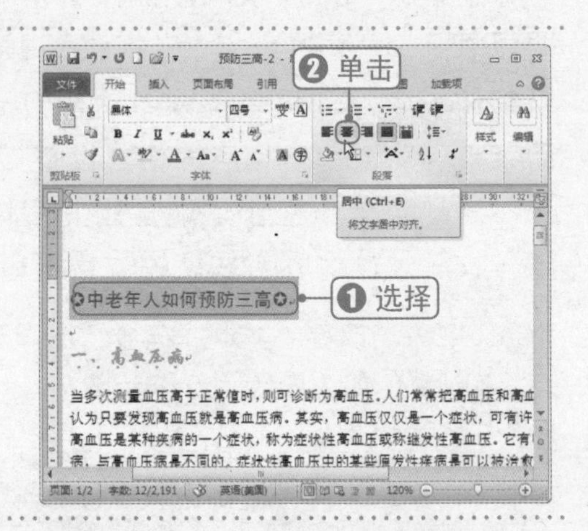

2 完成段落对齐设置

经过上步操作，就将选择的段落设置在纸张的左右中间位置，效果如右图所示。

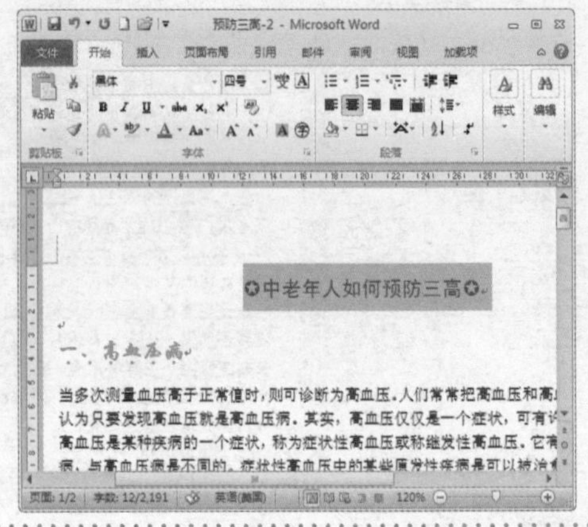

（2）设置段落缩进格式

段落缩进是指段落相对左右页边距向页内缩进一段距离。段落缩进分为首行缩进、左缩进、右缩进，以及悬挂缩进几种格式。

例如，对文档中的正文段落设置首行缩进两个字符，具体设置方法如下。

1 打开“段落”对话框

❶选择要设置的段落文字；❷在“开始”选项卡的“段落”工具组中，单击右下角的“对话框开启按钮”，如下图所示，打开“段落”对话框。

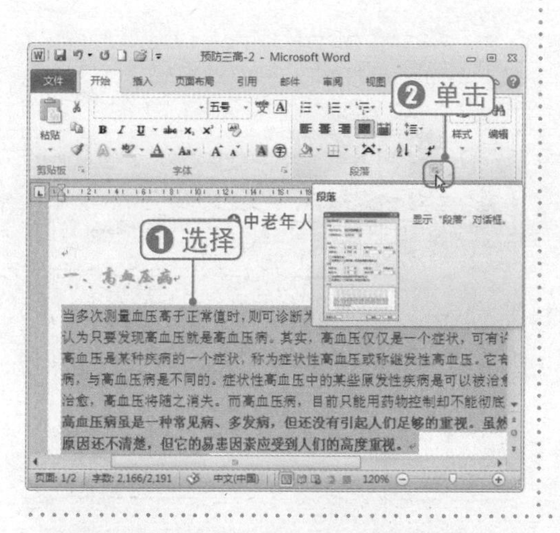

2 设置段落首行缩进

❶在“段落”对话框的“缩进”栏中，根据需要设置相关的缩进格式，如在“特殊格式”中选择“首行缩进”格式，并设置缩进间距为2字符；❷单击“确定”按钮，如下图所示。

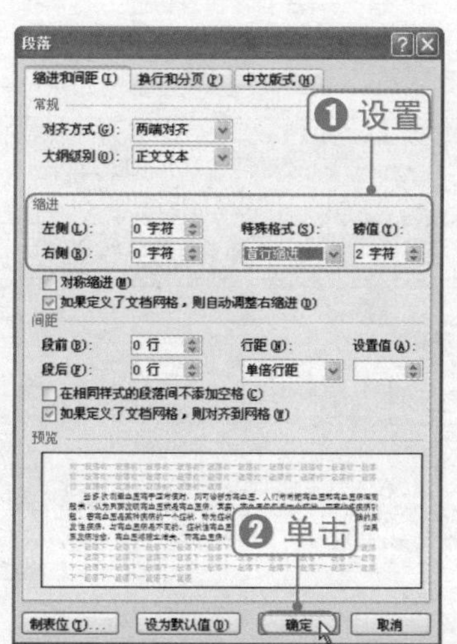

3 显示缩进效果

经过上步操作后，就将选择段落的每段段首向右缩进了两个字符间距，具体效果如右图所示。

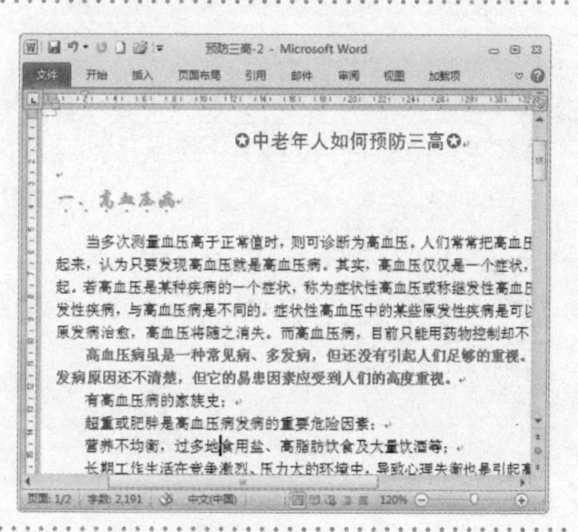

3 常用其他格式的设置

在Word 2010中，除了前面给中老年朋友介绍的一些基本格式设置方法外，还提供了丰富的格式编排功能。

（1）设置边框和底纹

为文档中的段落设置边框和底纹，能突出显示这些信息。给文档中的段落设置边框与底纹的操作方法如下。

1 打开“边框和底纹”对话框

❶选择要设置边框和底纹的文字内容；❷单击“段落”工具组中“边框”按钮右侧的下拉按钮；❸在弹出的列表中单击“边框和底纹”命令，如下图所示，打开“边框和底纹”对话框。

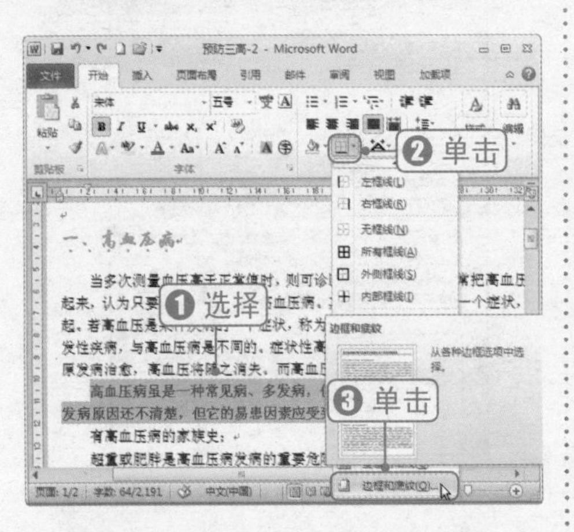

2 设置边框选项

在“边框和底纹”对话框中，❶单击“方框”选项，❷设置边框的类型、样式、颜色、宽度与应用范围，❸单击“底纹”标签，切换到相应的选项卡，如下图所示。

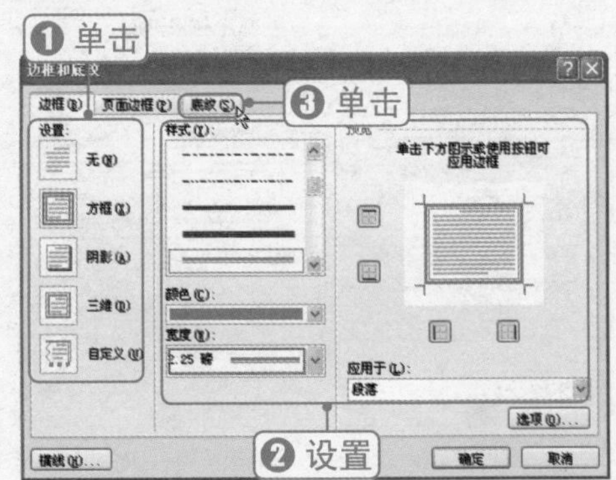

3 设置底纹选项

❶在“填充”栏中设置段落底纹的填充颜色；❷展开“应用于”下拉列表框选择应用范围，如“段落”；❸单击“确定”按钮，如右图所示。

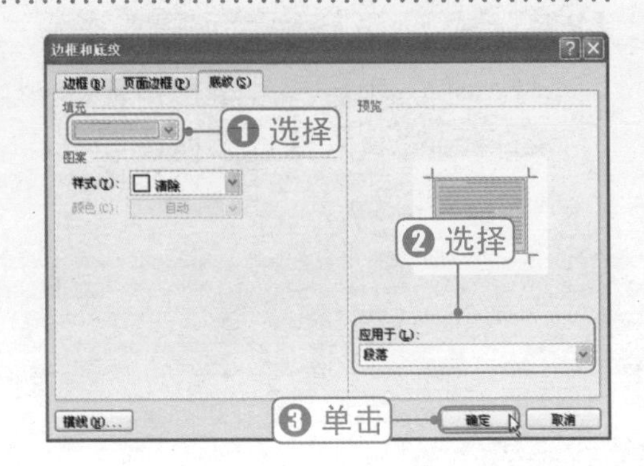

④ 显示边框和底纹的效果

经过以上步骤操作后，就给选择的段落添加了相应的边框与底纹效果，效果如右图所示。

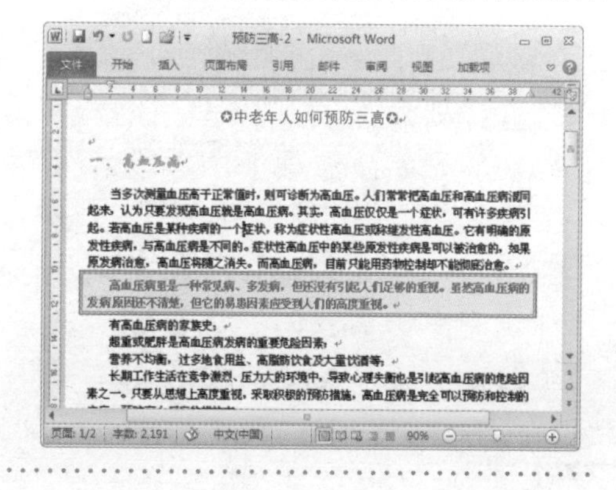

（2）添加编号

段落编号可以是阿拉伯数字、罗马序列字符、大写中文数字，还可以是英文字母等样式，设置段落编号的方法如下。

❶选择要设置编号的段落；❷在“开始”选项卡的“段落”工具组中，单击“编号”按钮右边的下拉按钮▾，❸在弹出的列表中选择需要编号 样式即可，如“（一）”，如右图所示。

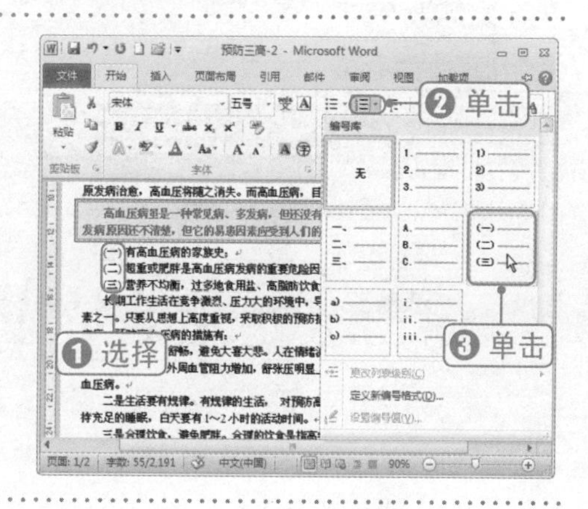

知识加油站

设置自定义编号格式

在设置段落的编号时，还可以单击上图中的“定义新编号格式”命令，打开“定义新编号格式”对话框，自行设置编号的样式及格式。

（3）添加项目符号

Word 2010具有自动添加项目符号的功能。所谓“项目符号”，即指在文档的段落开头输入🕮、●、★、■等字符。设置段落项目符号的操作方法如下。

1 选择“项目符号”

❶选择要添加项目符号的段落；❷在“开始”选项卡的“段落”工具组中，单击“项目符号”按钮右边的下拉按钮 ；❸在弹出列表中单击需要的项目符号，如下图所示。

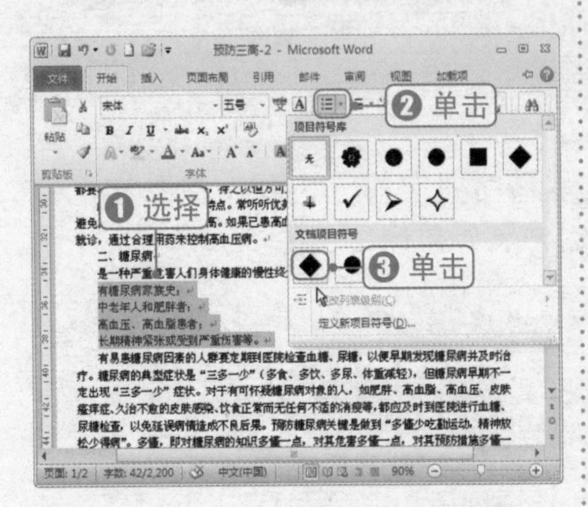

2 显示添加“项目符号”效果

经过上步操作后，为选择的段落添加上项目符号，效果如下图所示。

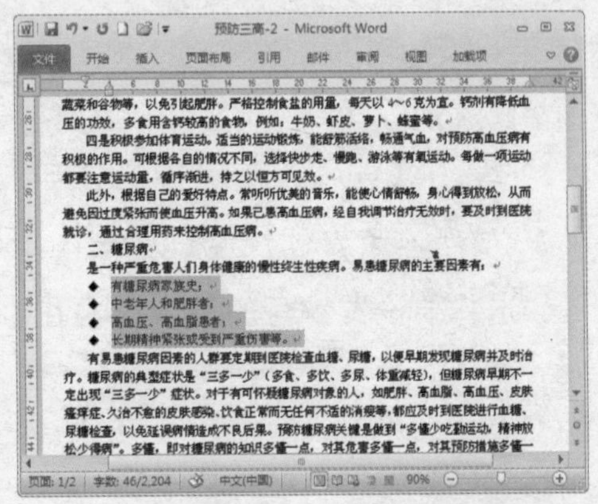

12.1.4 在文档中插入图片

在文档中插入一些图片，可增加文档的生动性。插入图片的方式有两种，一是插入Word 2010自带的剪贴画；二是将计算机磁盘中的图片插入到文档中。

光盘同步文件

原始文件：光盘\素材文件\第12章\预防三高-3.docx

结果文件：光盘\结果文件\第12章\预防三高-3.docx

同步视频文件：光盘\同步教学文件\第12章\12-1-4.avi

1 插入剪贴画

剪贴画是微软公司为Office系列软件专门提供的内部图片，一部分是直接随安装盘到本机系统中，另一部分则需要通过网上下载。剪贴画一般都是矢量图形，采用WMF格式，包括人物、科技、商业和动植/物等类型。在文档中插入剪贴画的方法如下。

1 单击“剪贴画”按钮

❶将插入点定位到文档中需要插入剪贴画的位置，❷单击切换到“插入”选项卡，❸在“插图”组中单击“剪贴画”按钮，如下图所示。

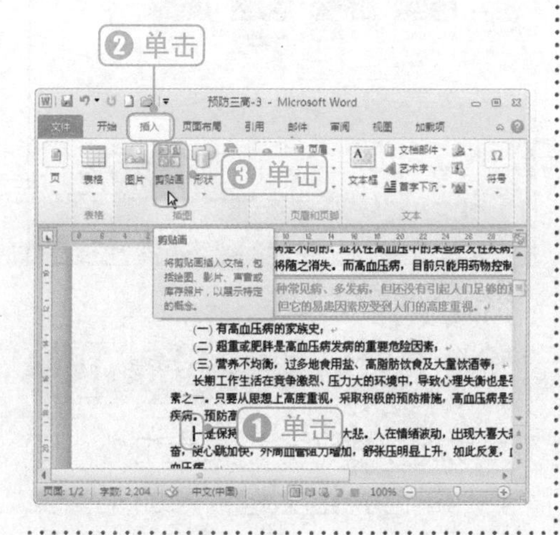

2 搜索剪贴画

在窗口右侧弹出“剪贴画”任务窗格，❶在“搜索文字”文本框中输入关键字，如“运动”；❷单击“搜索”按钮，如下图所示。

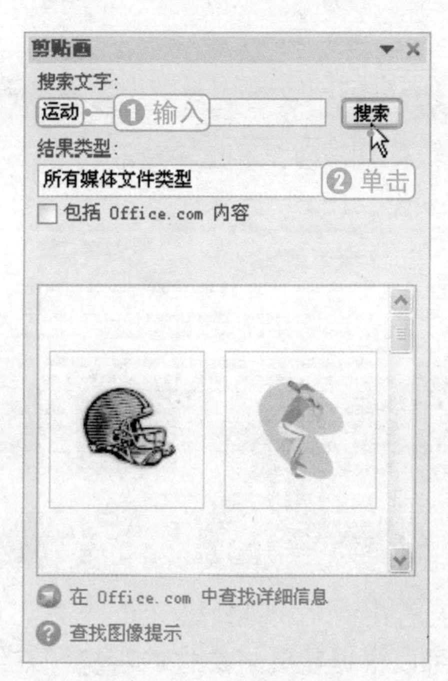

3 在文档中插入剪贴画

经过上步操作，搜索出与关键字相符的相关图片。单击要插入的剪贴画，就可将剪贴画插入到文档中，如右图所示。

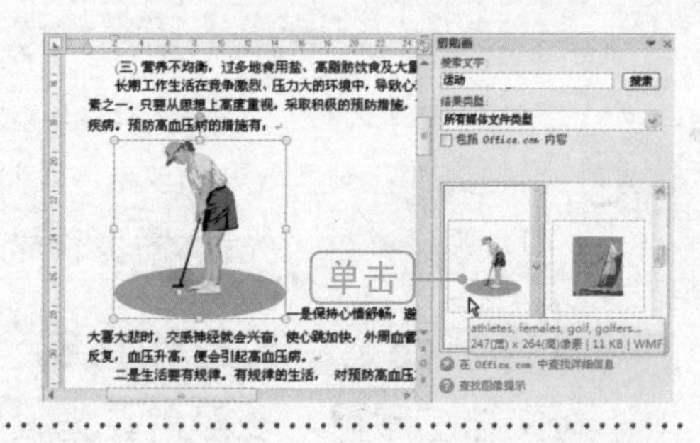

2 插入外部图片

在Word 2010软件中，除了可以将Word程序自带的剪贴画插入到文档中外，还可以将磁盘中某个位置的图片插入到当前文档中。具体操作方法如下。

1 单击“图片”按钮

❶将插入点定位到文档中需要插入图片的位置，单击切换到“插入”选项卡，❷在“插图”组中单击“图片”按钮，如下图所示。

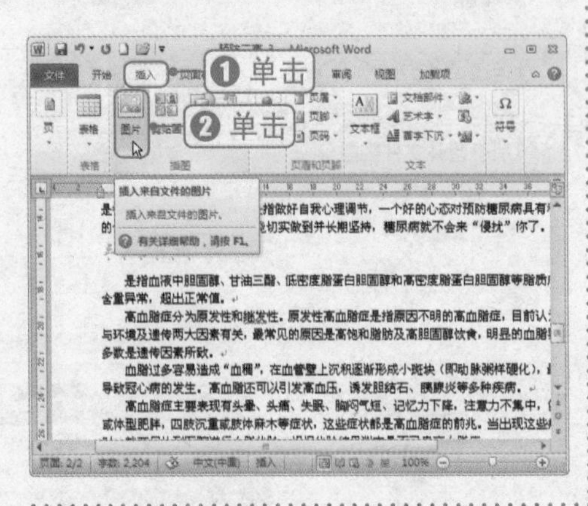

2 选择要插入的图片

弹出“插入图片”对话框，❶在“查找范围”中选择图片所在的位置，❷在列表中选中要插入的图片；❸单击“插入”按钮即可，如下图所示。

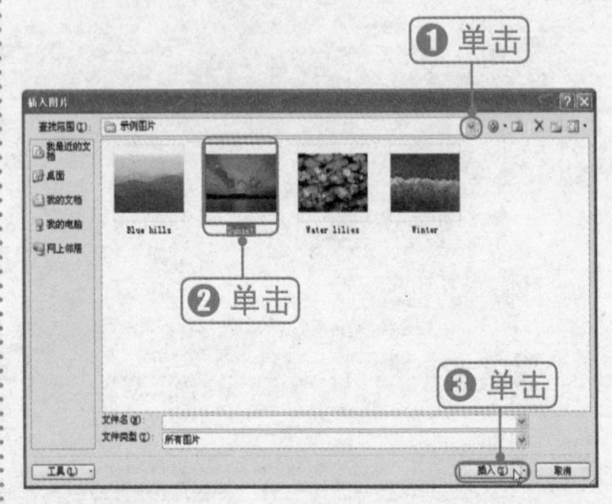

12.1.5 打印文档资料

用Word编辑好文档内容后，除了可以保存在计算机磁盘中外，还可以根据需要将文档内容打印在纸张上。下面介绍文档打印的正确操作方法。

光盘同步文件

原始文件：光盘\素材文件\第12章\预防三高-4.docx

同步视频文件：光盘\同步教学文件\第12章\12-1-5.avi

1 设置纸张大小与打印方向

在文档打印前，一般需要先设置文档打印的纸张大小。默认情况下，Word的纸张大小为A4。另外，纸张有两个打印方向：一是纵向打印，二是横向打印。如果要更改打印纸张的大小与打印方向，可按以下方法进行操作。

1 设置纸张大小

❶单击切换到“页面布局”选项卡，❷在“页面设置”工具组中单击“纸张大小”按钮，❸在弹出的纸张大小列表中单击需要的纸张大小，如A4，如下图所示。

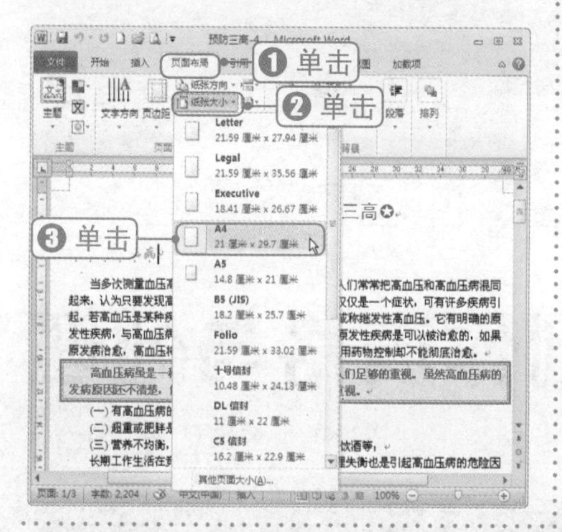

2 选择文档打印方向

❶在“页面布局”选项卡的“页面设置”工具组中单击“纸张方向”按钮，❷在弹出的下拉列表中选择需要打印纸张方向，如“横向”，如下图所示。

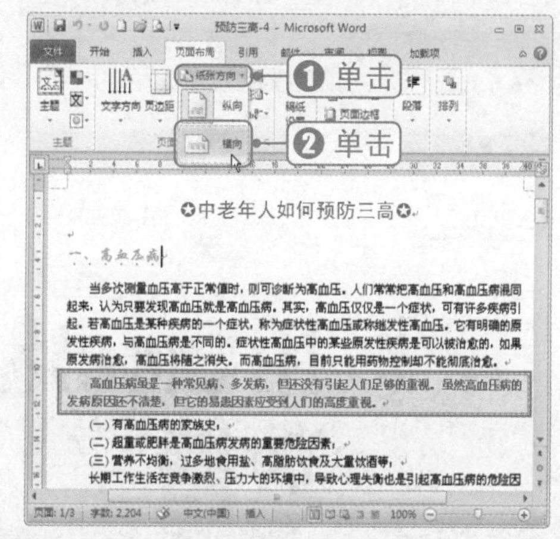

2 打印文档

如果要将文档打印在纸张上，那么可以执行打印操作。具体操作方法如下。

1 执行“打印”命令

❶单击打开“文件”菜单，❷单击“打印”命令，如右图所示。

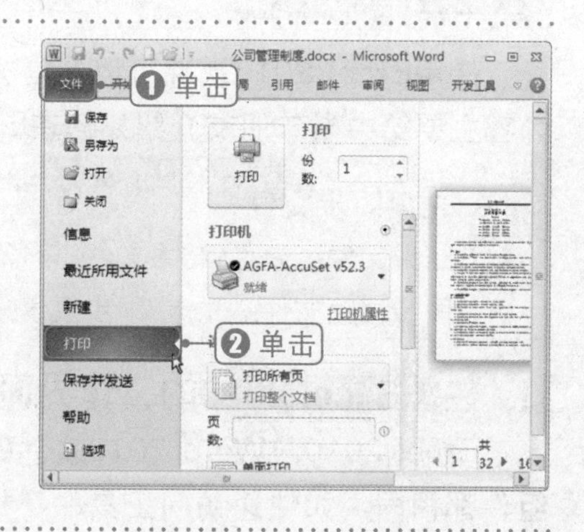

② 设置打印选项并打印文档

❶在“打印”选项中设置打印份数、打印范围、打印方式等参数；❷单击“打印”按钮即可开始打印，如右图的示。

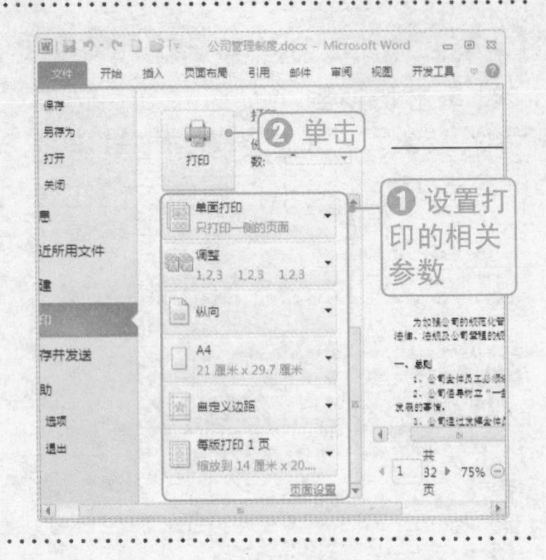

12.2 用Excel制作表格与处理数据

Excel 2010软件是一款常用的电子表格软件，可以对表格中的数据进行计算、分析处理。

12.2.1 在表格中录入数据

使用Excel 2010软件可以非常方便地创建与制作数据表格。本节内容主要给中老年朋友介绍如何在Excel 2010表格中录入数据。

光盘同步文件

结果文件：光盘\结果文件\第12章\通讯录.xlsx

同步视频文件：光盘\同步教学文件\第12章\12-2-1.avi

1 熟悉Excel 2010的工作界面

Excel 2010与Word 2010软件的操作界面相比，其中大部分界面组件都相同，如快速访问工具栏、标题栏、功能区、状态栏等。只是Excel的工作区变为了表格界面，并增加了编辑栏、列标和行号、工作表标签等，如下图所示。

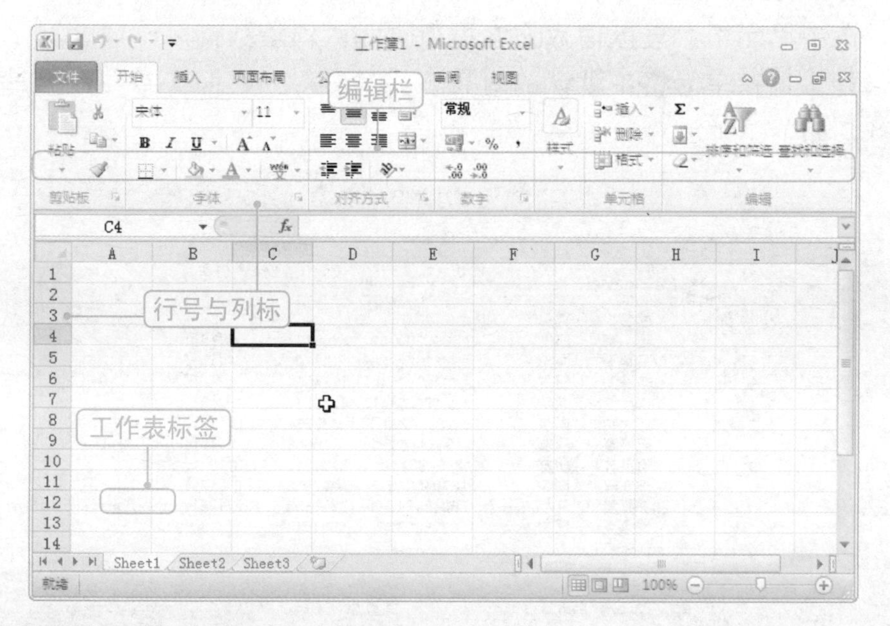

2 单元格的选择方法与技巧

在Excel表格中要输入内容时，首先需要选择相应的单元格。

①快速选择一个单元格：直接用鼠标在表格区域中单击要操作的单元格即可。

②连续选择多个单元格：选择第一个单元格，如B2单元格，然后左键不放拖动到最后一个单元格，如D6单元格。

③间断选择多个单元格：按住Ctrl键单击需要选择的单元格，即可间断选择多个单元格。

3 在表格中录入数据

在Excel中录入表格内容的方法其实很简单，首先选择相应的单元格，然后输入相关数据即可。在单元格中可以输入的内容包括文本、数值、日期和公式等。

在表格中输入数据通常有3种方法，即单击单元格后直接输入、编辑栏中输入（先选取单元格，再单击编辑栏进行输入）和双击单元格后在单元格内直接输入。

（1）直接输入数据

在Excel中，直接输入到单元格的数据分为两种：一种是文本型的数据，一种是数值型的数据。

选中单元格，直接输入文本型数据和数值型数据。一般情况下，数值型数据在单元格中默认的对齐方式是右对齐，而文本型数据是左对齐，如下图所示。

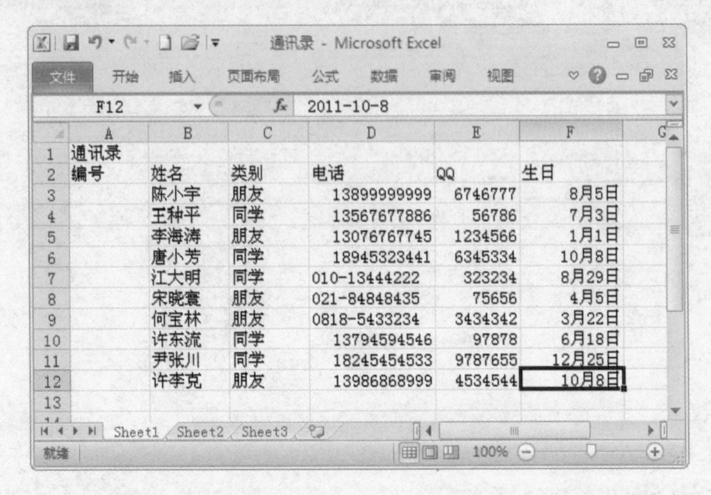

	A	B	C	D	E	F
1	通讯录					
2	编号	姓名	类别	电话	QQ	生日
3		陈小宇	朋友	13899999999	6746777	8月5日
4		王种平	同学	13567677886	56786	7月3日
5		李海涛	朋友	13076767745	1234566	1月1日
6		唐小芳	同学	18945323441	6345334	10月8日
7		江大明	同学	010-13444222	323234	8月29日
8		宋晓寰	朋友	021-84848435	75656	4月5日
9		何宝林	朋友	0818-5433234	3434342	3月22日
10		许东流	同学	13794594546	97878	6月18日
11		尹张川	同学	18245454533	9787655	12月25日
12		许李克	朋友	13986868999	4534544	10月8日

知识加油站

特殊数据的录入技巧

分数的录入可直接采用零加空格加分数的格式，如“0空格1/5”即可录入五分之一。在输入分数时，其分数输入格式为：分子/分母，分数线就是键盘中的“/”键，如“2/3”表示三分之二。如果录入的是假分数，那么Excel会自动转换成带分数格式；如果输入假分数7/3，按回车键后则会变成带分数2 1/3。另外，按Ctrl+；组合键可以快速输入当前系统的日期；按Ctrl+Shift+；组合键可以快速输入当前系统的时间。

（2）录入文本数据

在工作表中输入数据时，常常需要输入一些长串数据，如输入编号（001、002）、身份证号、电话号码等这种格式的文本数据时，在Excel的默认情况下是无法直接录入的。

在数字前先输入一个英文符号“'”，然后再输入相关数字，如下页图所示。

此操作是将数字作为文本处理，如果不加单引号，当输入长串数据时，数字会自动以科学计数法表示。

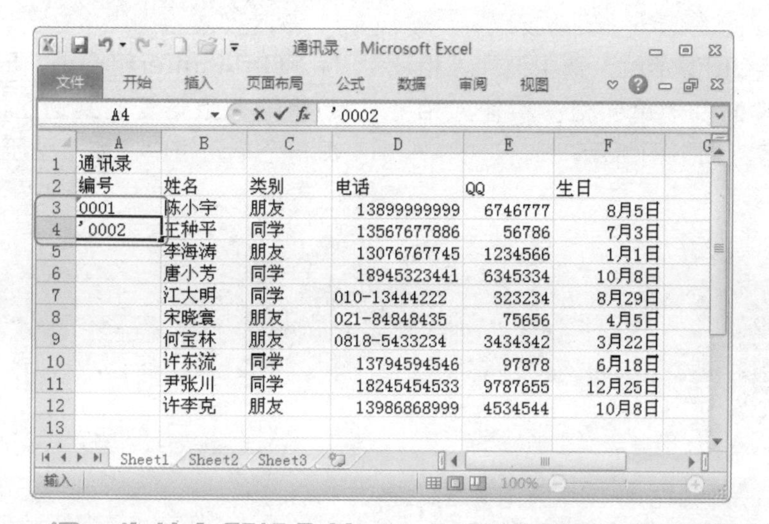

问：为什么所输入的“'”标记符号在单元格左上角不消失呢？

答：在输入“'”标记符号时，单引号必须是在英文输入法状态下录入，否则就是一个中文标点符号，输入完后单元格左上角不会消失。

（3）修改单元格中的数据

在单元格中输入内容后，如果要进行内容的修改，可以通过以下方法来进行操作。

①修改单元格中全部内容：如果要对某一个单元格中的全部内容进行修改，只需选择要修改的单元格，然后直接输入新的内容即可。

②修改单元格中部分内容：可以双击需要修改的单元格，然后对内容进行修改。要修改单元格中的部分内容时，也可以选择要修改的单元格，然后在“编辑栏”中实现。

4 快速输入数据

快速输入数据主要包括两个方面的内容：一是在多个单元格同时输入相同内容，二是使用“自动填充”功能快速输入有规律的数据。

（1）在多个单元格同时输入相同内容

在多个单元格同时输入相同内容的操作方法如下图所示。

1 选择单元格并输入内容

❶按住Ctrl键不放，选中要输入相同内容的多个单元格；❷输入相关内容，如下图所示。

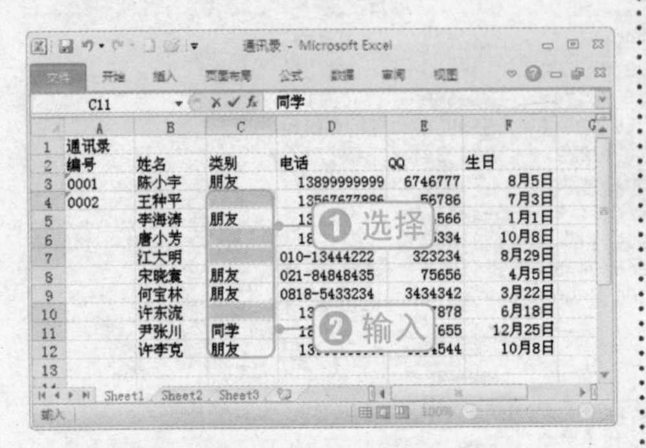

2 快速输入相同内容

按下Ctrl+Enter组合键，Excel自动将输入数据复制到选定区域的每一个单元格中，如下图所示。

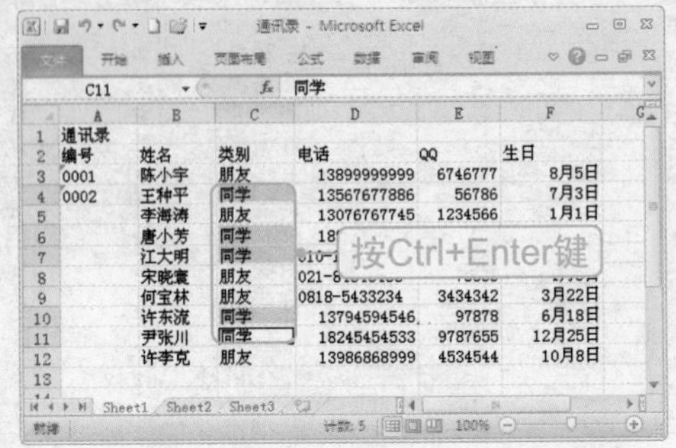

（2）使用“自动填充”功能快速输入数据

使用“自动填充”功能，可以快速地录入或复制有规律的数据，如一年的十二个月，如一月、二月、三月……十二月、一周的7天、连续的编号、数据计算公式等。具体方法如下。

1 鼠标指针位置定位

❶选择要自动填充的参考起始单元格，如A4；❷将鼠标指针移动到单元格的右下角，指针变为“+”形状，如下图所示。

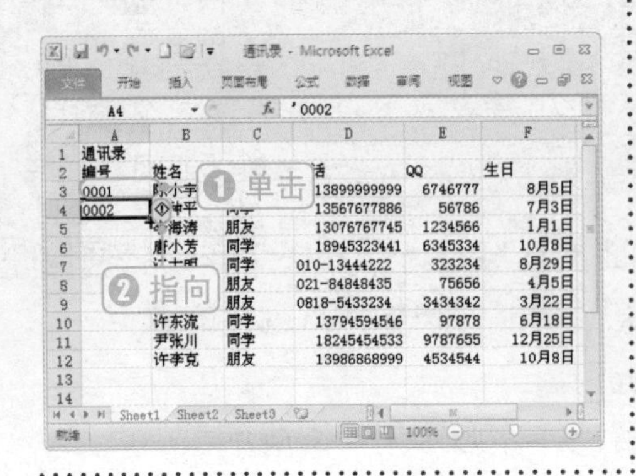

2 拖动鼠标填充内容

定位好鼠标指针后，按住鼠标左键不放并向下拖动至目标位置，即可自动以递增方式填充编号序列，如下图所示。

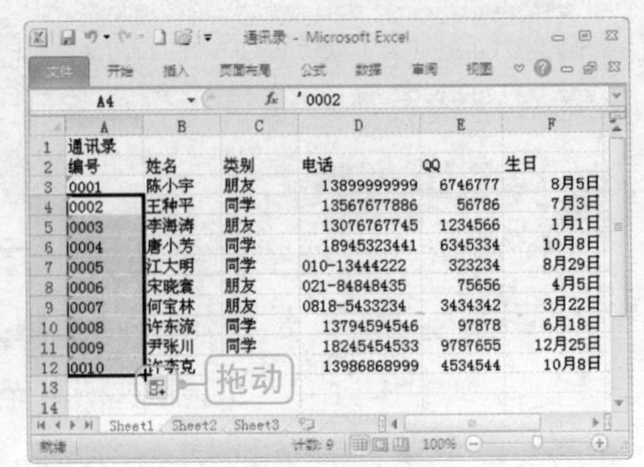

12.2.2 对表格中的数据进行计算

Excel为用户提供了强大的数据计算功能。无论是使用自定义公式，还是使用函数，都可以非常快地对表格中的数据进行相关计算。

光盘同步文件

原始文件：光盘\素材文件\第12章\家庭收支表.xlsx

结果文件：光盘\结果文件\第12章\家庭收支表.xlsx

同步视频文件：光盘\同步教学文件\第12章\12-2-2.avi

1 使用自定义公式计算数据

使用输入的公式计算数据，是Excel 2010软件提供的最常用的计算方式之一。在实际工作与应用中，会大量用到自定义公式。下面介绍如何在Excel中使用自定义公式计算数据。

（1）公式的输入规定

自定义公式就是指输入一些计算指令，指导Excel如何计算数据。Excel自定义公式的格式包括3个部分。

① “=”符号：表示用户输入的内容是公式而不是数据。

② 运算符：表示公式执行的运算方式。

③ 引用单元格：参加运算的单元格名称，如A1、B1、C3等。在进行运算时，可以直接输入单元格名称，也可以用鼠标选择需要引用的单元格。

（2）常用运算符

运算符可以用于对公式中的元素进行特定类型的运算。这里给中老年朋友介绍一些常见的算术运算符号，具体如下表所示。

算术运算符	含义（示例）	算术运算符	含义（示例）
+(等号)	加法运算	/(正斜线)	除法运算
-(减号)	减法运算	%(百分号)	百分比
*(星号)	乘法运算	–(负号)	负号运算

例如，在G2单元格中输入公式“=(A2–B2)*5%+C2–D2”，表示

先将A2单元格与B2单元格进行相加，其结果乘以5%，然后依次加上C2单元格值，减去D2单元格值，结果存放在G2单元格中。

（3）使用公式计算数据

在Excel中输入公式的方法与输入数据的方法相同。

例如，要计算“家庭收支表”中的每月“总收入”与“本月结余”数值，其中计算方法为：总收入=工资+资金+其他；本月结余=总收入－生活费—其他，具体计算方法如下。

1 输入计算公式

计算“一月”的“总收入”，选择存放结果的E4单元格，输入计算公式：=B4+C4+D4，如下图所示。

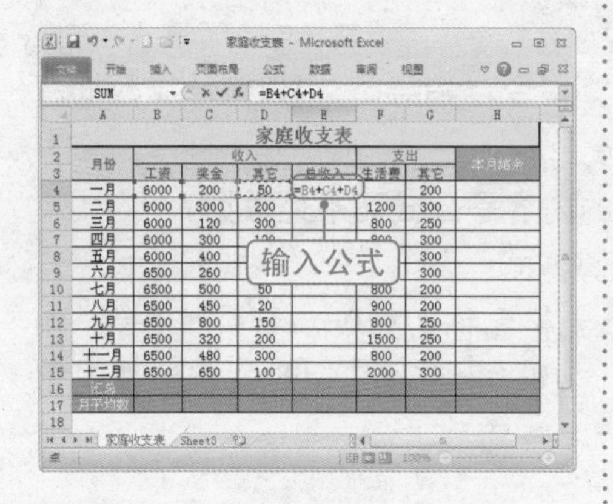

2 按回车键显示计算结果

公式输入好后，按Enter键或单击编辑栏上的✓按钮，即可按公式计算出结果值并显示在E4单元格中，效果如下图所示。

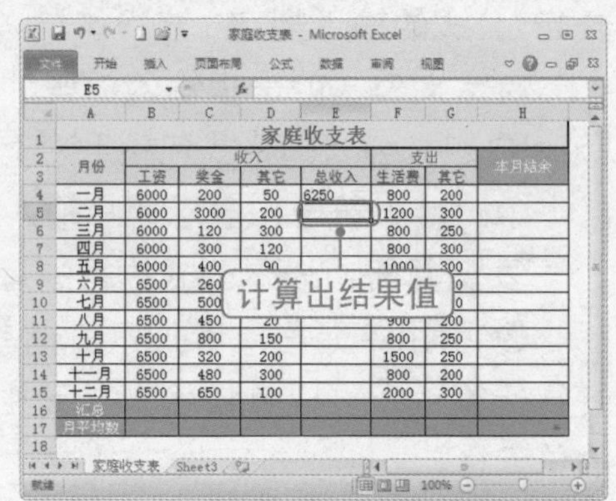

3 输入新的计算公式

计算“一月”的“本月结余”，选择存放结果的H4单元格，输入计算公式：=E4－F4－G4，如右图所示。

④ 按回车键显示计算结果

公式输入好后，按Enter键或单击编辑栏上的✓按钮，即可按公式计算出结果值，显示在H4单元格中，效果如下图所示。

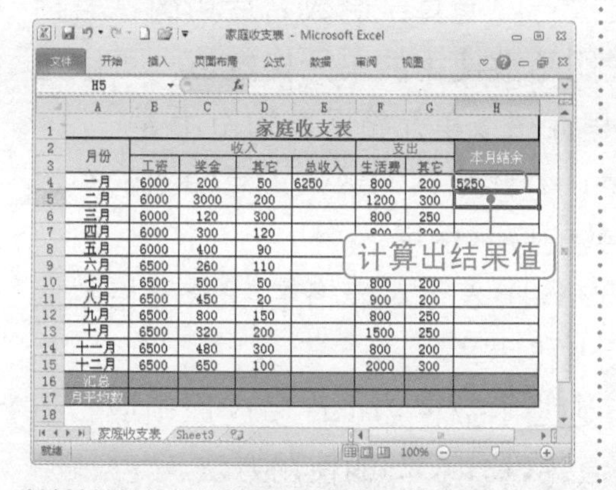

⑤ 鼠标指针位置定位

计算其他月份“总收入”，选择E4单元格，将鼠标指针移动到单元格的右下角，光标指针变为“＋”形状，如下图所示。

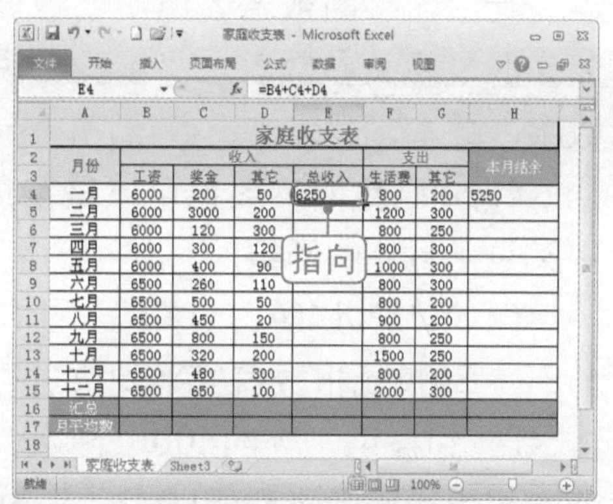

⑥ 快速复制公式自动计算

定位好鼠标指针后，按住鼠标左键不放并向下拖动至目标位置，即可自动复制公式并计算出相应的结果值，如右图所示。

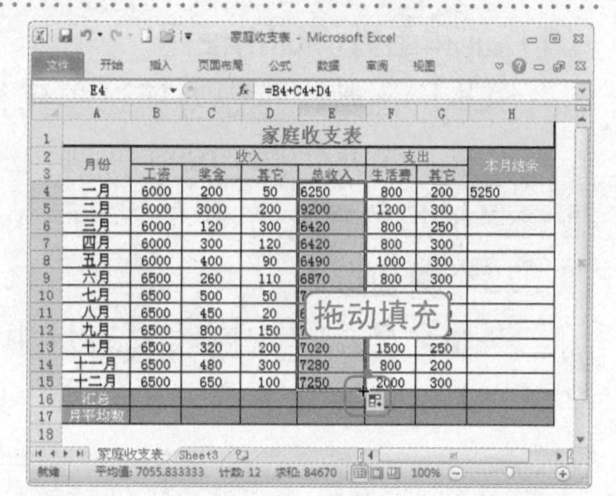

问：在输入公式时，是否需要区分输入公式中的标点符号？另外，需要注意的事项有哪些？

疑难解答

答：在创建公式时，对于相应的运算符号及标点符号，都必须是在英文状态下输入。在公式中，不能包含空格。为避免被误判为字符串标记，第一个字符必须为等号。公式内容的最大长度为1024个字符。

2 使用函数计算数据

Excel的函数结构可分为函数名和参数表两部分，具体组成如下。

函数名(参数1, 参数2, 参数3, …)

例如，SUM(A2, B2:B4)，表示对表格中的A2单元格及B2~B4单元格的数值进行求和计算。

其中，“函数名”说明函数要执行的运算；函数名后用圆括号括起来的是相关参数表，“参数”说明函数使用的单元格数值，可以是数字、文本、逻辑值、数组，以及单元格或单元格区域的引用等。

Excel函数的参数也可以是常量、公式或其他函数。当函数的参数中又包括另外的函数时，就称为函数的嵌套使用。

例如，SUM(A2, AVERAGE(B2:B4))表示对表格中A2单元格数值与B2~B4单元格数值的平均值进行求和计算。

Excel提供了大约400个函数，这些函数覆盖了许多应用领域。下面介绍常用函数求和(SUM)、平均值(AVERAGE)的使用方法。

（1）求和函数(SUM)使用

SUM()函数，可以对所选单元格中的数据进行求和计算。

语法：SUM(Number1, Number2, …)。其中Number1为必需的，是需要相加的第一个数值参数；Number2为可选的，是需要相加的2~255个数值参数。

例如，要对“家庭收支表”中各项数据（一年的工资收入汇总、奖金收入汇总等）进行求和计算，具体方法如下。

1 执行“求和”命令

①选择存放结果的B16单元格；②单击切换到“公式”选项卡，③单击“函数库”工具组中“自动求和”按钮；④在弹出列表中单击“求和”命令，如右图所示。

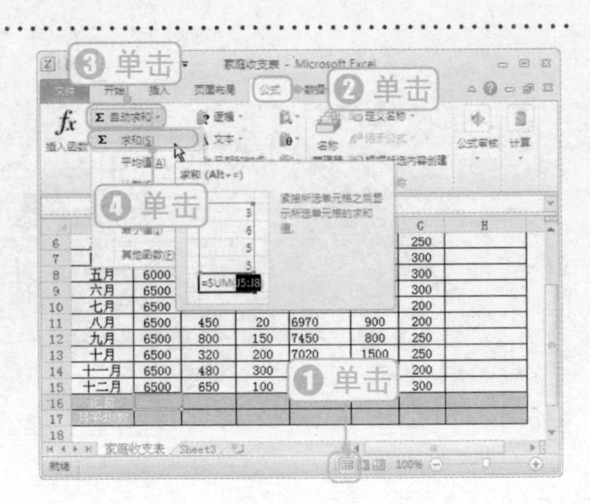

② 选择并确认求和区域

经过上步操作，Excel自动选择一个参加求和计算的单元格区域，以闪烁的虚框进行表示。如果单元格区域不正确，也可以拖动鼠标进行选择，如下图所示。

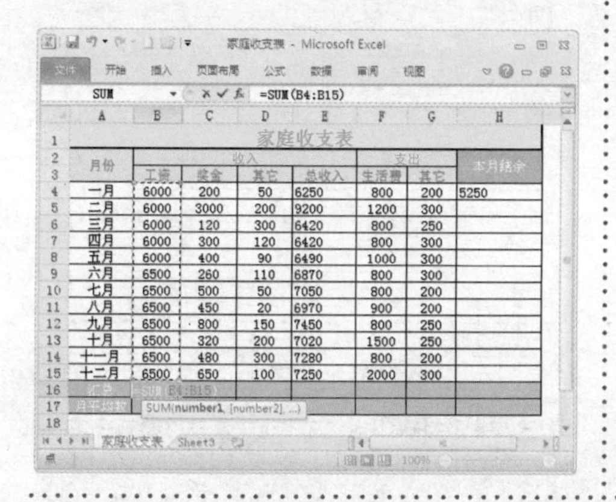

③ 按回车键显示计算结果

确认参加计算的单元格是正确的后，直接按Enter键即可计算出结果值，效果如下图所示。

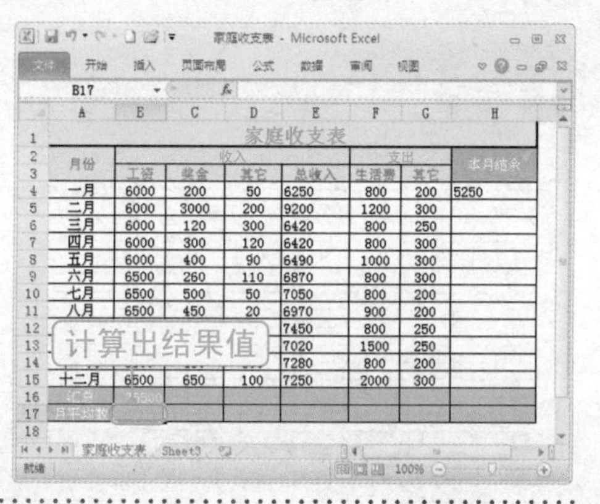

（2）求平均值AVERAGE()函数的使用

AVERAGE函数的作用是返回参数的平均值，表示对选择的单元格或单元格区域中的数据进行算术平均值运算。

语法：AVERAGE(Number1, Number2, ...)，其中Number1, Number2, ...为要计算平均值的1～255个参数。

例如，要对“家庭收支表”中各项数据（一年的工资收入的平均值、奖金收入的平均值、各项支出费用的平均值等）进行平均值计算，具体方法如下。

① 执行“平均值”命令

❶选择存放结果的B17单元格；❷在“公式”选项卡的“函数库”工具组中，单击“自动求和”按钮，❸在弹出的列表中单击“平均值”命令，如右图所示。

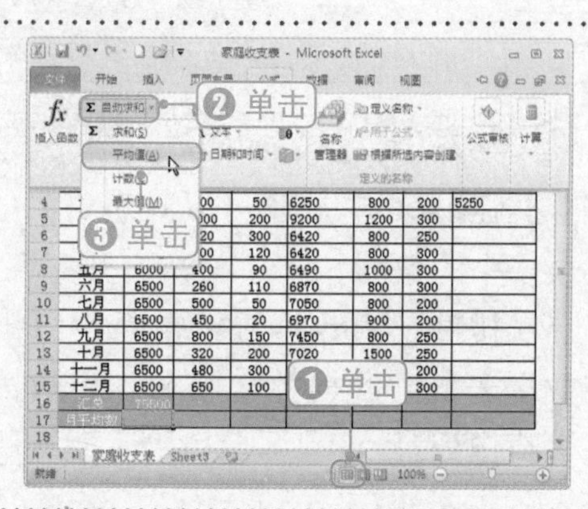

② 选择并确认参加计算的区域

经过上步操作，Excel自动选择一个参加求和计算的单元格区域，以闪烁的虚框进行表示。如果单元格区域不正确，也可以拖动鼠标进行选择，如下图所示。

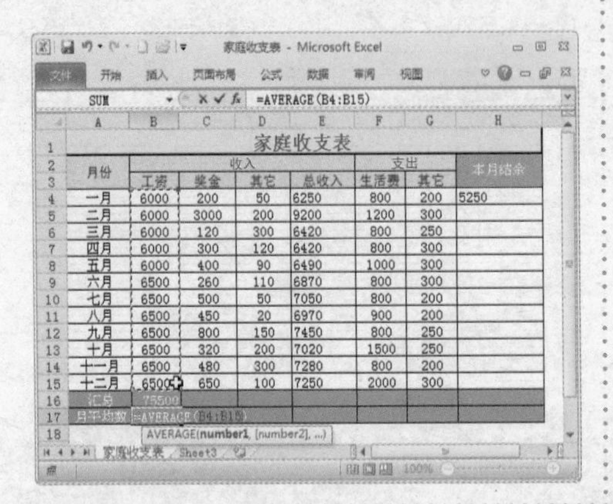

③ 按回车键计算结果并自动填充

确认参加计算的单元格是正确的后，直接按Enter键即可计算出结果值。然后通过前面介绍的“自动填充”方法来快速计算出其他项目的汇总值与平均值，如下图所示。

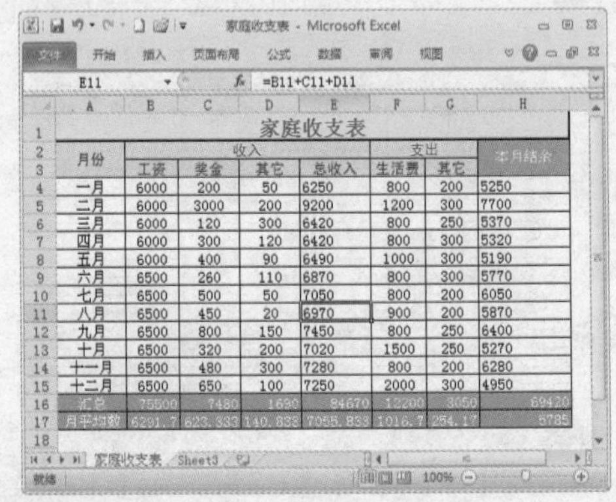

12.2.3 排序与筛选数据

Excel除了具有强大的数据计算功能外，还提供了一些数据分析功能，如排序和筛选。下面介绍这两个常用的功能。

光盘同步文件

原始文件：光盘\素材文件\第12章\排序与筛选.xlsx

结果文件：光盘\结果文件\第12章\排序与筛选.xlsx

同步视频文件：光盘\同步教学文件\第12章\12-2-3.avi

1 对表格进行排序

在Excel中，还可以对表格中的数据进行排列，以方便查看或分析表格中的数据。

排序是对数据进行重新组织排列的一种方式，数据的排序是根据数据表格中的相关字段名，将数据表格中的记录按升序或降序的方式进行排列。

例如，在“家庭收支表”中，要对表格按每月的“总收入”进行降序排列，这样，就可以非常方便地查看出哪月总收入最高，哪月总收入最低。具体操作方法如下。

1 选择排序方式

❶选择“总收入”字段一列中的某一个单元格；❷单击切换到“数据”选项卡，❸在“排序和筛选”工具组中选择排序方式，如“降序”，如下图所示。

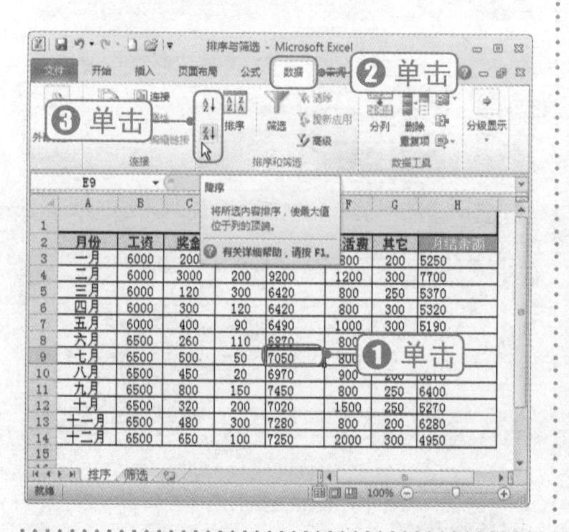

2 查看排序结果

经过上步操作，“家庭收支表”就按“总收入”字段进行从高到低的降序排列，效果如下图所示。

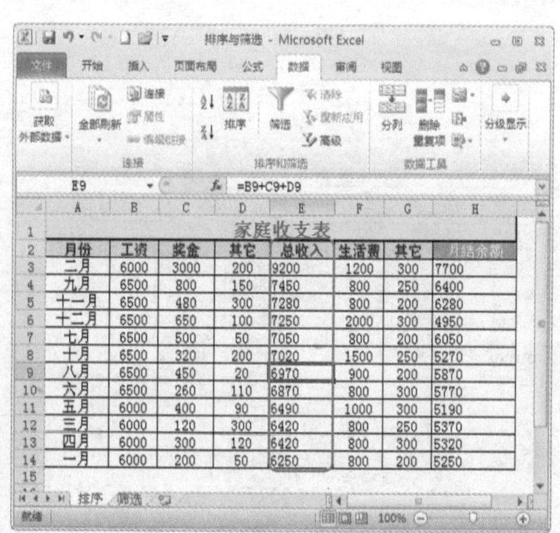

2 筛选出符合条件的内容

表格记录的筛选操作就是将满足条件的记录显示在页面中，将不满足条件的记录隐藏起来。筛选的关键字段可以是文本类型的字段，也可以是数据类型的字段。

筛选操作在数据表格的统计分析中经常需要用到。在含有大量数据记录的数据列表中，利用“筛选”功能可以快速查找到符合条件的记录。

例如，在“通讯录”表格的记录中，既有“类别”为“朋友”的信息，又有“类别”为“同学”的信息，现需要只查看“类别”为“朋友”的相关信息时，就可以使用筛选操作，具体方法如下。

1 执行“筛选”命令

❶单击“筛选”工作表标签，切换到当前工作表，❷选择“通讯录”表格中的任意一个单元格；❸在“数据”选项卡的“排序和筛选”工具组中单击“筛选”按钮，如下图所示。

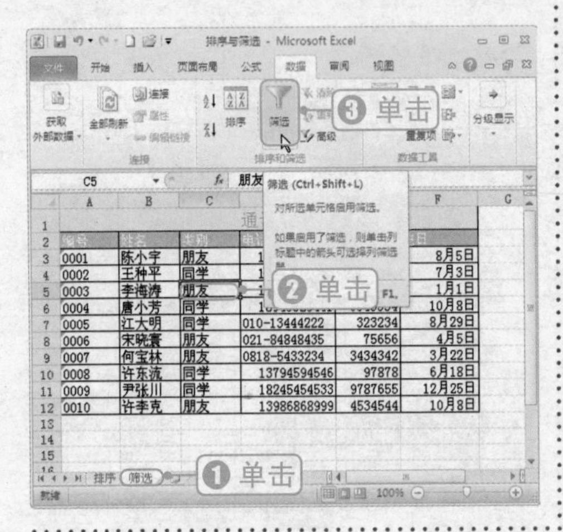

2 设置筛选条件

经过上步操作，自动在表格中的相关字段（编号、姓名、类别等）右侧标记出一个“筛选”按钮▾，❶单击该按钮▾，❷设置筛选条件，如只选择显示“朋友”的选项；❸单击“确定”按钮，如下图所示。

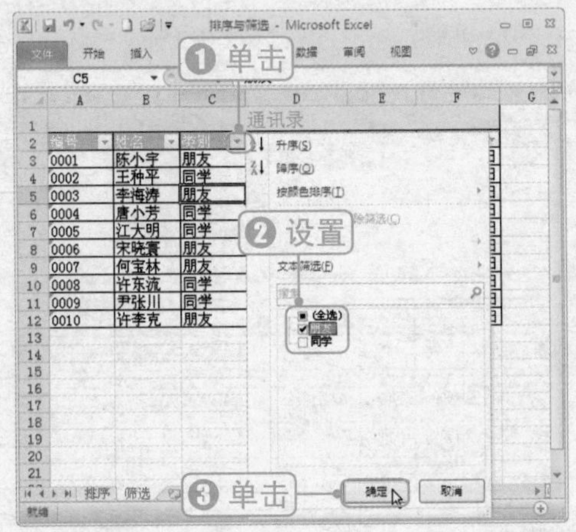

3 查看筛选结果

经过以上步骤操作后，“通讯录”表格中只显示出“类别”为“朋友”的相关记录，如右图所示。

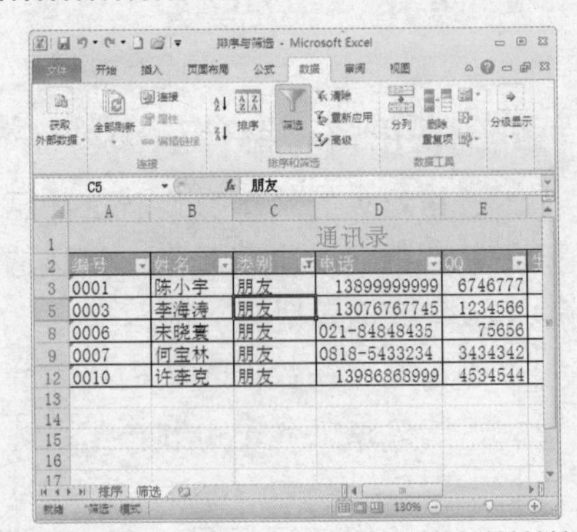

数据筛选的技巧

知识加油站

如果需要同时按多个条件筛选表格数据中的记录时，可以直接单击相关关键字右边的“筛选控制”按钮，然后选择筛选条件。

对表格进行筛选分析后，如果要完全退出表格的筛选状态，可以在“数据”功能选项卡的“排序和筛选”功能组中，再次单击“筛选”按钮退出表格的筛选状态。单击“清除”按钮，就会清除当前的筛选结果，显示出表格中的所有记录，但不退出表格的筛选状态。

Chapter 13

电脑安全的维护与保护方法

本章导读

电脑，虽然给我们带来了生活与工作上的便利，但电脑病毒的出现也为其安全带了隐患。在使用电脑的过程中，为了能够让电脑更好地为人们服务，对电脑进行安全维护与优化也是经常要做的工作。本章主要给中老年朋友介绍电脑病毒的预防与查杀措施，以及电脑的日常维护与优化知识。

知识技能要求

通过本章内容的学习，让中老年朋友掌握电脑安全稳定运行的一些解决方法。学完后需要掌握的相关技能知识如下：

- ❖认识什么是病毒及如何预防病毒
- ❖掌握如何使用杀毒软件进行病毒查杀
- ❖掌握电脑安全与性能优化的操作
- ❖掌握电脑系统的备份与还原方法
- ❖掌握电脑的日常维护方法
- ❖掌握电脑常见故障排除方法

13.1 认识并预防电脑病毒

电脑病毒的出现，给电脑的正常使用带来了越来越大的危害。因此，预防与查杀电脑病毒也是电脑用户必须掌握的基本技能。

13.1.1 什么是电脑病毒

从广义上讲，电脑病毒是指能够通过自身复制等方式，破坏电脑数据的一种程序。实质上，电脑病毒是指编制或在电脑程序中植入破坏电脑功能与数据、影响电脑正常使用并能自我复制的一组指令或程序代码。电脑病毒与生物病毒一样，具有复制和传播能力。电脑病毒不是独立存在的，而是寄生在其他可执行程序中，且具有较强的隐蔽性和破坏性。一旦工作环境达到病毒发作的条件，就会影响电脑的正常工作，甚至使整个系统瘫痪。

电脑病毒会对操作系统造成直接的破坏，例如格式化硬盘、删除文件数据等；也会干扰到用户的正常使用，例如系统运行速度变慢、电脑无故重新启动等。

知识加油站

如何判断电脑感染了病毒

当电脑出现以下异常症状时，就有可能感染上了电脑病毒。此时，一般应立即采取相应的措施，对电脑进行杀毒。

- 电脑运行比平常速度慢，反应很迟钝。
- 程序载入时间比平常久。有些病毒能控制程序或系统的启动程序，当系统刚开始启动或是一个应用程序被打开时，这些病毒将执行它们的动作，因此会花更多时间来载入程序。
- 对一个简单的工作，磁盘似乎花了比预期更长的时间。例如，存取一页文本文档只需几秒的时间，而病毒的存在就会使存取时间变得更长，如1分钟或几分钟，甚至更长时间。
- 出现一些莫名其妙的乱码字符或提示信息。
- 系统内存容量瞬间大量减少。

- 文件异常消失。
- 文件的日期、时间、大小等属性发生变化。
- 电脑经常突然死机或重新启动，甚至突然无法启动。

13.1.2 如何预防电脑病毒

电脑感染病毒所带来的危害是非常大的，要绝对防止病毒感染似乎是一件不可能的事情，但是我们可以采取以下方法来有效地降低电脑感染病毒的概率。

- 不要使用来历不明的磁盘，做到专机专用、专盘专用。
- 购买正版的杀毒软件，而且最好选择知名厂商的产品。因为知名厂商的产品质量比较好，更新病毒库的速度及时，能查杀到最新出现的病毒。
- 从网上下载软件时一定要小心，最好到知名的站点下载，这样下载的软件中包含病毒的可能性相对要小一些。
- 打开邮件的附件时，不论是来自好友还是陌生人，最好在查阅邮件或下载邮件附件前，先通过邮件服务器提供的在线杀毒功能对其进行杀毒。
- 打开可执行文件、Word文档或Excel文档前，尤其是第一次在系统上运行这些文件时，一定要先通过杀毒软件检查一下。
- 对于电脑中的重要数据，一定要定期进行备份。除在本机上进行备份外，还可以专门使用其他磁盘（如移动硬盘、U盘或光盘）来备份数据。
- 即时升级杀毒软件（如一周升级一次病毒库），保证处于最新的版本。
- 在安装系统软件或其他应用软件时，建议采取的安装顺序：操作系统→杀毒软件→其他应用软件，这样可以最大限度地减少电脑感染病毒的概率。
- 上网时打开病毒防火墙软件，及时安装操作系统的补丁程序。

疑难解答

问：通过上述方法能彻底防止电脑感觉病毒吗？

答：要让电脑绝对不感染病毒，目前还是一件很难的事情，特别是与网络相连的电脑。上述措施只是一种预防手段，通过上述方法只能尽量降低电脑感染病毒的概率。更重要的是，要在思想上引起重视，认识到电脑病毒的危害性，加强对电脑的管理，才能有效地预防电脑不被病毒感染。

13.2 使用杀毒软件查杀病毒

当电脑感染病毒后，需要立即使用杀毒软件进行杀毒。杀毒软件的种类很多，如“金山毒霸”、“瑞星杀毒”、“江民杀毒”、“360杀毒”软件等。下面以“金山毒霸”杀毒软件为例，介绍杀毒软件的安装及使用方法。

13.2.1 “金山毒霸”杀毒软件的安装

通过购买安装盘或网络下载的方式，可以获取金山毒霸软件的安装文件，然后在电脑中运行安装文件进行安装。

光盘同步文件

同步视频文件：光盘\同步教学文件\第13章\13-2-1.avi

安装“金山毒霸”的具体操作方法如下。

1 执行“下一步”命令

运行“金山毒霸”增强版安装程序。在“欢迎使用金山毒霸增强版”界面中单击“下一步”按钮，操作如下图所示。

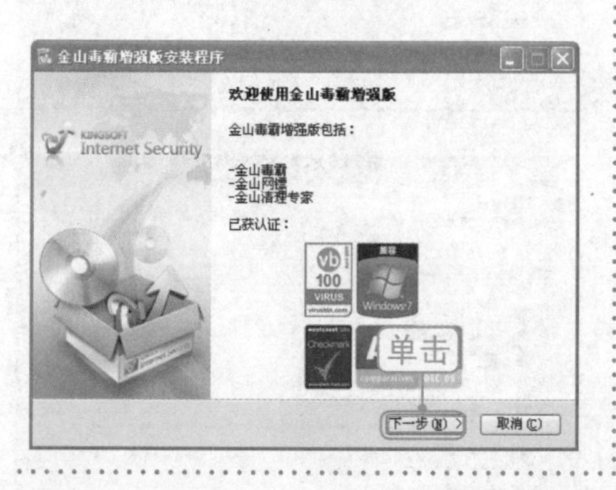

2 选择接受安装协议

在打开的“许可协议”界面中单击“我接受”按钮，操作如下图所示。

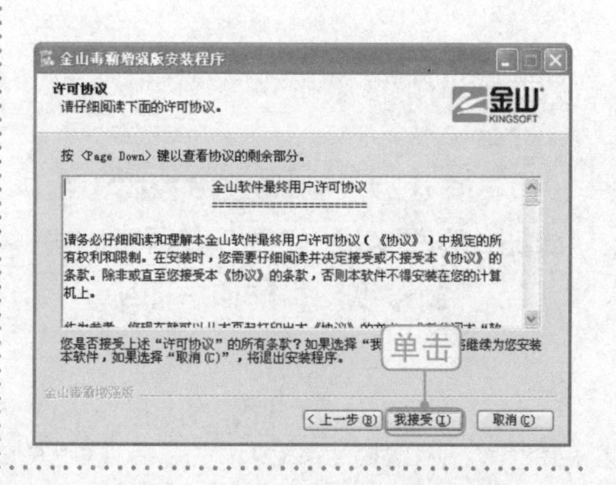

③ 选择要安装的组件

在打开的“选择组件”界面中，建议直接单击“下一步”按钮，操作如右图所示。

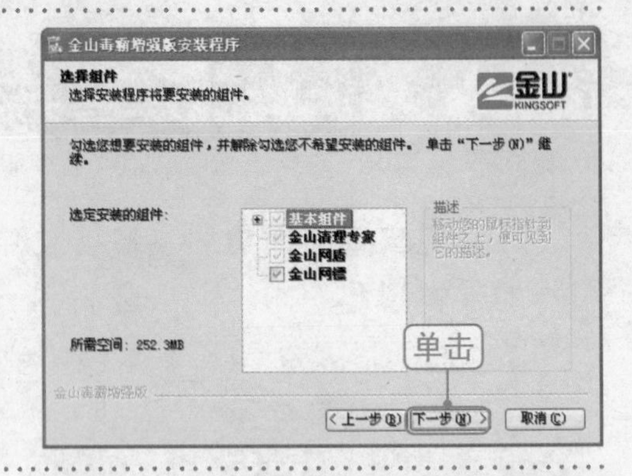

④ 设置软件的安装位置

在打开的“选择安装位置”界面中，❶设置程序的安装位置；❷单击“下一步”按钮，操作如右图所示。

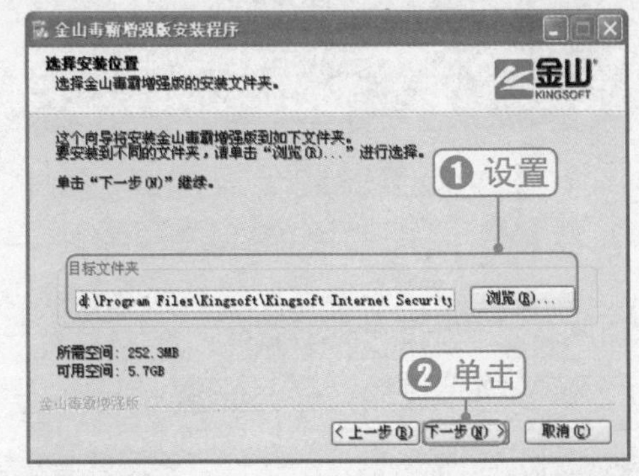

⑤ 确认安装组件

在打开的“确认安装组件”界面中单击“安装”按钮，操作如右图所示。

⑥ 开始复制文件

弹出“正在复制文件”的界面，并显示复制进度，操作如右图所示。

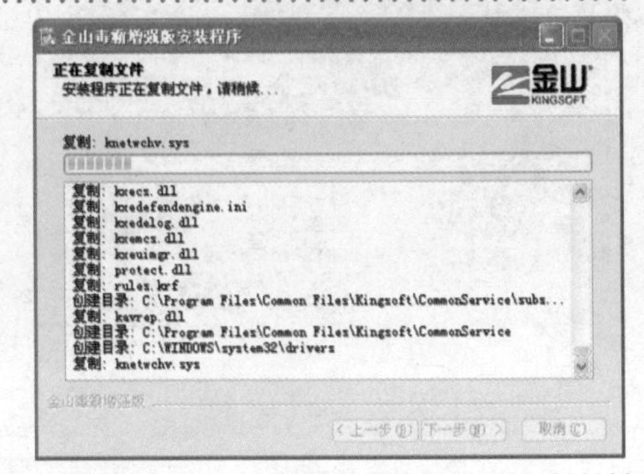

7 确认文件复制完成

复制完成后，在打开的界面中单击“下一步”按钮，操作如下图所示。

8 选择配置方式

在打开的界面中，❶选择“自定义配置”单选按钮，❷单击“下一步”按钮，操作如下图所示。

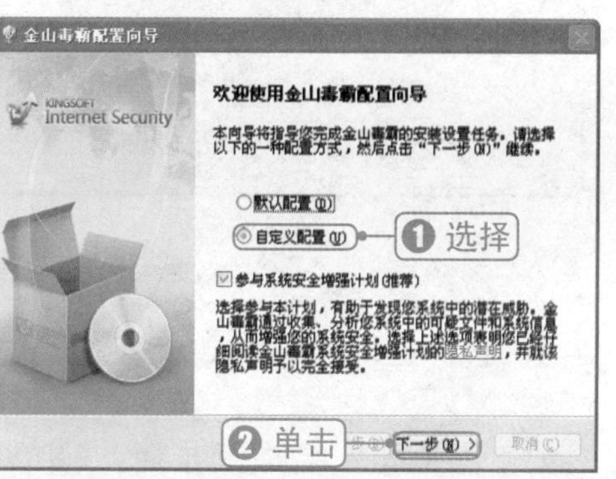

9 对内存进行病毒扫描

在打开的“内存扫描”对话框中，可以看到正在进行安装前的内存病毒检查。若忽略操作，可单击“跳过”按钮跳过这一步，操作如下图所示。

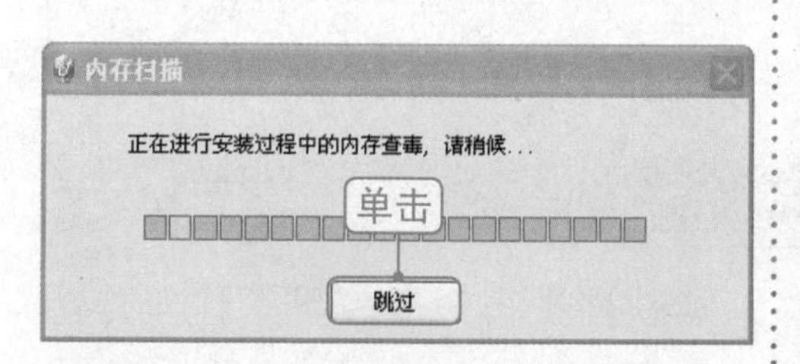

10 设置软件保护选项

在打开的界面中，❶选择保护方式，建议选择所有复选框；❷单击“下一步”按钮，操作如下图所示。

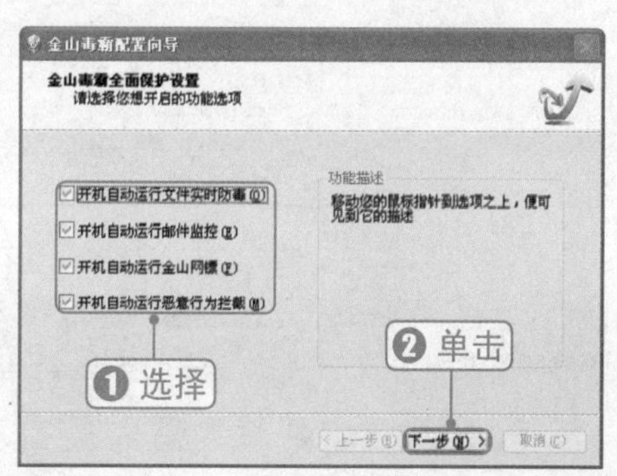

11 设置安全级别

在打开的界面中，❶拖动滑块设置安全级别，一般设置为“中”；❷单击“下一步”按钮，操作如下页左图所示。

12 选择反垃圾邮件选项

在打开的界面中，❶设置邮件安全选项，可以根据自己的实际情况进行选择，❷单击“下一步”按钮，操作如下页右图所示。

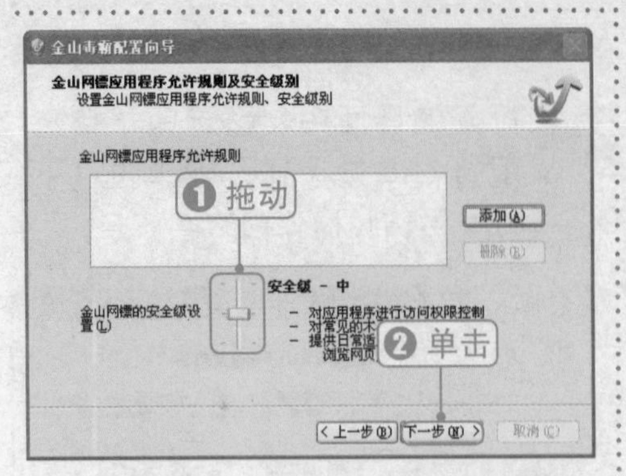

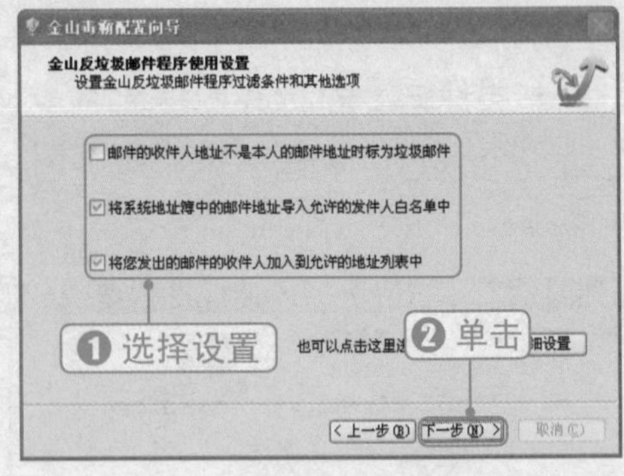

⑬ 开始进行相关注册

系统开始安装“金山毒霸”软件，❶界面中将显示安装进度，如下图所示。完成此步后，❷单击“下一步”按钮。

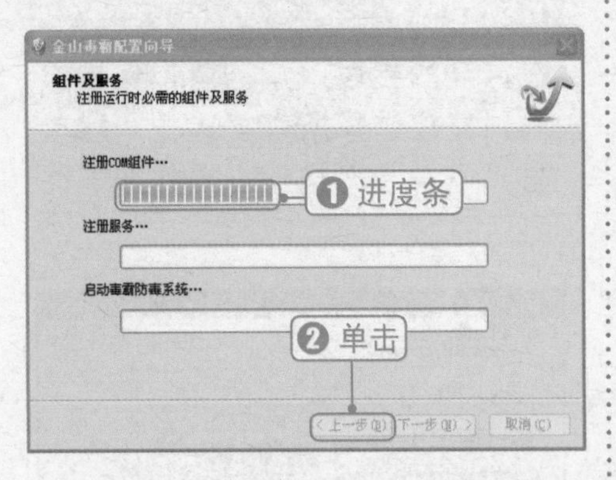

⑭ 完成软件的安装

安装完毕后，在打开的“安装成功”界面中，单击“下一步”按钮，操作如下图所示。

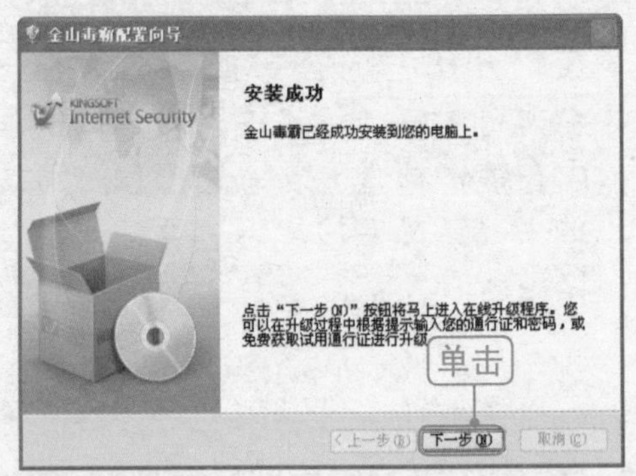

13.2.2 杀毒软件的升级

安装杀毒软件后，首先需要对杀毒软件进行升级，只有这样才能有效查杀出最新出现的病毒。

光盘同步文件

同步视频文件：光盘\同步教学文件\第13章\13-2-2.avi

升级“金山毒霸”的具体操作方法如下。

1 执行“在线升级”命令

启动金山毒霸后，❶单击“工具”菜单，❷单击“在线升级”命令，操作如下图所示。

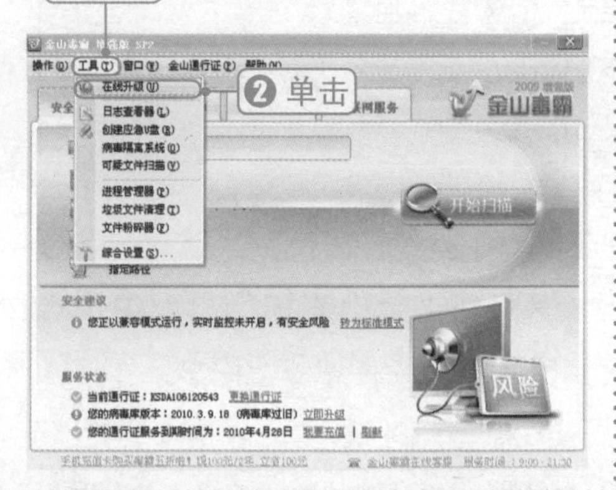

2 选择升级模式

在打开的升级界面中，❶选择“快速升级模式”单选按钮，❷单击“下一步”按钮，操作如下图所示。

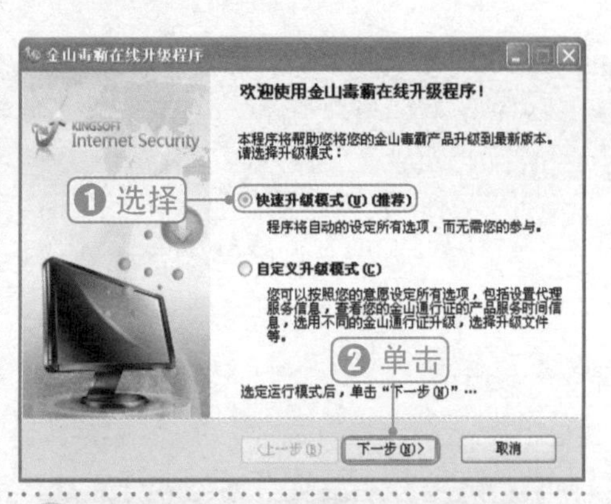

3 分析升级信息文件

在打开的界面中，可以看到已经开始连接到网络并对升级文件进行分析，如下图所示。完成此步后，单击“下一步”按钮。

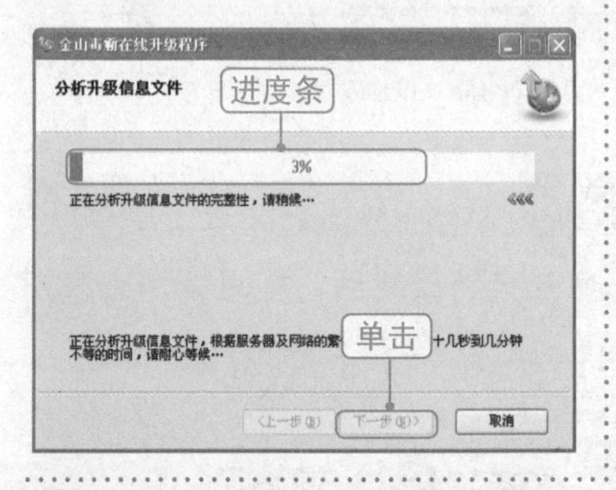

4 选择用户类型

❶在打开的界面中选择用户类型，如“我是新用户”单选按钮；❷单击“下一步”按钮，操作如下图所示。

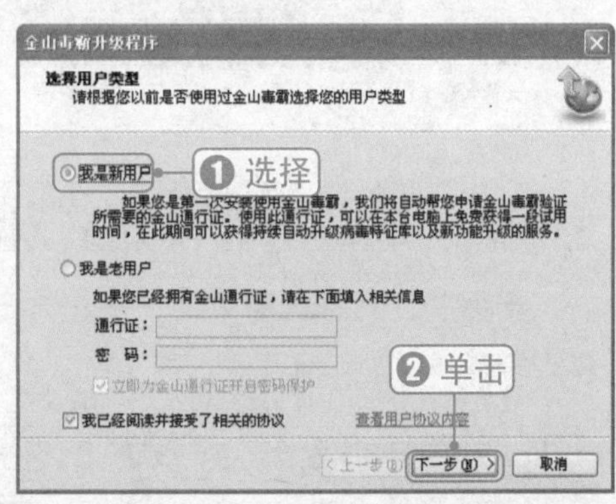

5 验证用户是否合法

在打开的界面中，可以看到开始连接到服务器并申请通行证，如右图所示。完成此步后，单击“下一步”按钮。

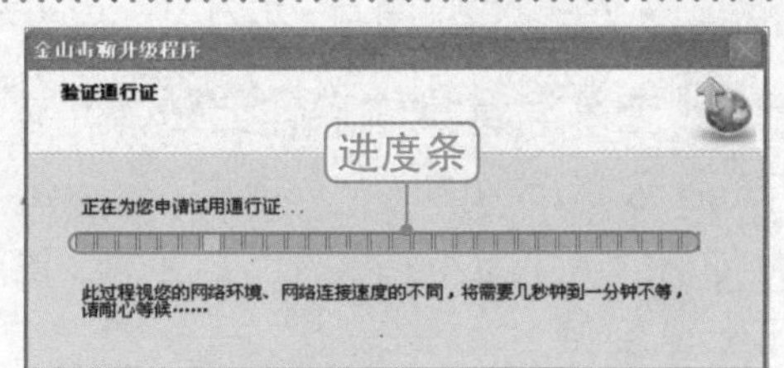

6 开始下载升级文件

申请成功后，程序会自动下载升级文件，如右图所示。完成此步后，单击“下一步”按钮。

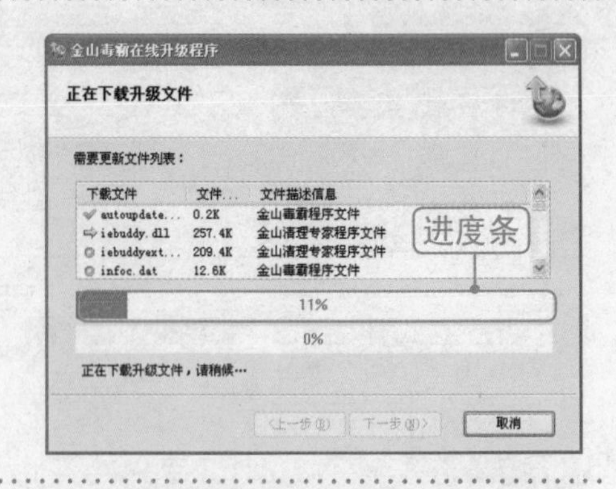

7 开始升级更新软件

升级完成后，单击界面中的“完成”按钮，操作如下图所示。

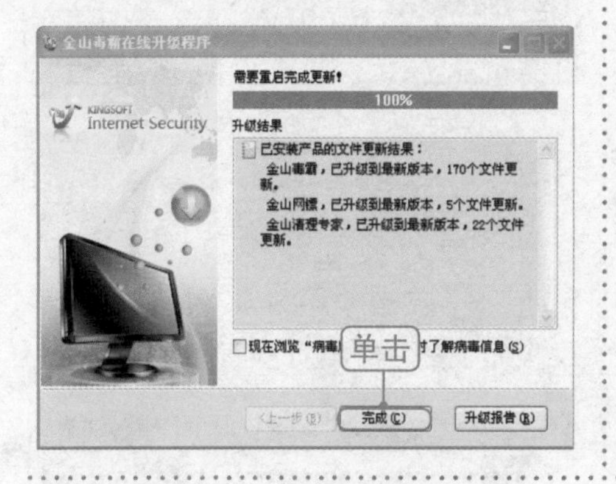

8 完成杀毒软件的升级

返回到“金山毒霸”界面中，对电脑进行重启即可生效。

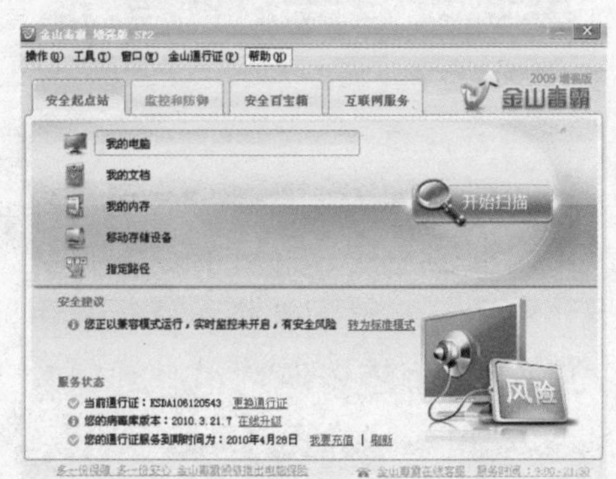

13.2.3 扫描并查杀电脑中的常见病毒

安装好“金山毒霸”并将病毒库升级到最新后，就可以用它来扫描并查杀电脑病毒了。

光盘同步文件

同步视频文件：光盘\同步教学文件\第13章\13-2-3.avi

查杀病毒具体操作方法如下。

① 选择查杀目录

❶在“金山毒霸”主界面中单击“我的电脑”选项，❷单击“开始扫描”按钮，操作如下图所示。

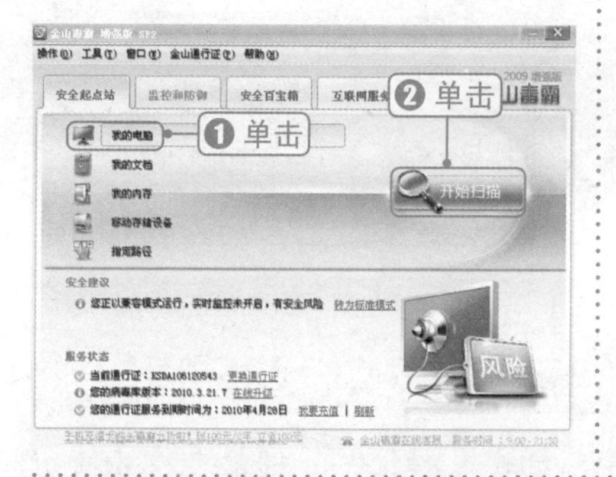

② 开始扫描恶意软件

此时会切换到新界面中，首先扫描电脑中的恶意软件，如下图所示。

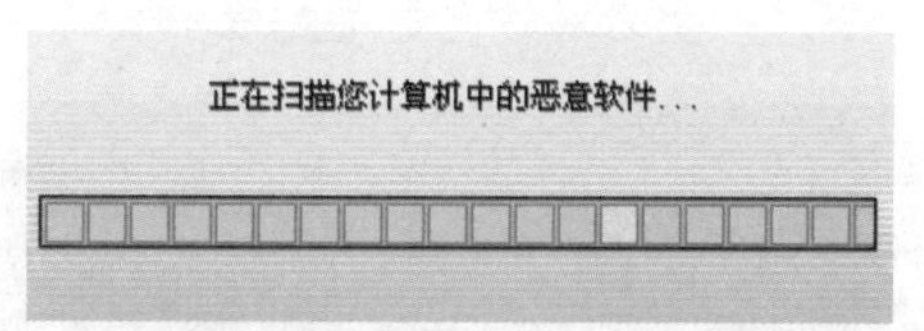

③ 开始对磁盘进行扫描

切换到新界面中开始对电脑进行全面扫描，同时在界面中显示扫描情况，操作如下图所示。

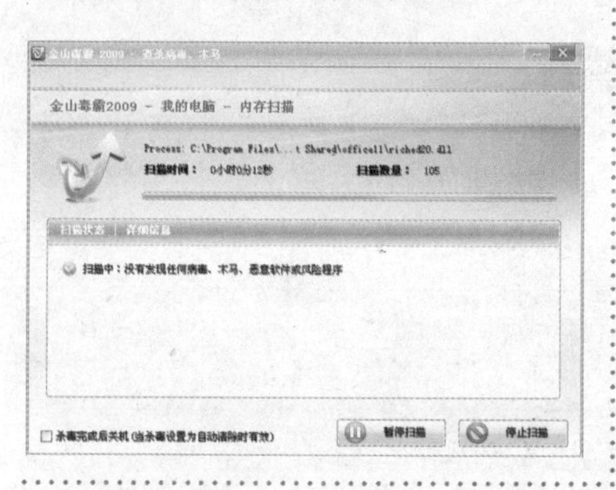

④ 经过一段时间完成查杀

扫描完毕以后，如果没有发现病毒，直接单击“完成”按钮即可，操作如下图所示。

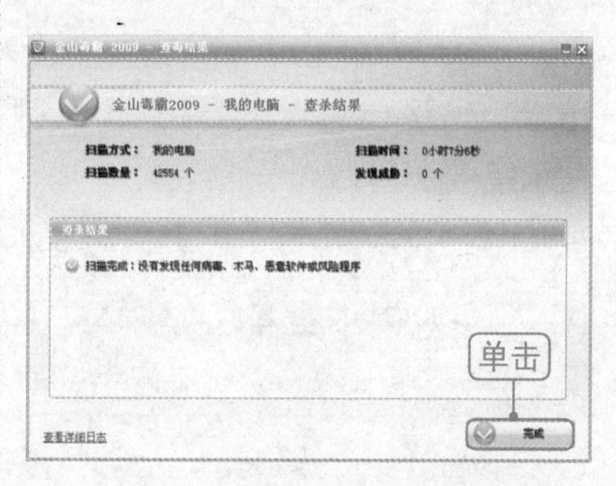

问：如果电脑中有病毒，在查杀时会显示出病毒吗？

疑难解答 答：如果扫描过程中发现了病毒，那么将会在下方列表中显示出病毒信息，且扫描完毕后，会自动将发现的病毒清除。如果单击“暂停杀毒”按钮，将会暂停扫描操作；如果单击“停止杀毒”按钮，将会退出病毒扫描操作。

对电脑中指定对象进行杀毒

知识加油站

在使用杀毒软件进行病毒查杀时，也可以只对指定的对象，如文件（夹）、磁盘等进行病毒查杀。操作方法：❶在电脑中指向要查杀的目标（文件、文件夹或磁盘）并单击鼠标右键，❷在弹出的快捷菜单中单击“使用金山毒霸进行扫描”命令即可，操作如右图所示。

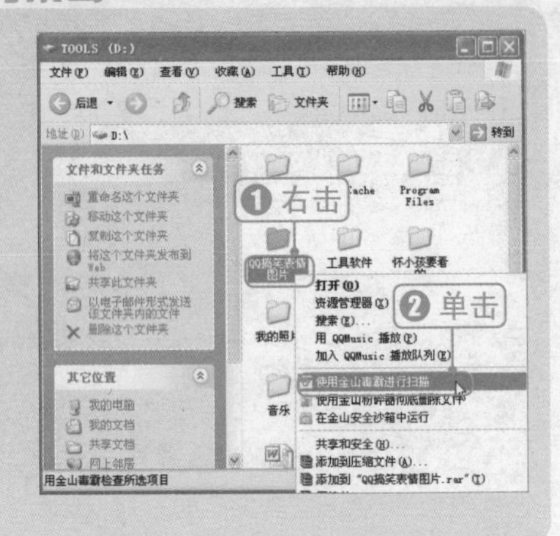

13.2.4 专项查杀电脑中的木马病毒

木马程序是目前比较常见的一种病毒文件。与一般的病毒不同，它不会自我繁殖，也不会“刻意”地感染其他文件，而是通过将自身伪装来吸引用户下载并执行，以达到向施种木马者提供打开被种者电脑的门户，任意毁坏、窃取被种者的文件，甚至远程操控被种者电脑的目的。

“360安全卫士”是国内备受欢迎的免费安全软件。它拥有查杀流行木马、清理恶评及系统插件、管理应用软件、系统实时保护以及修复系统漏洞等数个安全功能。用户可以通过“360安全卫士”软件官方网站www.360.cn来下载并安装使用。

光盘同步文件

同步视频文件：光盘\同步教学文件\第13章\13-2-4.avi

下面介绍“360安全卫士”查杀木马病毒的具体操作方法。

1 木马病毒扫描与查杀

“360安全卫士”的木马查杀功能也是非常实用的，具体操作步骤如下。

① 单击“快速扫描”图标

❶单击软件主界面上方的“查杀木马”标签进入查杀界面，❷单击“快速扫描（推荐）”按钮开始扫描，如下图所示。

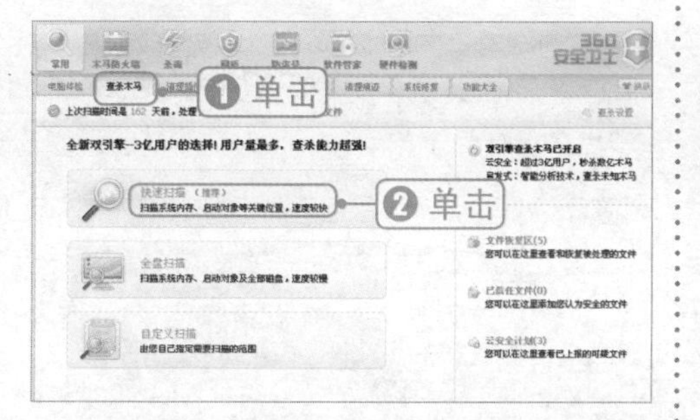

② 开始系统扫描

在打开的“查杀结果”选项卡中，等待软件完成对系统的查杀过程，如下图所示。

③ 处理检测到的木马程序

当发现有木马存在时提示用户处理，❶勾选要处理的木马程序，❷单击“立即处理”按钮，如右图所示。

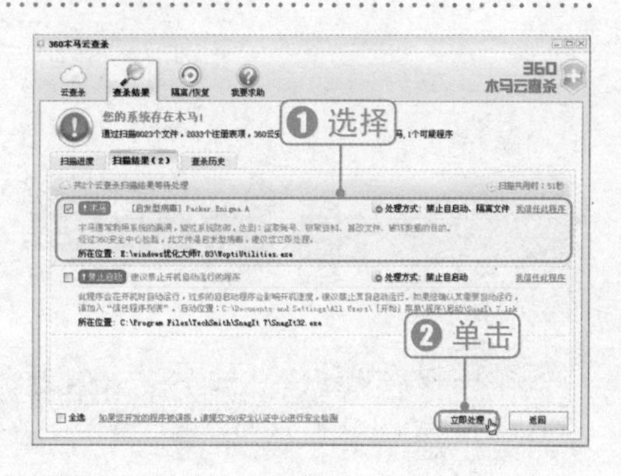

重新启动电脑

待完成对木马程序的清理或隔离处理后，最好按提示重新启动电脑来彻底清理，避免木马程序未查杀干净。

2 一键修复系统设置

有些木马病毒会试图修改IE浏览器主页地址，当用户启动IE浏览器时就会自动转到木马病毒网站，从而造成对用户电脑的安全威胁。因病毒破坏或个人操作不当引起的操作系统安全问题，均可使用“360安全卫士”软件自带的“一键修复”功能来快速修复。

1 单击"一键修复"按钮

❶单击切换到"系统修复"选项卡，❷选择要修复的项目，❸单击"一键修复"按钮，如下图所示。

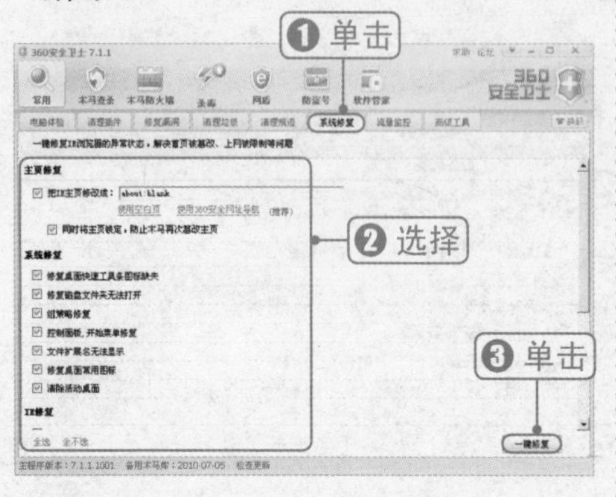

2 提示修复完成

稍等即可完成修复，同时显示修复结果，单击"返回"按钮，从而返回到正常使用的界面，如下图所示。

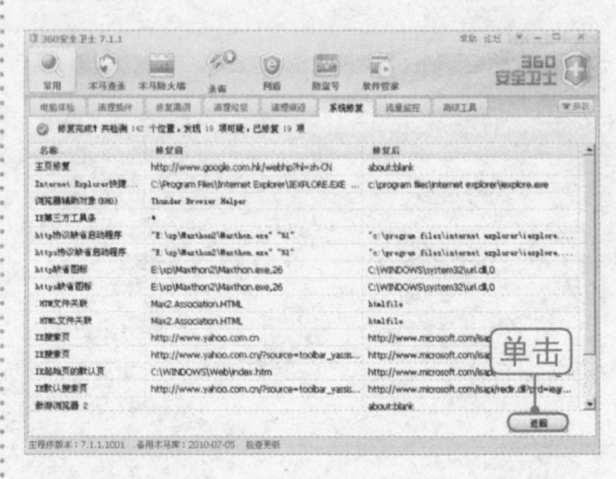

13.3 电脑的安全维护与优化

为了保障电脑能在安全环境中运行，那么对电脑进行安全维护与优化是非常必要的。

13.3.1 开启"Windows XP防火墙"

在Windows XP系统中，提供了"防火墙"功能，开启该防火墙可以有效地屏蔽黑客、病毒的入侵和威胁。

光盘同步文件

同步视频文件：光盘\同步教学文件\第13章\13-3-1.avi

打开"控制面板"窗口，按以下步骤进行开启"防火墙"操作。

① 打开Windows防火墙

在“控制面板”窗口中双击“Windows防火墙”图标，如下图所示，打开“Windows防火墙”对话框。

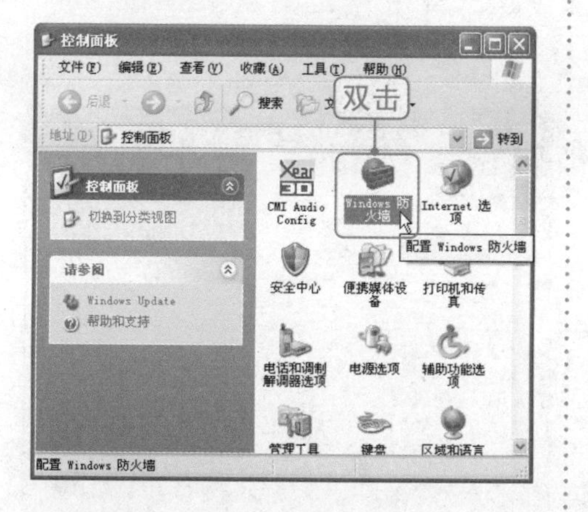

② 开启防火墙功能

在打开的对话框中，❶选择“启用（推荐）”单选按钮，❷单击“确定”按钮，如下图所示。

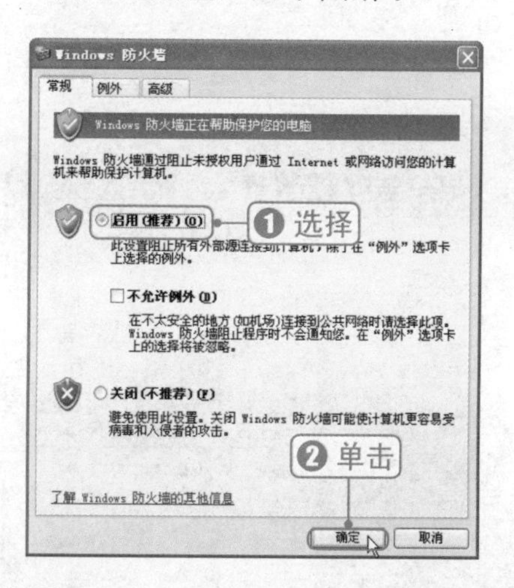

问：如何查看自己电脑是否已开启了Windows防火墙呢？

疑难解答

答：查看Windows防火墙是否启用的方法有两种：一种是通过任务栏通知区域查看（如果防火墙启用，那么通知区域中会显示图标）；另一种是通过“安全中心”窗口查看（打开“Windows安全中心”窗口后，即可查看到当前Windows防火墙是否已启用）。

13.3.2 升级系统与修补漏洞

微软公司会定期发布Windows系统的相关更新程序，这些更新程序可以弥补Windows系统不断被发现的漏洞，让系统更加完善与安全。在使用电脑过程中，也应当尽量启用系统的更新功能让系统定期自动更新。

光盘同步文件

同步视频文件：光盘\同步教学文件\第13章\13-3-2.avi

1 设置Windows系统自动定期更新

要让Windows XP系统自动定期更新升级，具体操作方法如下。

① 双击“安全中心”图标

打开“控制面板”窗口，双击“安全中心”图标，操作如下图所示。

② 单击“自动更新”图标

打开“Windows安全中心”窗口，单击窗口下方的“自动更新”图标，操作如下图所示。

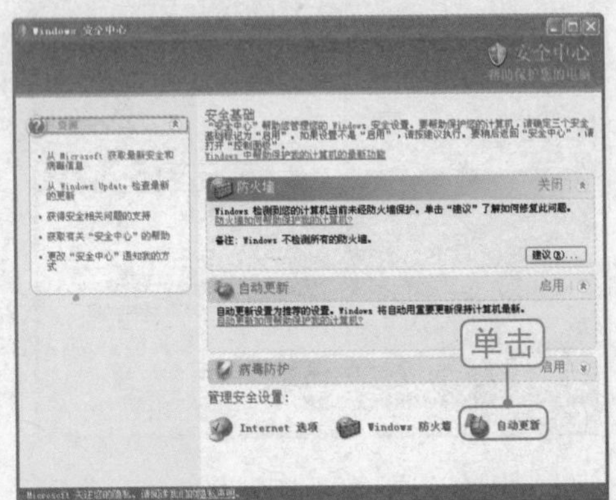

③ 设置自动更新时间

打开“自动更新”对话框，❶选中“自动（建议）”单选按钮，❷在下方设置自动更新时间，❸单击“确定”按钮，操作如下图所示。

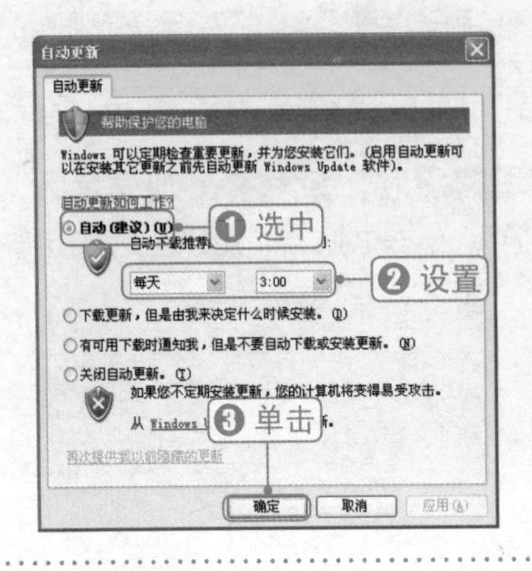

④ 完成系统自动更新设置

启动“自动更新”功能后，Windows就会定期检查网络中的更新情况，如果发现更新，就会自动下载并安装。

知识加油站　合理设置更新时间

自动更新的频率一般无须设置得太短，建议每周更新一次；另外最好能将更新时间设置为电脑空闲时间，这样就不会应为下载与安装更新程序而影响到电脑速度。

2 利用其他软件修补系统中的漏洞

通过一些工具软件，也可以检测和修补电脑系统中的漏洞。例如，“金山卫士”软件，该软件提供了“修复漏洞”功能，具体操作方法如下。

① 双击“金山卫士”图标

双击桌面上的“金山卫士”程序快捷图标，启动该程序，如下图所示。

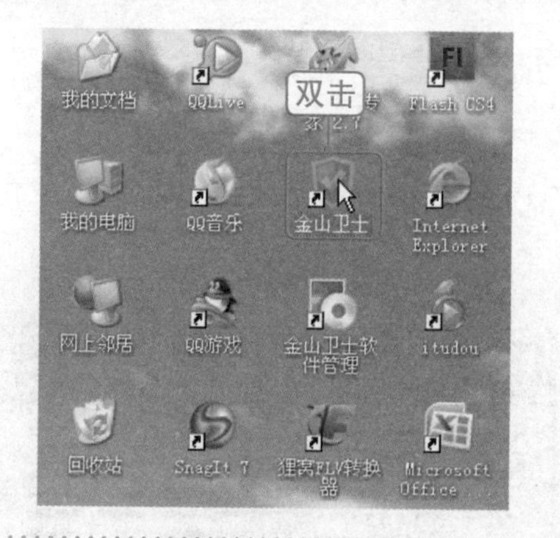

② 单击“修复漏洞”按钮

在“金山卫士”窗口中，单击“修复漏洞”按钮，如下图所示。

③ 扫描漏洞并选择修复

经过上步操作，会自动扫描出系统中的漏洞，❶选择要修复的漏洞，❷单击“立即修复”按钮，如下图所示。

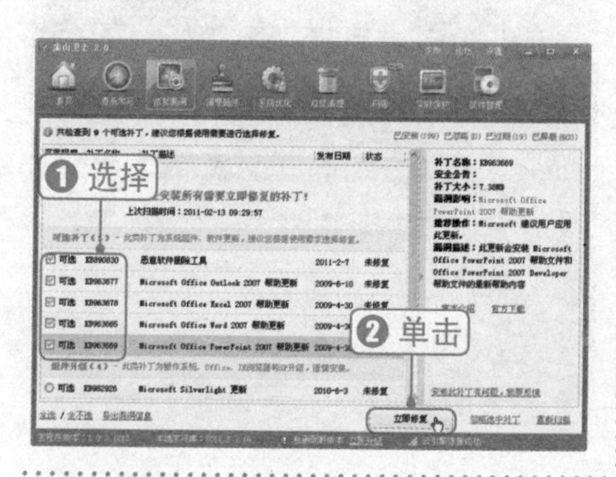

④ 开始下载补丁修复漏洞

系统开始自动下载并安装漏洞补丁程序，对漏洞进行修复。值得注意的是，电脑必须与互联网相连才能修复。

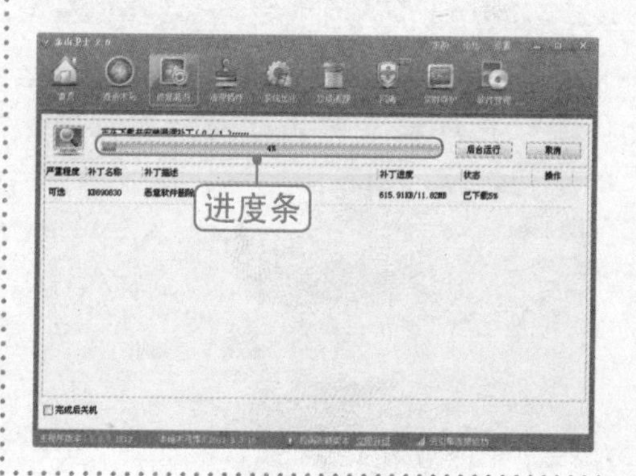

13.3.3 对电脑系统进行优化

优化操作系统的方法有很多，对于中老年朋友而言，建议使用各种优化软件来对系统进行优化。常用的优化软件有“金山卫士”、“超级兔子”、“优化大师”等。这些软件均提供了全方位的优化措施，中老年朋友可能对电脑各项设置不是非常清楚，在优化自己电脑时一般采用“自动优化”功能即可。

光盘同步文件

同步视频文件：光盘\同步教学文件\第13章\13-3-3.avi

下面以“金山卫士”软件为例，介绍系统优化的具体方法。

1 电脑开机优化

“金山卫士”软件提供了系统开机自动优化功能。打开“金山卫士”程序，按以下方法进行操作。

① 单击“系统优化”按钮

❶在“金山卫士”窗口中单击“系统优化”按钮，❷单击“开机加速”按钮；❸在“一键优化”界面中单击“立即优化”按钮，操作如右图所示。

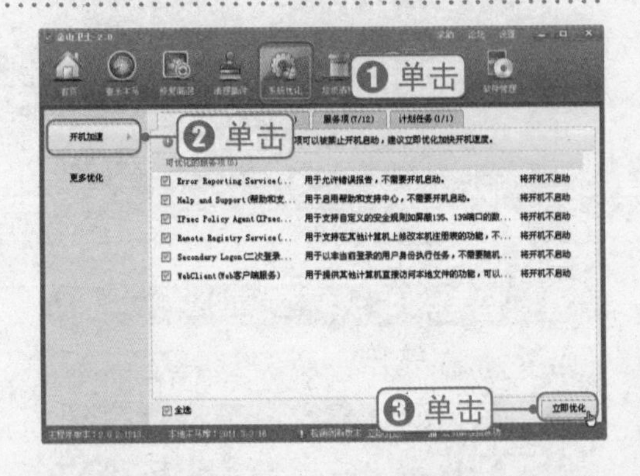

② 开始自动优化

经过以上步操作后，“金山卫士”程序就开始自动对开机加速进行优化，如右图所示。

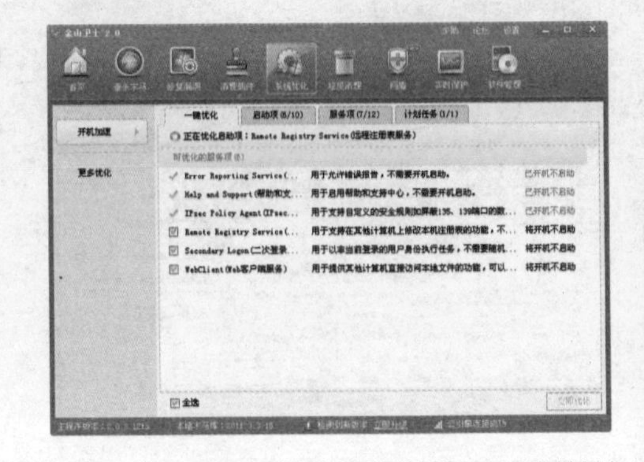

2 清理电脑中的垃圾文件

在使用电脑的过程中，会在电脑中留下一些无用的文件，这些文件不仅占用了磁盘空间，而且会影响到电脑的运行速度。因此，应当定期来清理磁盘中的垃圾文件，其具体操作方法如下。

1 单击“垃圾清理”按钮

❶在“金山卫士”窗口中单击“垃圾清理”按钮，❷单击“一键清理”按钮，❸单击“立即开始清理”按钮，操作如下图所示。

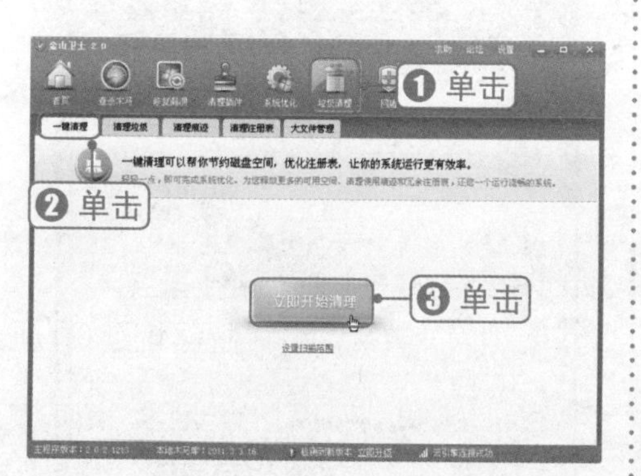

2 设置清理选项

打开“选择一键扫描清理范围”界面，❶在下方选择要清理的相关选项，❷单击“确认并开始清理”按钮，操作如下图所示。

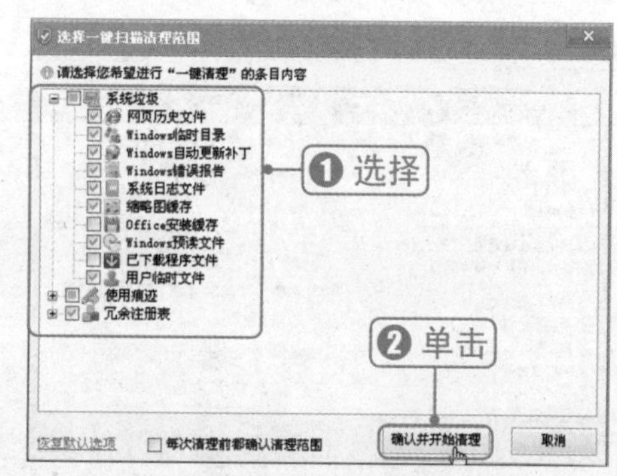

3 自动清理垃圾文件

经过上步操作后，“金山卫士”程序开始自动清理相关垃圾文件，如右图所示。

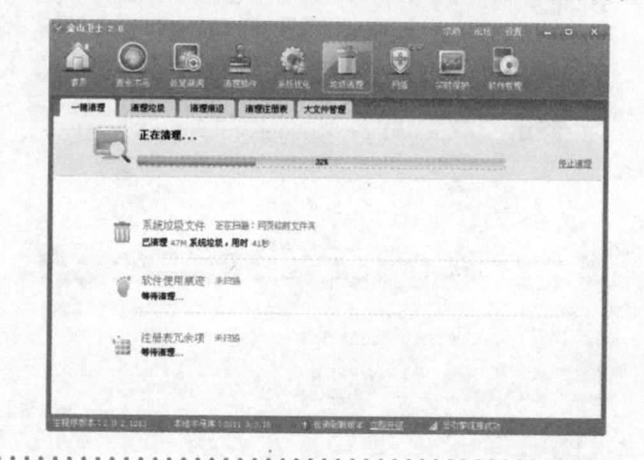

13.3.4 扫描与修复磁盘中的错误

磁盘是前面所说的各个驱动器，用户的数据都存放在这些驱动器中，因此磁盘的维护问题就显得特别重要。通过磁盘扫描程序，可以检测磁盘是否有错误，并且可以对磁盘错误进行修复。

光盘同步文件

同步视频文件：光盘\同步教学文件\第13章\13-3-4.avi

下面以检查磁盘E为例，讲解检查磁盘的操作方法。

1 执行“属性”命令

❶在“我的电脑”窗口中单击要修复的磁盘E，❷单击“文件”菜单，❸单击“属性”命令，操作如下图所示。

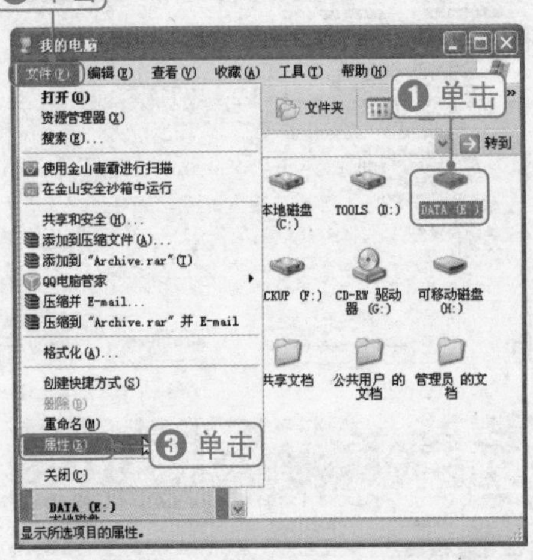

2 单击“开始检查”按钮

打开“DATA（E:）属性”对话框，❶单击切换到“工具”选项卡，❷单击“开始检查”按钮，操作如下图所示。

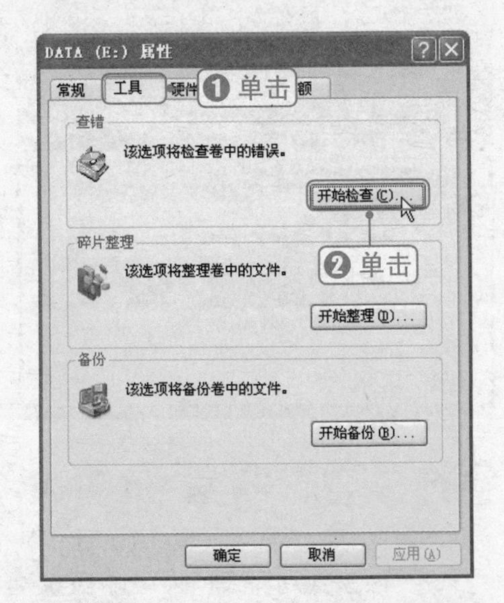

3 设置检查与修复选项

打开“检查磁盘DATA（E:）”对话框，❶在“磁盘检查选项”栏中选择要检查与修复的选项；❷单击“开始”按钮，即可开始进行磁盘错误检查并进行修复，操作如右图所示。

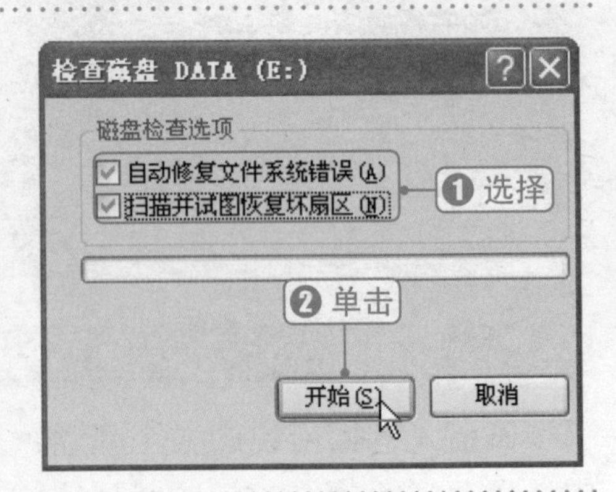

13.3.5 定期整理磁盘中的碎片

在使用电脑过程中，经常对磁盘进行读写、删除等操作，从而使一个完整的文件被分成不连续的几块存储在磁盘中，这种分散的文件块即称为“碎片”。过多的无用碎片会占用磁盘的有限空间，使用“磁盘碎片整理程序”可以优化程序加载和运行的速度，提高磁盘的读写速度和存储速度。

光盘同步文件

同步视频文件：光盘\同步教学文件\第13章\13-3-5.avi

下面以对磁盘C进行碎片整理为例，讲解磁盘碎片整理的具体操作方法。

1 执行“属性”命令

❶在“我的电脑”窗口中单击要修复的磁盘C，❷单击“文件”菜单，❸单击“属性”命令，操作如下图所示。

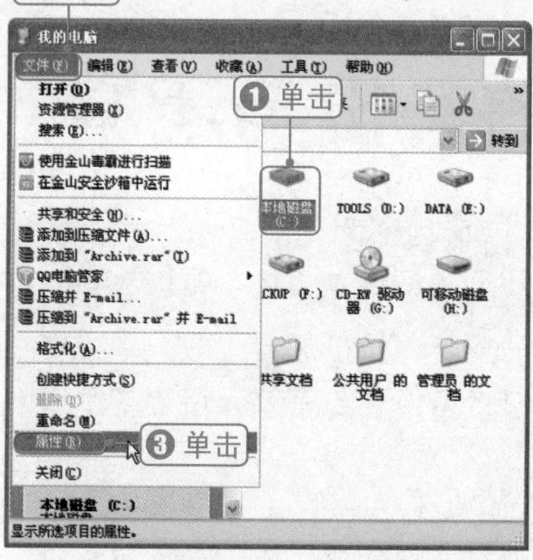

2 单击“开始整理”按钮

打开“本地磁盘(C:)属性”对话框，❶单击切换到“工具”选项卡，❷单击“开始整理”按钮，操作如下图所示。

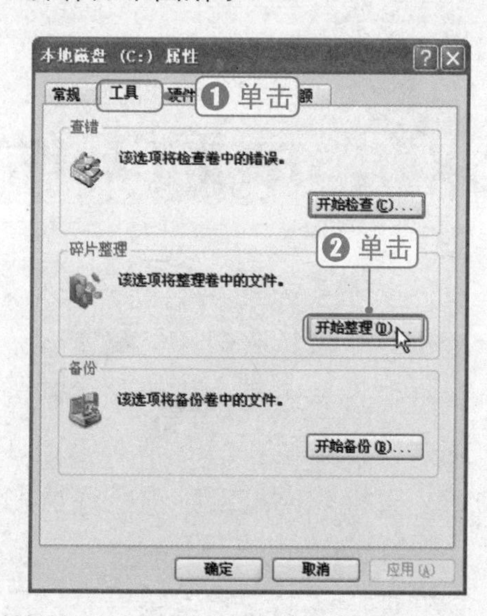

③ 执行"碎片整理"命令

打开"磁盘碎片整理程序"窗口，如果要立即对磁盘C:的碎片进行整理，单击"碎片整理"按钮即可，如右图所示。

另外，可以在"磁盘碎片整理程序"窗口中单击"分析"按钮，让系统自动分析磁盘中的碎片是否需要整理；分析完毕后，系统会给出是否进行磁盘碎片整理的建议。

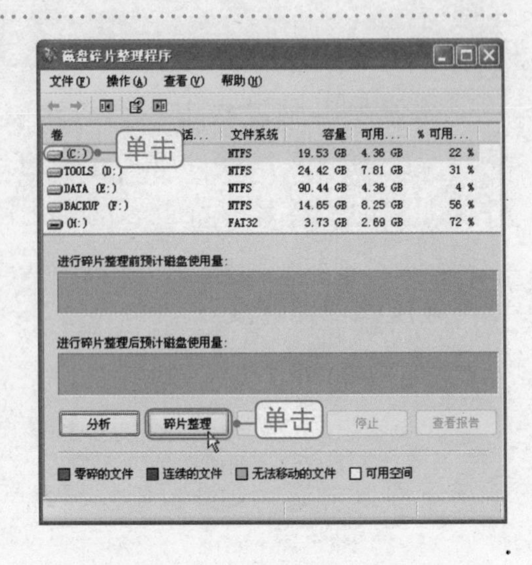

知识加油站

磁盘碎片整理注意事项

单击"碎片整理"按钮后，系统自动对选择的磁盘进行碎片整理。整理磁盘的碎片需要花上一段时间，在整理磁盘碎片期间最好不要运行其他应用程序。

13.4 电脑系统的备份与还原

操作系统使用时间一长，就会出现各种各样的故障，运行速度也会变得越来越慢，甚至系统崩溃。在这种情况下，对操作系统进行备份与还原就成为了必不可少的安全保护措施。一般只需在电脑系统正常运行情况下对电脑系统进行备份，当系统无法正常使用时，直接对电脑系统进行还原即可。

在Windows XP系统中，可以利用系统自带的"系统还原"功能对还原点的设置记录对系统所做的更改来实现还原操作。当系统出现故障时，使用"系统还原"功能就能将系统恢复到更改之前的状态。

13.4.1 启动“系统还原”功能

默认情况下，Windows XP“系统还原”功能是开启的。如果“系统还原”功能被关闭，可按以下方式启动。

光盘同步文件

同步视频文件：光盘\同步教学文件\第13章\13-4-1.avi

1 单击“控制面板”命令

❶单击“开始”菜单按钮，❷单击“控制面板”命令，如下图所示，打开“控制面板”窗口。

2 打开的“控制面板”窗口

在“控制面板”窗口中，双击“系统”图标，如下图所示，打开“系统属性”对话框。

3 开启系统还原功能

在“系统属性”对话框中，❶单击切换到“系统还原”选项卡，❷取消对“在所有驱动器上关闭系统还原”复选框的选择，❸单击“确定”按钮，从而完成“系统还原”功能的开启操作，操作如右图所示。

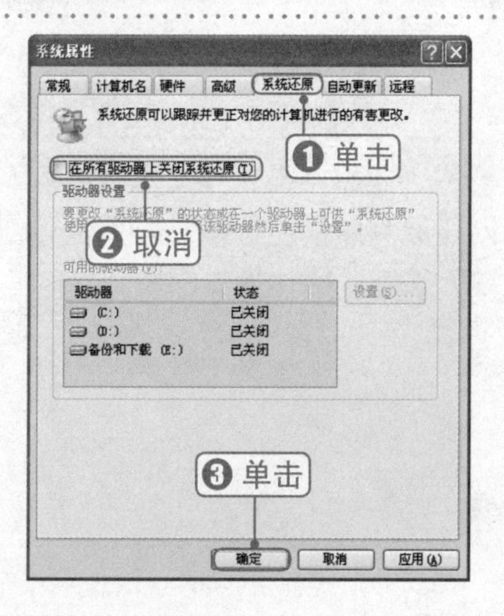

13.4.2 创建系统的还原点

在进行系统还原前，首先需要创建还原点，即将系统还原到哪个时间的状态。

光盘同步文件

同步视频文件：光盘\同步教学文件\第13章\13-4-2.avi

创建系统还原点的具体操作方法如下。

1 执行“系统还原”命令

❶单击“开始”菜单依次选择“所有程序→附件→系统工具”命令，❷单击“系统还原”命令，如下图所示，打开“系统还原”对话框。

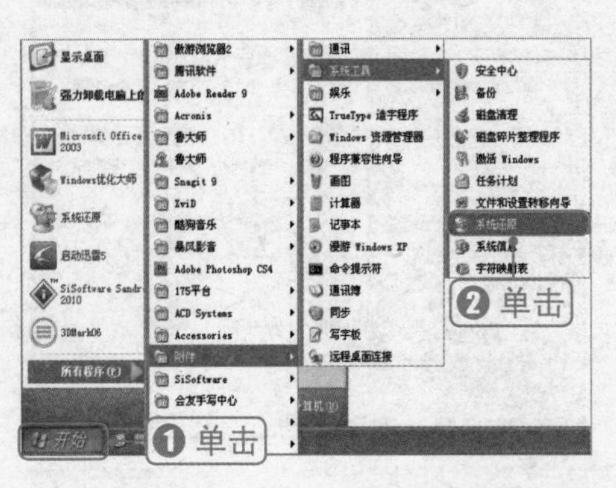

2 选择“创建一个还原点”

❶在打开的对话框中选择“创建一个还原点”单选按钮，❷单击“下一步”按钮，如下图所示。

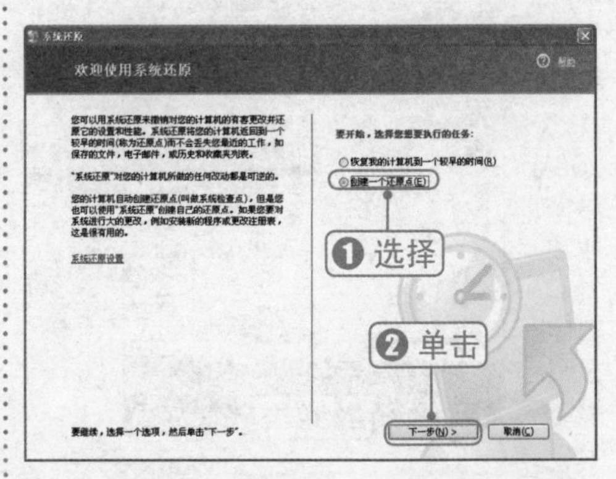

3 设置还原描述信息

❶在“还原点描述”文本框中输入对还原点的描述信息，❷单击“创建”按钮，操作如右图所示。

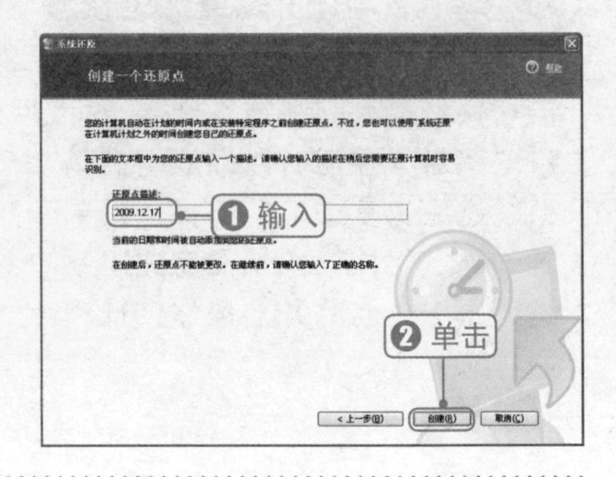

4 完成还原点的创建

经过上步操作，就创建了一个系统还原点，单击“关闭”按钮完成操作，如右图所示。

13.4.3 电脑系统的还原方法

创建系统还原点后，当系统出现故障或操作失误，就可以还原到创建还原点时的状态。其具体操作方法如下。

光盘同步文件

同步视频文件：光盘\同步教学文件\第13章\13-4-3.avi

1 选择恢复系统的操作

打开“系统还原”对话框，❶选择“恢复我的计算机到一个较早的时间”单选按钮，❷单击“下一步”按钮，如下图所示。

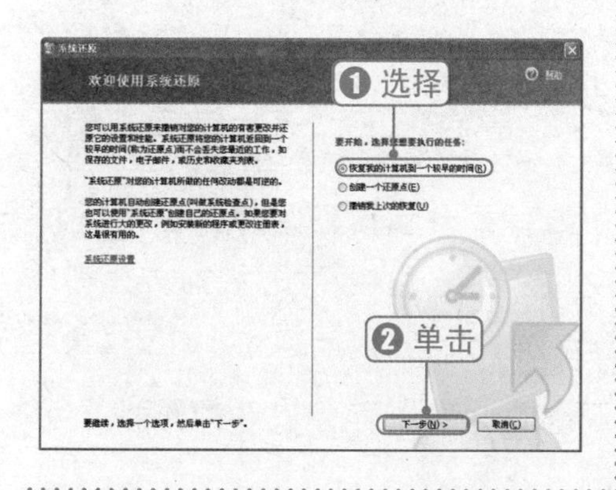

2 选择系统还原点

在打开的对话框中，❶选择好系统还原点，❷单击“下一步”按钮，即可进行系统还原，如下图所示。

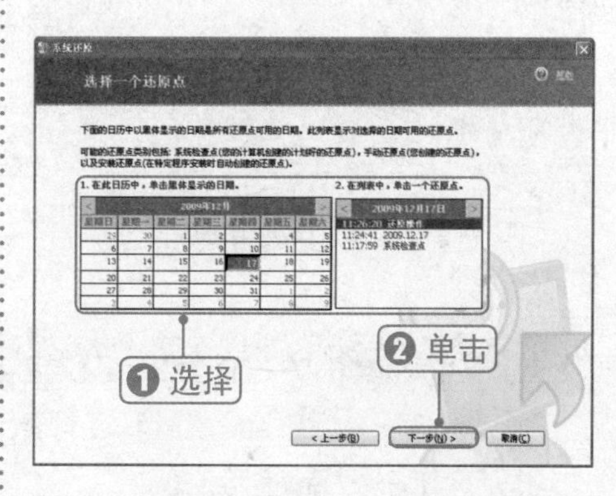

③ 执行下一步操作

在打开的对话框中确认还原点无误后，单击“下一步”按钮，系统将重启并还原，如下图所示。

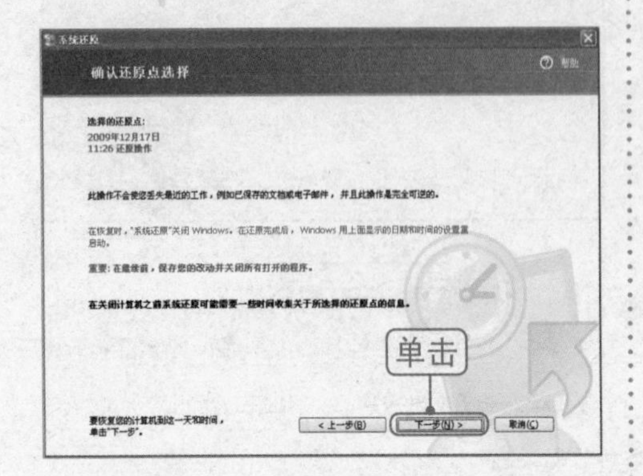

④ 完成系统还原的操作

还原成功后，会出现“恢复完成”提示信息，单击“确定”按钮即可，如下图所示。

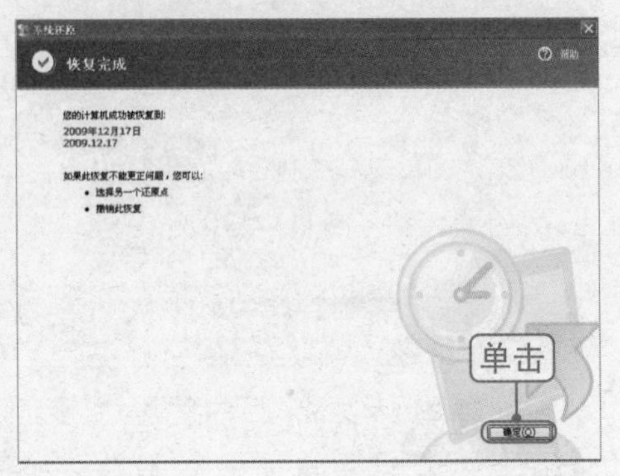

13.5 电脑的日常维护与常见故障排除

要想让电脑系统正常工作，日常维护也是非常必要的。做好电脑的日常维护不仅可以使电脑保持最佳工作状态，而且可以延长电脑的使用寿命。

13.5.1 电脑软、硬件的日常维护

下面给初学电脑的中老年朋友介绍有关电脑软、硬件的日常维护知识。

1 电脑软件的日常维护方法

正确的使用软件，是电脑有效工作的保障。有关软件的维护，可以从以下几个方面着手。

- 操作系统及其他系统软件是我们应用电脑的基本环境，应利用工具软件对系统区进行保护，从而保证系统区正常工作。

- 对操作系统软件应该进行及时备份，以防止系统软件出现故障时电脑无法正常工作。同样，对重要的应用软件也要进行备份，以免出现意外造成不必要的损失。
- 防止病毒侵入电脑，经常使用防毒软件和杀毒软件对电脑进行处理。
- 及时清除磁盘上不再用的数据，充分有效地利用磁盘的空间。
- 在电脑中存放信息资料时，应该做好归类存放，以便查找和使用。

2 电脑硬件的日常维护方法

和其他家用电器一样，也需要对电脑硬件进行良好的维护，从而让电脑更好地为我们服务。

电脑硬件的日常维护一般应注意如下几点。

- 尽量避免强行关机。电脑工作过程中硬盘工作指示灯亮起，表示硬件正在读写数据，此时如果突然断电容易损伤盘面，造成数据丢失。因此，除了死机或系统无响应的情况下，其他情况尽量避免强行关机。
- 电脑运行时禁止插拔板卡或插头。在电脑运行时，禁止带电插拔各种控制板卡，因为插拔瞬间产生的静电放电、信号电压的不匹配等现象容易损坏板卡。
- 适度的显示器亮度。显示器亮度调得太高，不仅会降低显像管的寿命，还会影响视力。如果较长时间不使用显示器，应设置屏幕保护程序和“睡眠”状态，以节约电能和保护显示器。
- 正确擦拭电脑。机箱表面可以用拧干的湿布擦拭，键盘、显示器或鼠标等最好不要用水擦拭，以避免水流入电脑中或使电脑产生锈蚀。一般是使用专用的电脑清洁膏、棉球蘸无水酒精来擦拭电脑。
- 电脑硬件在拆装时应轻拿轻放，不要过度用力甩放。另外，定期清除电脑机箱中的灰尘，以保持正常工作。

13.5.2 常见电脑故障原因与排除方法

在使用电脑过程中，不可避免地会出现各种各样的问题或故障，了解和掌握常见电脑故障的发生原因，将有助于用户更加快速、准确地判断电脑故障。下面就来了解电脑故障产生的原因和常用的故障分析方法。

1 常见电脑故障与产生原因

产生电脑故障的原因主要有以下几个方面。

①操作不当。操作不当是指由于误删除文件或非法关机等不当操作，造成电脑程序无法运行或电脑无法启动的状况。修复此类故障只要将删除或损坏的文件恢复即可。

②感染病毒。感染病毒通常会造成电脑运行速度慢、死机、蓝屏、无法启动系统、系统文件丢失或损坏等。修复此类故障需要先杀毒，再将被破坏的文件恢复即可。

③电源工作异常。电源工作异常是指电源供电电压不足、电源功率较低或不供电，通常会造成无法开机、电脑不断重启等故障。修复此类故障一般需要更换电源。

④应用程序损坏或文件丢失。通常，应用程序损坏或文件丢失会造成应用程序无法正常运行。修复此类故障需卸载应用程序，然后重新安装即可。

⑤应用程序与操作系统不兼容。应用软件与操作系统不兼容将会造成应用软件无法正常运行或系统无法正常运行。修复此类故障通常需要将不兼容的软件卸载。

⑥连线与接口接触不良。连线或接口接触不良会造成电脑无法开机或设备无法正常工作。修复此类故障需要将连线与接口重新连接好。

⑦系统配置错误。系统配置错误是指由于修改操作系统中的系统设置选项而导致系统无法正常运行。修复此类故障只要将修改过的系统参数恢复即可。

⑧跳线设置错误。由于调整设备跳线开关等使设备的工作参数发生改变，从而使电脑无法正常工作的故障。例如在接两块硬盘的电脑中将硬盘的跳线设置错后，造成两块硬盘冲突无法正常启动。这时只需将硬盘的跳线正确设置为主、从两个硬盘属性，即可正确启动。

⑨硬件不兼容。硬件不兼容是指电脑中两个以上部件之间不能配合工作，一般会造成电脑无法启动、死机或蓝屏等故障。修复此类故障通常需要更换配件。

⑩配件质量问题。配件质量有问题通常会造成电脑无法开机、启动或某个配件不工作等故障。修复此类故障一般需要更换出故障的配件。

2 电脑故障维修的基本原则

了解电脑故障产生的原因后，还需要掌握维修的基本原则，以便在找出故障后合理、有效地排除与解决故障。

（1）要了解引起故障的具体情况

在对电脑进行维修前，一定要清楚所出现故障的具体情况，以更有效地进行判断。清楚电脑的配置情况、所用操作系统和应用软件。了解电脑的工作环境。了解系统近期发生的变化，如安装软件、卸载软件等。了解诱发故障的直接或间接原因，以及死机时的现象。

（2）注意安全

在开始维修前要做好安全措施。电脑需要接通电源才能运行，因此在拆机检修时要记得检查电源是否切断。另外，静电的预防与绝缘也很重要，所以要做好安全防范措施，不但保障了硬件设备的安全，而且也保护了自身的安全。

（3）“先假后真”

“先假后真”是指先确定系统是否真有故障，操作过程是否正确，连线是否可靠。排除假故障的可能后再考虑真故障。

（4）“先软后硬”

“先软后硬”是指当电脑出现故障时应该先从软件和操作系统上来分析原因，排除软件方面的原因后，再开始检查硬件的故障。一定不要一开始就盲目的拆卸硬件，避免做无用功。

用手中的检测软件或工具软件对操作系统及其软件进行检测，找出故障原因，然后再从硬件上动手检修，排除硬件的故障，这是电脑急救的基本原则。

（5）“先外后内”

“先外后内”是指在电脑出现故障时要遵循“先外设，再主机，从大到小，逐步查找”的原则，逐步找出故障点，同时应该根据系统给出的错误提示来进行检修。

要仔细判断故障出现的大致部件，如打印机、键盘、鼠标等，并查看电源的连接、信号线的连接是否正确，因为一般故障均是由这些

情况引起的，接着再排除其他故障，最后到主机，直至把故障原因确定到某一设备上，然后进行故障处理。

3 电脑故障的常用分析与排除方法

虽然电脑呈现的故障现象千奇百怪、解决方法也各有不同，但还是有规律可循的。下面就来介绍分析电脑故障的一些常用方法。

（1）直接观察法

直接观察法包括“看”、“听”、“闻”、“摸”4种故障检测方法。

①看：观察系统板卡的插头、插座是否歪斜，电阻、电容引脚是否相碰，还要查看是否有异物掉进主板的元器件之间（造成短路），也可以检查板上是否有烧焦变色的地方，印制电路板上的走线（铜箔）是否断裂等。

②听：及时发现一些事故隐患并有助于采取措施。例如，听电源、风扇、软盘、硬盘、显示器等设备的工作声音是否正常。另外，系统发生短路故障时常常伴随着异样的声响。

③闻：闻主机、板卡是否有烧焦的气味，便于发现故障和确定短路所在。

④摸：用手按压硬件芯片，看芯片是否松动或接触不良。另外，在系统运行时用手触摸或靠近CPU、显示器、硬盘等设备的外壳，根据其温度可以判断设备运行是否正常。如果设备温度过高，则有损坏的可能。

（2）清洁法

清洁法主要是针对使用环境较差或使用较长时间的电脑。平时，我们应注意对电脑的一些主要配件加以呵护，从而有效延长电脑的使用寿命。

（3）最小系统法

最小系统法是指从维修角度给出能使电脑开机或运行的最基本硬件和软件环境来进行故障判断。最小系统法有下面两种形式。

硬件最小系统：由电源、主板和CPU组成。在这个系统中，没有任何信号线的连接，只有电源到主板的电源连接，通过主板警告声音来判断硬件的核心组成部分是否可正常工作。

软件最小系统：由电源、主板、CPU、内存、显卡、显示器、键盘和硬盘组成，这个最小系统主要用来判断系统是否可完成正常的启动与运行。

最小系统的具体测试方法是拔去怀疑有故障的板卡和设备，并根据机器在此前和此后的运行情况对比，判断定位故障所在。

拔/插板卡和设备的基本要求是保留系统工作的最小配置，以便缩小故障的范围。通常应先安装主板、内存、CPU和电源，然后开机检测。如果正常，再加上键盘、显卡和显示器。如果仍正常，再依次装光驱、硬盘和扩展卡等；拔去板卡和设备的顺序与安装时正相反。对于拔下的板卡和设备的连接插头还要进行清洁处理，以排除是因接触不良引起的故障。

（4）插拔法

插拔法的原理是通过插拔板卡后，观察电脑的运行状态来判断故障所在。若拔出除CPU、内存、显卡外的所有板卡后系统工作仍不正常，则说明故障很可能就出现在主板、CPU、内存或显卡上。另外，插拔法还可以解决一些芯片、板卡与插槽接触不良所造成的故障。

（5）交换法

交换法是指将无故障的同型号、同功能的部件相互交换，根据故障现象的变化情况判断故障所在，这种方法多用于易插拔的维修环境，如内存自检出错。如果替换某部件后故障消失，则表示被替换的部件有问题。

交换法也可以用于其他情况，包括：没有相同型号的电脑部件或外设，但有相同类型的电脑主机，也可以把电脑部件或外设插接到同型号的主机上判断其是否正常。

（6）比较法

比较法是指同时运行两台/多台相同或类似的电脑，根据正常运行的电脑与出现故障的电脑在执行相同操作时的不同表现，初步判断故障产生的部位。

（7）振动敲击法

振动敲击法是用手指轻轻敲击机箱外壳，有可能解决因接触不良或虚焊造成的故障问题，然后再进一步检查故障点的位置。

（8）升/降温法

升/降温法采用的是故障促发原理，以制造故障出现的条件来促使故障频繁出现来观察和判断故障的位置。

通过人为升高电脑运行环境的温度，可以检验电脑各部件（尤其是CPU）的耐高温情况，从而及早发现故障隐患。

人为降低电脑运行环境的温度后，如果电脑的故障出现率大为减少，说明故障出在高温或不耐高温的部件中。此法可以帮助缩小故障诊断范围。